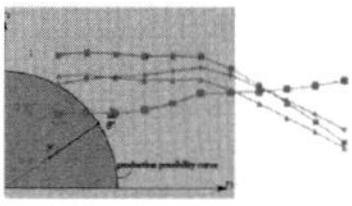

확률적 변경모형

— 이론과 응용

이영훈

1985년 서강대학교 경제학과를 졸업하고 1991년 미시간주립대학교에서 경제학 박사학위를 받았다. 한국경제연구원 연구위원, 한성대학교 교수를 거쳐 현재 서강대학교 경제학부 교수로 재직하고 있다. 계량경제학과 스포츠경제학을 전공하고 있으며 계량경제학 분야에서는 특히 확률적 변경모형 연구에 많은 업적을 이루었다. 1993년 옥스퍼드대학교 출판부에서 발행한 저서에 실린 논문(Lee and Schmidt, 1993)은 효율성연구에서 많이 인용되는 논문으로 유명하다. 이후에도 효율성 분야의 대표 학술지인 *Journal of Productivity Analysis*, *European Journal of Operational Research*에 많은 논문을 게재하였으며 계량경제학 분야 대표 학술지인 *Journal of Econometrics*에도 두 편의 논문을 게재하였다. 저서로는 『통계이론과 응용』, 『한국의 야구경제학』 등이 있다.

서강학술총서
063

확률적 변경모형

이론과 응용

Stochastic Frontier Models:
Theory and Application

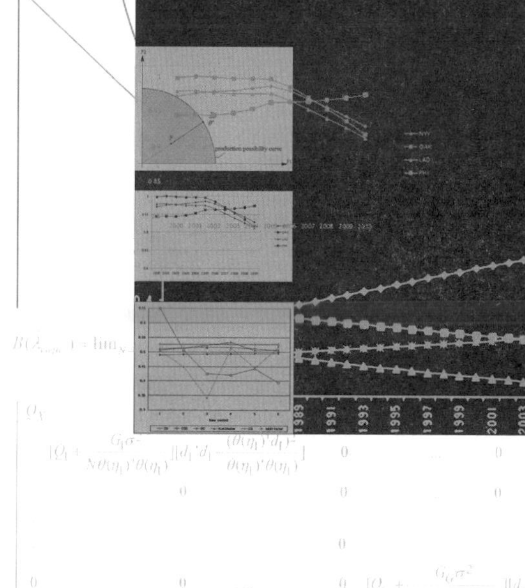

이영훈 지음

서강대학교 출판부

서강학술총서 063

확률적 변경모형: 이론과 응용

초판발행 | 2014년 4월 18일
지 은 이 | 이영훈
발 행 인 | 유기풍
편 집 인 | 우찬제
발 행 처 | 서강대학교 출판부
등록번호 | 1978년 9월 28일 제313-2002-170호

주 소 | 서울특별시 마포구 백범로 35
전 화 | (02) 705-8212
팩 스 | (02) 705-8612

ISBN 978-89-7273-243-3 94320
ISBN 978-89-7273-139-9(세트)

값 20,000원

* '서강학술총서'는 SK SUPEX 기금의 후원으로 제작됩니다.
* 이 책은 한국연구재단의 지원(인문사회연구역량강화사업비)을 받아 연구되었다
(NRF-2013S1A3A2053312)

머리말

현재 한국경제에서 효율성(또는 생산성)의 중요성은 과거에 비해 더 커졌으며 미래에는 더욱 그러할 것이다. 노동력, 자본 등 생산요소의 투입량에 따라 산출물이 정해지는 전통적 제조업 중심의 경제구조에서 동일한 생산요소를 사용해도 산출량은 천차만별하게 달라지는 구조로 바뀌었기 때문이다. 따라서 경쟁에서 살아남기 위해서 기업은 효율적인 생산시스템을 갖추고 국가적으로도 기업의 효율성을 향상시킬 수 있는 제도적 환경을 구축하려고 노력한다.

이러한 이유로 효율성에 관한 연구가 매우 활발하다. 기업 간, 지역 간, 국가 간 효율성을 비교하는 효율성 추정 연구뿐 아니라 효율성의 결정요인을 실증적으로 분석하는 연구도 많다. Fried, Lovell and Schmidt(2008)에 의하면 다양한 영역에서 효율성에 대한 수많은 연구가 있어왔다. 예를 들어 Sheldon(2003), Millimet(2005)는 노동시장의 효율성, Hammond(2002), Shim(2003)은 도서관 운영의 효율성, Cuesta and Orea(2002), Sherman and Rupert(2006)는 합병과 효율성의 관계, Barros(2008)는 군대운영의 효율성, Southwick(2005)는 공공서비스의 효율성, Borenstein et al.(2004)은 우편서비스의 효율성, Haas(2003)는 프로스포츠 구단의 효율성, Cubbin(2005)은 수돗물 배분의 효율성을 연구하였다. 다양한 영역에서 효율성에 대한 실증연구가 활발하였음을 알 수 있다. 국내 학계에서도 효율성에 대한 많은 연구가 있었다. 『경제학연구』, 『산업조직연구』, 『생산성학회지』, 『응용경제』 등 대표적 학술지에 효율성을 분석한 연구가 발표되어왔다. 또한 생산성학회가 있으며 생산성본부의 존재가 생산성 관련 연구의 중요성을 입증해준다.

이에 효율성에 관한 실증분석연구를 뒷받침해주는 계량모형연구가 활발하게 진행되어왔다. 1970～1990년대 *Journal of Econometrics*를 중심으로 다양한 계량모형이 소개되었으며, 1990년대에는 *Journal of Productivity Analysis*, *European Journal of Operational Research* 등의 전문학술지(field journal)와 일반학술지(general journal)에 연구논문이 발표되어왔다. 효율성을 추정하는 계량분석 방법은 크게 두 가지로 나뉜다. 비모수적(nonparametric) 방법인 자료포락분석(Data Envelopment Analysis, DEA)과 모수적(parametric) 방법인 확률적 변경모형(Stochastic Frontier Model, SFM)이다. 이 책은 후자인 확률적 변경모형에 관심을 갖는다.

1977년에 처음 SFM을 소개한 논문[1]의 저자이며 SFM 연구에 중요한 역할을 한 Peter Schmidt 교수는 필자에게 많은 영향을 주었다. 1980년대

---

1 Aigner, Lovell and Schmidt(1977).

후반에 박사과정을 Schmidt 교수의 지도 아래 수학한 필자도 SFM의 계량분석에 적지 않은 시간과 노력을 기울여왔다. 필자는 박사학위 취득 후 20년이 조금 지난 2011년 봄에 학문적 발자취를 돌이켜보면서 저서 집필에 대한 의무감을 갖게 되었다. 다양한 SFM이 개발되었음에도 불구하고 SFM을 활용한 실증분석연구들을 검토하면 소수의 계량모형을 편식하는 경향이 강하며, 연구의 목적에 적합하지 않은 SFM을 사용하는 경우도 많다. 이러한 현상이 나타난 데는 두 가지 원인이 있다. 첫째는 다양한 SFM의 발전이 충분하게 응용연구자에게 전달되지 못하였기 때문이다. SFM을 정리한 저서가 영문판으로는 Coelli, Rao, and Battese (1998), Kumbhakar and Lovell(2000) 등이 있으나 국문으로 된 저서가 없는 것이 한 요인으로 생각했다. 둘째는 계량모형을 제대로 알고 있어도 이를 이용할 프로그램이 없기 때문에 실증분석 연구자들이 이용하는 데 제약이 있다. SFM은 STATA, FRONTIER4.1 같은 프로그램에 준비되어 있지만 일부 모형만이 포함되어 있는 한계가 있다.

이 책에서는 이 두 원인을 해소하도록 노력하였다. 먼저 다양한 SFM을 계량경제학적 측면에서 소개함으로써 SFM을 계량적으로 공부하려는 연구자에게 도움을 주고자 하였다. 또한 응용연구자들이 실증분석에 사용할 모형선택에 참고할 수 있도록 연구목적 및 표본자료의 특성에 적합한 SFM을 논의하였다. 마지막으로 이 책에서 논의한 모든 SFM을 사용할 수 있도록 개별 모형별 GAUSS 프로그램을 사용법 설명과 함께 제공한다(저자의 홈페이지인 https://sites.google.com/site/yhnlee3에서 다운로드할 수 있다). 또한 다양한 모형을 이용한 실증분석 결과를 함께 비교 검토함으로써 실증분석 연구자들이 알아야 할 정보를 쉽게 전달하고자 노력했다.

이 책은 효율성 연구에 지속적인 관심이 없이는 불가능하였다. 저자가 관심을 유지하는 데 많은 선배, 동료, 후배 학자들의 지원이 있었다. 서울대학교 표학길 교수는 수차례의 세미나 초대, 공동연구 등 다양한 방면에서 저자가 효율성 연구에서 멀어지지 않도록 붙잡아주셨다. 서강대학교 동료인 박정수·전현배 교수와는 생산성 연구그룹을 함께 운영하며 많은 지적 교류를 하였다. 이외 다양한 연구소에서 저자의 과거 연구를 기억하고 초청한 세미나 및 특강은 필자가 효율성 연구를 정리하고 새로운 연구를 시도하게끔 자극하였다. 또한 효율성 연구에 관심을 두고 논문을 지도해달라며 연구실 문을 두드린 대학원생들(류민지·현정재·김두언·신진석·이성원·황선호)은 필자가 효율성 연구에서 멀어지지 않도록 잡아주었다. 이들이 있었기에 효율성 연구에 더욱 매진하게 되었다.

이 책은 한국연구재단의 지원(인문사회연구역량강화사업비)을 받아 연구되었다(NRF−2013S1A3A2053312). 또한 이 책이 완성되기까지 많은 분들의 도움이 있었다. Arizona State University의 안승찬 교수는 본인이 만든 GAUSS 코드를 제공해주셨다. 대학원생 이성원 군은 이 책의 집필에 많은 도움을 주었다. 데이터 및 프로그램 코드를 정리하는데 이 군의 노고가 없었으면 이 책은 아직도 완성되지 못하였을 것이다. 황선호 군은 수식의 점검 및 참고문헌 작성에 도움을 주었다. 마지막으로, 항상 부족한 남편과 아빠에게 힘과 기쁨을 주는 정원·정아·정규에게

감사와 사랑을 보낸다.

2014년 1월, 저자

차례

제1장
서론

다양한 확률적 변경모형(stochastic frontier model, SFM)에 관한 연구가 있었던 만큼 이들 모형을 정리하고 평가한 서베이 논문도 여러 차례 발간되었다. Schmidt(1986), Bauer(1990), Cornwell and Schmidt(1996), Greene(1997, 2008), Kalirajan and Shand(1999), Murillo−Zamorano (2004), 곽만순 · 이영훈(2005), Amsler, Lee and Schmidt(2009) 등이 있다. 이 저서는 이들 서베이 논문에 기반을 두고 최근에 발표된 SFM 관련 논문들을 주제에 맞게 정리하였다.

우선 효율성을 개념적으로 이해해보자. 효율성보다 포괄적인 의미를 갖는 생산성(productivity)은 산출물(y)과 투입요소(x)의 비율로 측정할 수 있다. 투입요소와 산출물이 각각 1개인 기업을 가정하면 생산성은 (y/x)로 쉽게 표현할 수 있다. 그러나 현실에선 다수의 투입요소와 다수의 산출물이 존재하므로 생산성은 적절히 계산된 다수의 산출물의 가중

평균과 다수의 투입요소의 가중평균의 비율로 계산할 수 있다. 이를 총요소생산성(total factor productivity)이라고 부른다. 총요소생산성의 기업 간 차이 또는 시간에 따른 변동은 흔히 잔차(residual)로 표현한다. 잔차는 생산기술의 차이, 규모의 경제성(returns to scale)의 차이, 생산 관련 환경(사회간접자본, 제도, 문화 등)의 차이, 그리고 기업 효율성의 차이 등으로 발생한다. 이 책은 생산성 차이가 발생하는 요인 중 효율성 요인에 관심을 두고 있다. 즉 기업의 책임 아래(under the control of management)에 있는 효율성을 그렇지 않은 요인들과 분리하여 생각한다. 생산자의 입장에서 효율성은 개념적으로 최적의 산출물과 실제 생산한 산출물의 비교에서 나온다. 일정한 투입요소를 사용하여 생산 가능한 최대 산출물과 실제 산출물을 비교하거나 또는 일정한 산출물을 생산하기 위해 사용한 실제 투입요소와 최소 투입요소를 비교하여 구할 수 있다.

Farell(1957)은 효율성을 기술적 효율성(technical efficiency)과 배분적 효율성(allocative efficiency)으로 나누어 정의하였다. 기술적 효율성은 일정량의 생산요소를 투입했을 때 주어진 기술 수준에서 생산 가능한 최대의 산출량에 비해 실제 생산량이 못 미친 정도를 의미한다. 즉 기술적 효율성은 생산 가능곡선과 실제 생산점의 거리로 표시할 수 있다. 만약에 실제 생산량이 최대 가능 생산량과 동일하다면 기술적 효율성이 완벽함을 의미한다. 배분적 효율성은 이윤극대화 또는 비용극소화 조건에 맞게 생산요소를 얼마나 잘 배분하여 사용하는지의 여부를 나타낸다. 등량곡선(isoquant)이 여러 점들의 조합이듯이 일정량의 산출물을 생산하기 위해 필요한 생산요소의 조합은 무한대로 많다. 비용극소화의 경우, 등량곡선과 등비곡선(isocost)의 접점에서 이루어지며 배분적 비효율성은 실제 사용한 생산요소 조합과 비용극소점 상의 생산요소 조합 사이에 차이로 나타낼 수 있다. 기술적 효율성의 추정을 위해서는 생산함수의 구성원인 산출물과 생산요소의 데이터가 필요하나 배분적 효율성을 추정하기 위해서는 생산요소 및 산출량 이외에도 등비곡선을 식별하기 위해서 생산요소가격 데이터가 필요하다. 개별 기업이 직면한 생산요소가격 데이터를 확보하기 어려운 경우가 많기 때문에 기술적 효율성에 비해 배분적 효율성에 대한 실증분석 연구가 상대적으로 드물다.

이 저서에서는 1977년 이후에 발표된 확률적 변경모형에 관한 논문을 모두 정리하여 소개하는 것은 물론 일반 논문에서 생략하였던 내용을 포함하려고 노력하였다. 예를 들어 우도함수(likelihood function)의 도출과정을 부록에 자세히 제시함으로써 SFM을 계량적으로 공부하는 대학원생에게 도움을 주고자 한다. 또한 각 장 말미에 실제 데이터와 프로그램 코드를 제공하고 이를 통한 추정 결과를 함께 제시함으로써 응용연구자에게 도움을 주고자 노력하였다. 가능하면 소개하는 모든 모형을 이용할 수 있는 프로그램 코드를 제시한다. GAUSS 프로그램을 이용하여 이 책에서 논의한 모든 SFM을 활용하는 코드를 만들었다. 다만 모형의 중요도에 비해 프로그램 코드를 만드는 노력이 너무 많이 필요한 경우는 저자의 시간과 노력 활용상 효율성 측면을 고려하여 생략하였다.

제2장에서는 효율성에 대한 정의를 포함한 미시경제이론을 간단히 논의한다. 특히 기술적 효율성과 배분적 효율성의 정의를 그래프를 통하여 설명한다. 제3장에서는 초기 확률변경모형을 소개한다. 기술적 비효율성의 확률분포를 가정함으로써 전체 오차항의 확률분포를 도출하여 최우추정(maximum likelihood estimation, MLE)에 의한 추정 방법을 논의한다. 이를 일반적으로 횡단면 자료 확률변경모형이라고 부른다(그러나 동일한 방법으로 패널자료에도 응용할 수 있다).

제3장은 여섯 개의 절로 구성되어 있다. 1절에서는 Aigner and Chu(1968)의 결정적 변경모형(deterministic frontier model)을 소개함으로써 확률적 변경모형의 차이를 비교하였다. 2절에서는 다양한 SFM의 설정을 비교하며 각 모형의 우도함수를 소개하며, 최우추정법 외에도 수정된 최소이승법(corrected ordinary least square, COLS)을 논하고 초기의 몬테카를로 시뮬레이션(Monte Carlo simulation) 연구를 검토하여 각 모형의 장단점을 비교하고 있다. 또한 초기 횡단면 모형뿐 아니라 최근에 소개된 모형들, 특히 최저효율기업에 초점을 맞춘 연구(Qian and Sickles, 2008; Lee and Lee, 2013)를 논한다. 3절에서는 생산함수 추정을 벗어나 개별기업의 효율성 추정에 관심을 둔다. 개별 기업 효율성 추정량으로 Jondraw, Lovell, Materov and Schmidt(1982)가 제시한 조건부 기댓값(conditional expectation)이 횡단면 자료에서는 일반적으로 활용된다. 다양한 모형설정에 따라 조건부 기댓값의 식이 달라지기 때문에 응용연구자들이 사용하는 데 어려움이 있다. 3절에서는 2절에서 소개한 모든 모형의 조건부 기댓값 식을 도출하여 응용연구자가 원하는 모형을

수월하게 사용할 수 있도록 했다. 4절에서는 위에서 소개한 SFM을 이용할 수 있는 프로그램을 소개하고 있으며, 5절에서는 실제 데이터를 이용하여 위의 모형으로 실증분석한 내용을 비교분석함으로써 응용 연구자가 실용적 측면에서 모형을 비교할 수 있도록 했다. 마지막으로 6절에서는 필자가 제공하는 GAUSS 코드를 그 사용법과 함께 제시했다.

제4~6장에서는 패널자료를 이용한 SFM을 논의한다. 제4장에서는 개별기업의 평균효율성을 비교하는데 유용한, 그러나 효율성의 시간변동패턴을 분석하기 위해서는 이용할 수 없는 시간불변모형(time-invariant model)을 논의한다. 횡단면 자료 SFM과 장단점을 비교하며 추정법에 있어서는 최우추정법을 이용하는 방법과 전통적 패널자료모형을 이용하는 방법을 비교 분석한다. 제5~6장에서는 효율성의 시간변동형태를 분석할 수 있는 시간변동모형(time-varying model)을 논하며 연구의 목적 및 데이터의 종류에 따라 적합한 모형과 적절하지 않은 모형을 분류할 수 있도록 각 모형을 비교 분석한다. 제5장에서는 시간변동모형 중 전기모형들을 비교하고, 제6장에서는 후기모형들을 비교한다. 제4~6장에서도 모형을 활용할 수 있는 소프트웨어 프로그램(software program), 실증분석 비교, GAUSS 코드 사용법 설명 등을 포함하고 있다.

제7장은 효율성 추정치의 분포를 추정하는 방법을 논한다. 특히 부트스트랩(bootstrap) 방법을 이용하여 개별기업 효율성 추정치의 신뢰구간을 구하는 방법을 소개한다. 제8장에서는 효율성 결정요인을 실증분석하는데 유용한 확률적 변경모형을 논한다. 효율성 결정요인에

대한 실증분석 연구는 매우 중요하며 그러한 이유로 다양한 응용연구가 있어왔다. 그러나 그 중요도에 비해 활용한 계량모형은 매우 한정적이었다. 즉 Battese and Coelli(1995)를 활용한 응용연구가 대부분이었다. 다양한 모형을 유형별로 분류하고 유형별 차이점을 논한다. 효율성 결정요인을 분석하는 SFM의 대부분은 비효율성의 확률분포를 가정한 최우법을 이용하고 있다. 그러나 전통적 패널자료 모형을 응용한다면 보다 제약이 적은 가정 하에서 모형을 설정할 수 있다. 다양한 효율성 결정요인의 SFM들을 시뮬레이션으로 비교분석한 Lee and Shin (2014)의 결과를 소개함으로써 응용연구자가 연구 목적 및 활용 표본 데이터의 특성에 따라 적합한 모형을 선택하는데 필요한 정보를 제공한다.

제2장
효율성 이론

이 장에서는 기술(technology)과 관련된 미시경제학적인 개념들을 도입하여 기술적 효율성, 비용적 효율성, 수익적 효율성 등 여러 가지 효율성의 개념들을 정의하고, 각 효율성 측정을 소개한다. 1절에서는 기본적인 기업이론을 바탕으로 몇몇 중요한 개념들을 정리하고, 2절에서는 기술적 효율성(technical efficiency)의 개념을 도입하고, 3절에서는 경제적 효율성(economic efficiency)을 소개한다. 그리고 4절에서는 쌍대이론(duality)에 대해서 간략하게 논의하도록 한다.

1. 생산 기술(production technology)

기업은 다양한 투입요소(input)들의 조합을 통해서 산출물(output)들을 생산한다. 한 기업이 N개의 투입요소를 통해 M개의 산출물을 생산한다고 가정할 때, 투입요소를 $x=(x_1, x_2, \cdots, x_N)' \in \mathbb{R}_+^N$로 표시할 수 있고, 동시에 산출물을 $y=(y_1, \cdots, y_M)' \in \mathbb{R}_+^M$라고 표현할 수 있다. 여기서 투입요소와 산출물은 비음(nonnegative)의 값을 가진다고 가정하자. 기술을 구체적으로 명기하기 위해서 우선적으로 생산 가능 집합(production possibilities set)을 다음과 같이 정의한다.

정의 2.1. 집합 Y가 생산 가능 집합이라면,

$$Y = \{(y, x) \mid x\text{는 } y\text{를 생산할 수 있음}\}$$

일반적으로, 생산 가능 집합은 다음과 같은 조건을 만족하는 것으로 가정된다.

PA1) $(0, x) \in Y$

PA2) Y는 닫힌 집합(closed set)이고 모든 x에 대하여 유계(bounded)되어 있다.

PA3) $(y, x) \in Y \ \Rightarrow \ (y, \lambda x) \in Y \ \ \forall \lambda \geq 1$

PA4) $(y, x) \in Y \ \Rightarrow \ (\lambda y, x) \in Y \ \ \forall 0 \leq \lambda \leq 1$

PA5) Y는 볼록집합(convex set)이다.

이와 같은 생산 가능 집합을 통해서 요소 집합(input set) $V(y)$와 산출물 집합(output set) $P(x)$를 다음과 같이 각각 정의한다.

정의 2.2. 요소 집합(input set) $V(y) = \{x \mid (y, x) \in Y\}$

정의 2.3. 산출물 집합(output set) $P(x) = \{y \mid (y, x) \in Y\}$

요소 집합과 산출물 집합은 일정한 조건이 가정된 생산 가능 집합으로부터 정의되었기 때문에, 이 두 집합 역시 특정한 조건을 만족하게 된다. 요소 집합과 산출물 집합 역시 몇 가지 특징을 가진다. 다음은 생산 가능 집합이 PA1)−PA5)를 만족할 때 요소 집합과 산출물 집합이 가지는 특징들이다.

VP1) $0 \notin V(y)$, $\forall y>0$, $P(0)=\{0\}$

VP2) $V(y)$ 와 $P(x)$ 는 닫힌 집합(closed set)이다.

VP3) $x \in V(y) \Rightarrow \lambda x \in V(y)\ \ \forall \lambda \geq 1$, $P(x)$ 는 모든 x에 대하여 유계되어 있다.

VP4) $\forall \lambda \geq 1, V(\lambda y) \subseteq V(y)$, $P(\lambda x) \supseteq P(x)$

VP5) $V(y)$ 와 $P(x)$ 는 볼록집합이다.

앞에서 정의된 집합들을 통해 집합들의 경계(boundary)를 다음과 같이 정의할 수 있다.

정의 2.4. 투입요소 등량집합(input isoquant set)

$$IsoqV(y) = \{x \mid x \in V(y), \lambda x \notin V(y), \lambda < 1\}$$

정의 2.5. 투입요소 효율 부분집합(input efficient subsets)

$$Eff\ \ V(y) = \{x \mid x \in V(y), x' \leq x \Rightarrow x' \notin V(y)\}$$

정의 2.6. 산출물 등량집합(output isoquant set)

$$IsoqP(x) = \{y \mid y \in P(x), \lambda y \notin P(x), \lambda > 1\}$$

정의 2.7. 산출물 효율 부분집합(output efficient set)

$$Eff\ \ P(x) = \{y \mid y \in P(x), y' \geq y \Rightarrow y' \notin P(x)\}$$

위에서 정의된 집합들로부터 생산 변경(production frontier)을 다음과 같이 정의할 수 있다.

정의 2.8. 생산변경(또는 생산함수; production frontier)

$$f(x) = \max\{y \mid y \in P(x)\} = \max\{y \mid x \in V(y)\}$$

즉, 생산 변경이란, 주어진 투입 요소로부터 얻을 수 있는 최대의 산출물을 뜻한다. 또한 생산 변경이 $P(x)$ 와 $V(y)$ 로부터 정의되었기 때문에, 생산 변경 역시 일정한 조건 아래 특정한 성질을 갖는다. 다음은 PA1)−PA5)가 만족되었을 때 생산 변경이 갖는 특징들이다.

F1) $f(0)=0$

F2) $f(x)>0 \Rightarrow f(\lambda x)\to\infty$ as $\lambda\to\infty$

F3) $f(\lambda x)\geq f(x)\ \ \forall\lambda\geq 1$

F4) $f(x)$ 는 준오목(quasi−concave) 함수이다.

위의 정의에서 볼 수 있듯이, $Eff\ V(y)\subseteq IsoqV(y)$ 가 성립하므로, 요소 효율 부분집합은 요소 사용의 기술적 효율성을 측정하는 데 보다 엄격한 기준이라고 할 수 있다. 마찬가지로 $Eff\ P(x)\subseteq IsoqP(x)$ 가 성립하므로, 산출물 생산의 기술적 효율성을 측정하는 데 산출물 효율 부분집합이 더 강한 기준이라고 할 수 있다.

일반적으로, 기술적 비효율성은 크게 두 가지 기준으로부터 정의될 수 있다. 첫 번째는 주어진 투입요소로부터 산출해낼 수 있는 최대의 산출물을 달성하지 못한 것이고, 두 번째는 주어진 산출물을 생산하기 위한 최소한의 투입요소의 적절한 이용의 실패로 인해 주어진 수준의 산출물을 생산하지 못한 것이다. 전자를 '투입요소 바탕의 비효율성 측정'(input based inefficiency measure)이라고 일컫고, 후자를 '산출물 바탕의 비효율성 측정'(output based inefficiency measure)이라고 하는데, 비효율성을 제대로 측정하기 위해서는 투입요소 또는 산출물 간의 '거리'를 제대로 측정해야 한다. Shephard(1953, 1970)는 다중 투입요소와 다중 산출물이 있는 경제에서 거리함수를 정의함으로써 생산 기술의 구조를 보았는데, 이는 실제로 기술적 비효율성을 측정하는 것과 긴밀히 연결된다. 거리함수는 투입요소 거리함수와 산출물 거리함수가 있는데, 이는 다음과 같이 정의된다.

정의 2.9. 투입요소 거리함수(input distance function)

$$D_I(y,x) = \max\{\lambda \mid \frac{x}{\lambda} \in V(y)\}$$

정의 2.10. 산출물 거리함수(output distance function)

$$D_O(y,x) = \min\{\theta \mid \frac{y}{\theta} \in P(x)\}$$

거리함수의 정의를 그림을 통해서 비교하면 다음과 같다. <그림 2-1>은 2개 투입요소가 있는 어느 기업의 투입요소 거리함수를 보여준다. *Isoq(y)*는 산출물 벡터 y를 생산하는 등량곡선을 나타낸다. 따라서 *Isoq(y)*의 위에 있는 영역, 즉 빗금 친 영역은 요소집합 V(y)이 된다. 그림은 관찰된 기업이 현재 투입요소벡터 x를 사용하여 y를 생산하고 있음을 보여준다. 그리고 동일한 산출물을 생산하면서 절감할 수 있는 투입요소의 최대량을 나타낸다. 즉 y를 생산하기 위해 필요한 최소한의 투입요소는 (x/λ^*)이므로 투입요소 거리함수는 $D_I(y,x) = \lambda^* > 1$이다. <그림 2-2>는 산출물 거리함수를 보여준다. 어떤 기업이 투입요소벡터 x를 사용하여 두 개 산출물벡터 y를 생산하고 있다. 그러나 생산가능 곡선이 보여주듯이 동일한 투입요소를 사용하여 더 많은 산출물을 생산할 여지가 있다. 생산가능곡선 밑에 있는 영역은 산출물집합 $P(x)$이기 때문이다. 즉 (y/θ^*)가 생산 가능한 최대치이며 산출물 거리 함수는 $D_O(y,x)=\theta^* < 1$ 이다.

〈그림 2-1〉 투입요소 거리함수

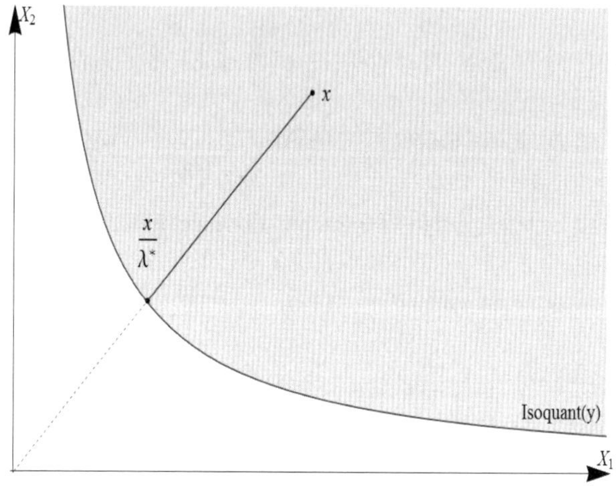

〈그림 2-2〉 산출물 거리함수

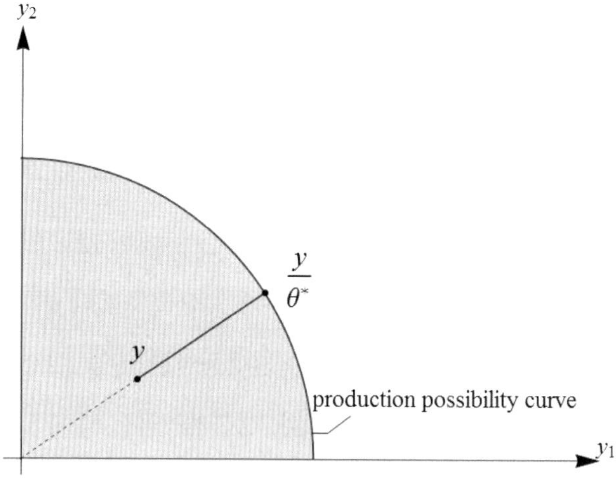

위에서 정의된 개념들은 경제 주체의 경제적 의도가 배제된 상태로, 단지 기술적으로 정의되었다고 볼 수 있다. 일반적으로, 경제학에서의 경제주체는 자신의 목적을 제약 하에서 극대화한다고 가정한다. 소비자의 경우, 주어진 예산 제약 하에서 자신의 효용(utility)을 극대화하는 재화묶음을 선택하는 것으로 가정되고, 기업의 경우에는 주어진 생산량을 달성하기 위해 비용을 극소화하거나, 주어진 기술에서 이윤(profit)을 극대화하는 것으로 가정한다. 이 절에서는 기업의 목표를 가정하여 그에 따른 경제주체의 활동을 알아보도록 한다. 이를 분석하기 위하여, 몇 가지 기초적인 가정을 하게 되는데, 논의를 간단하게 하기 위하여 산출물시장과 요소시장은 완전경쟁시장을 가정한다. 즉, 각 시장 참여자들은 가격 수용자(price taker)이고 정보의 비대칭성이나 거래비용이 없음을 가정하고 논의를 진행하도록 한다.

기업이 요소시장에서 각 요소 x_i $(i=1,2,\cdots,N)$ 에 대하여 w_i 의 요소 가격을 직면하고 있다고 가정하자. 이때, 요소 가격은 모두 양수이며, 요소 가격 벡터 $w=(w_1,w_2,\cdots,w_N)'$ 을 정의할 수 있다. 기업이 주어진 산출물 수준 y를 생산하기 위한 비용은 $w'x$ $s.t$ $x\in V(y)$ 이다. 이때, 비용 변경(cost frontier)은 다음과 같이 정의할 수 있다.

정의 2.11. 비용 변경 $C(w,y)=\min_x\{w'x \mid x\in V(y)\}$

즉, 비용 변경이란 주어진 산출물 수준 y와 요소가격벡터 w가 주어져 있을 때, y를 생산하기 위한 최소한의 비용을 뜻한다. 투입요소 거리함수 $D_I(y,x)$ 와 요소 집합 $V(y)$ 간에는 $V(y)=\{x \mid D_I(y,x)\ge 1\}$ 의 관계가 성립하므로, 비용 변경은 다음과 같이 다시 쓸 수 있다.

$C(w,y) = \min_x \{w'x \mid D_I(y,x) \geq 1\}$

요소 집합 $V(y)$와 요소 거리함수 $D_I(y,x)$가 일정한 성질을 갖기 때문에, 비용변경 역시 몇 가지 가정 아래 일정한 성질을 갖는다. 다음은 비용 변경의 성질이다.

C1) $C(w,0) = 0,\ \ C(w,y) > 0\ \forall y > 0$

C2) $C(\lambda w, y) = \lambda C(w,y)\ \ \ \forall \lambda > 0$

C3) $w_1 \geq w_0 \Rightarrow C(w_1, y) \geq C(w_0, y)$

C4) $C(w,y)$는 w에 대하여 오목함수(concave function)이다.

C5) $C(w,y)$는 y에 대하여 볼록함수(convex function)이다.

C6) Shephard의 보조정리: $\dfrac{\partial C(w,y)}{\partial w_i} = x_i(w,y)$

다음으로, 기업이 산출물 시장에서 직면하는 산출물의 가격이 $p = (p_1, \cdots, p_M)$이라고 할 때, 수익 $p'y$를 극대화하고자 한다고 가정할 때, 다음과 같이 수익변경(revenue frontier)을 정의할 수 있다.

정의 2.12. 수익변경 $r(x,p) = \max_y \{p'y \mid y \in P(x)\}$

요소 집합과 마찬가지로, 산출물 집합 $P(x)$와 산출물 거리함수 $D_O(y,x)$는 $P(x) = \{y \mid D_O(y,x) \leq 1\}$의 관계가 성립하므로, 수익변경은 다음과 같이 다시 쓸 수 있다. $r(x,p) = \max_y \{p'y \mid D_O(y,x) \leq 1\}$

다음은 일정한 가정 아래 도출되는 수익변경의 성질이다.

R1) $r(0,p) = 0,\ \ r(x,p) > 0\ \ \forall x \geq 0$

R2) $r(x, \lambda p) = \lambda r(x, p) \quad \forall \lambda > 0$

R3) $p_1 \geq p_0 \Rightarrow r(x, p_1) \geq r(x, p_0)$

R4) $r(x, p)$는 p에 대하여 볼록함수(convex function)이다.

R5) $r(x, p)$는 x에 대하여 오목함수(concave function)이다.

R6) $\dfrac{\partial r(x, p)}{\partial p_i} = y_i(x, p)$

마지막으로, 기업이 산출물 시상에서 산출물 가격 벡터 p와 요소 시장에서 요소 가격 w를 직면하고 있고, 기업은 이윤극대화를 목표로 한다고 가정하자. 이때, 이윤은 수익에서 비용을 뺀 양이므로 $p'y - w'x$라고 쓸 수 있다. 또한, 이윤 변경(profit frontier)을 다음과 같이 정의한다.

정의 2.13. 이윤 변경 $\pi(p, w) = \max_{y,x}\{p'y - w'x \mid (y, x) \in Y\}$

생산 가능 집합 Y가 일정한 조건을 만족한다고 가정할 때, 이윤함수는 다음과 같은 성질을 만족한다.

PF1) $p_1 \geq p_0 \Rightarrow \pi(p_1, w) \geq \pi(p_0, w)$

PF2) $w_1 \geq w_0 \Rightarrow \pi(p, w_1) \leq \pi(p, w_0)$

PF3) $\pi(\lambda p, \lambda w) = \lambda \pi(p, w) \quad \forall \lambda > 0$

PF4) $\pi(p, w)$는 (p, w)에 대하여 볼록함수이다.

2. 기술적 효율성

앞서 언급한 바와 같이, 기술적 효율성은 투입요소에 기초하거나 산출물에 기초하여 그 정도를 측정할 수 있다. 기술적 효율성에 대하여 Koopmans(1951)이 공식적인 정의를 만들었고, Debreu(1951)와 Farrell (1957)이 또 다른 효율성 측도를 고안하였다. Koopmans의 정의는 기본적으로 투입요소(또는 산출물) 효율 부분집합에 바탕을 두고 있고, Debreu-Farrell의 효율성 측도는 투입요소(또는 산출물) 등량 집합에 기초를 두고 있다. 효율 부분집합이 보다 더 엄격한 기준임에도 불구하고, Debreu-Farrell 측도는 효율성 측도로서 보다 좋은 성질을 가지고 있기 때문에 효율성 분석에서 Koopmans의 측도보다 더 널리 쓰인다. 먼저, Debreu-Farrell의 효율성 측도를 정의하고 각 측도들의 성질을 알아보도록 한다.

정의 2.14. 투입요소에 기초한 기술적 효율성(Input-based measure of technical efficiency) $TE_I(y,x) = \min\{\theta \mid \theta x \in V(y)\}$

정의 2.15. 산출물에 기초한 기술적 효율성(Output-based measure of technical efficiency) $TE_O(y,x) = [\max\{\mu \mid \mu y \in P(x)\}]^{-1}$

Debreu-Farrell이 정의한 기술적 효율성은 다음과 같은 성질을 가진다.

i) $TE_I(y,x) \le 1$

ii) $TE_I(y,x) = 1 \Leftrightarrow x \in IsoqV(y)$

iii) $TE_I(y,x)$는 x에 대하여 비증가(nonincreasing)이다.

iv) $TE_I(y,x)$는 측정 단위에 영향을 받지 않는다.

v) $TE_I(y,x)$는 x에 대하여 −1차 동차이다(homogeneous of degree −1).

vi) $TE_O(y,x) \le 1$

vii) $TE_O(y,x) = 1 \Leftrightarrow y \in IsoqP(x)$

viii) $TE_O(y,x)$는 y에 대하여 비감소(nondecreasing)이다.

ix) $TE_O(y,x)$는 측정 단위에 영향을 받지 않는다.

x) $TE_O(y,x)$는 y에 대하여 1차 동차이다(homogeneous of degree 1).

지금까지 다중 투입요소와 다중 산출물이 있는 경제에서 기술적 효율성을 정의하고 그 성질에 대하여 알아보았는데, 단일 산출물을 가정하고 분석하는 경우가 많다. 또한, 단일 산출물을 가정할 경우 Debreu−Farrell의 기술적 효율성 측도가 보다 직관적으로 이해하기 쉽고, 생산함수를 통해 정의될 수 있다. 산출물이 하나인 경우 Debreu−Farrell의 기술적 효율성은 각각 다음과 같이 정의할 수 있다.

$$TE_I(y,x) = \min\{\theta \mid y \le f(\theta x)\}$$
$$TE_O(y,x) = [\max\{\mu \mid \mu y \le f(x)\}]^{-1}$$

다중 산출물의 경우에는 요소 집합과 투입요소 거리함수 간의 관계를 통해 투입요소에 기초한 기술적 효율성을 정의할 수 있고, 산출물 집합과 산출물 거리함수 간의 관계를 통해서 위에서 정의한 Debreu−Farrell의 기술적 효율성 측도를 거리함수를 이용해서 쓸 수 있다.

3. 경제적 효율성(Economic Efficiency)

지금까지 Debreu−Farrell의 기술적 효율성에 대해서 살펴보았다.

기술적 효율성은 경제학적으로 경제주체의 목적에 의존하는 것이 아니라 순수하게 주어진 생산 기술에 의해서 얻어지는 것이라고 볼 수 있다. 반면, 경제주체의 목표가 가정된 상황에서는 각각에 따른 경제적 효율성을 정의할 수 있는데, 비용 효율성, 수익 효율성과 같은 것이 바로 경제적 효율성의 대표적인 예라고 할 수 있다.

기업이 주어진 생산량을 달성하기 위해 비용을 극소화하는 목표를 가지고 있다고 가정하자. 주어진 수준의 산출물을 생산하기 위해 적절히 투입요소를 배분해야 하지만, 그렇지 못한 경우 비용 극소화를 달성할 수 없고 이를 통해 비용적 측면에서의 효율성 또는 비효율성을 정의할 수 있다. 기업이 실제로 사용하는 투입요소의 양을 x, 요소 가격벡터가 w로 주어졌을 때, 비용 효율성(Cost Efficiency)은 다음과 같이 정의할 수 있다.

정의 2.16. 비용 효율성 $CE(y,x,w)=\dfrac{C(w,y)}{w'x}$

즉, 주어진 투입요소 가격과 산출물에서 최소 비용을 나타내는 비용 변경을 실제 비용으로 나눈 값으로, 그 값은 0과 1 사이에 있으며 1이 될 경우 비용극소화를 달성했다고 볼 수 있다.

기업의 목표가 수익 극대화라고 가정할 경우, 비용 효율성과 마찬가지로 수익 효율성을 정의할 수 있다. 기업이 산출물 시장에서 산출물의 가격 벡터 p를 직면하고 있고, 기업이 실제로 생산하는 산출물 수준을 y라고 할 때, 수익 효율성은 다음과 같이 정의된다.

정의 2.17. 수익 효율성 $RE(x,y,p)=\dfrac{p'y}{r(x,p)}$

비용 효율성과 마찬가지로, 수익 효율성 역시 0과 1 사이에 값을 가지며, 수익 효율성 측도의 값이 1일 경우 기업은 수익 극대화를 달성하여 수익 극대화 측면에서 효율적이라고 볼 수 있다.

마지막으로, 이윤 극대화가 기업의 목표일 때 이윤 효율성을 정의할 수 있다. 그러나, 비용과 수익과는 다르게 이윤은 수익에서 비용을 뺀 값이므로, 잘못된 자원 배분 또는 생산으로 인해 이윤이 음이 되는 경우가 발생할 수 있다. 이윤 효율성을 정의할 때에는 이윤이 0보다 큰 경우로 한정지으며 다음과 같이 정의할 수 있다.

정의 2.18. 이윤 효율성 $\pi E(y,x,p,w)=\dfrac{p'y-w'x}{\pi(p,w)}$

이윤 효율성도 실제 기업이 얻는 이윤과 주어진 가격 벡터 $p,\ w$에서 달성할 수 있는 최대의 이윤의 비로 정의할 수 있으며, 그 값은 0과 1 사이의 값이 된다.

이와 같은 경제적 효율성 측정과 기술적 효율성을 통해서 투입요소와 산출물의 배분적 효율성(allocative efficiency)을 정의할 수 있다. 비용 효율성은 투입요소의 적절한 배분을 통해 달성할 수 있고, 수익 효율성은 주어진 산출물 가격 벡터에서 적절한 산출물 배분을 통해 달성할 수 있다. 이러한 측면에서 투입요소의 배분적 효율성(input-based allocative efficiency)과 산출물의 배분적 효율성(output-based allocative efficiency)을 다음과 같이 정의한다.

정의 2.19 투입요소의 배분적 효율성 $AE_I(y,x,w)=\dfrac{CE(y,x,w)}{TE_I(y,x)}$

정의 2.20 산출물의 배분적 효율성 $AE_O(x,y,p)=\dfrac{RE(x,y,p)}{TE_O(x,y)}$

이상의 내용을 종합하여 비용 효율성을 기준으로 기술적 효율성과 분배적 효율성을 비교해보자. <그림 2−3>을 이용하여 비용 효율성을 기술적 효율성과 분배적 효율성의 합으로 표현한다. 어떤 기업이 점A에 위치한다고 하자. 즉 산출물 y를 생산하기 위해 투입요소 x를 사용하고 있다. 비용 효율성은 $CE(y,x,w)=\dfrac{C(w,y)}{w'x}$ 이므로 실제로 지출한 비용과 비용 변경의 비율이다. 비용 극소화는 등량곡선과 등비곡선이 접하는 점에서 이루어지므로 그림에서 점E에서 지출한 비용이 비용 변경이다. 또한 점C는 점E와 동일한 등비곡선 상에 위치하므로 비용 효율성은 점A와 점C에서 소요되는 비용을 비교하면 된다. 즉 점C에서의 투입요소를 x^C 로 표현한다면 $CE(y,x,w)=\dfrac{w'x^C}{w'x}$ 가 된다. 이제 이를 기술 효율성과 배분 효율성으로 분해하자. 투입요소에 기초한 기술 효율성은 $TE_I(y,x)=\min\{\theta\,|\,\theta x\in V(y)\}$ 이며 점B는 등량곡선 상에 위치하므로 $x^B=\theta x$ 에서 최소의 θ를 구할 수 있다. 즉 $\theta=\dfrac{w'x^B}{w'x}=\dfrac{w'(\theta x)}{w'x}$ 이다. 따라서 비용 효율성에서 기술 효율성을 제외하고 남아 있는 부분이 배분 효율성이다. 즉 주어진 생산요소 가격에서 비용을 극소화하는 최적의 투입요소 조합을 사용하지 못함에 따라 발생하는 비용을 의미한다. 이는 점B와 점C에서 발생하는 비용의 차이로 표현된다. 즉 $AE_I(y,x,w)=\dfrac{w'x^C}{w'x^B}$ 이며 이는

$AE_I(y,x,w)=\dfrac{CE(y,x,w)}{TE_I(y,x)}=\dfrac{w'x^C/w'x}{w'x^B/w'x}=\dfrac{w'x^C}{w'x^B}$ 가 되므로 배분 효율성의 정의 2.19와 일치한다.

〈그림 2-3〉 비용 효율성의 분해

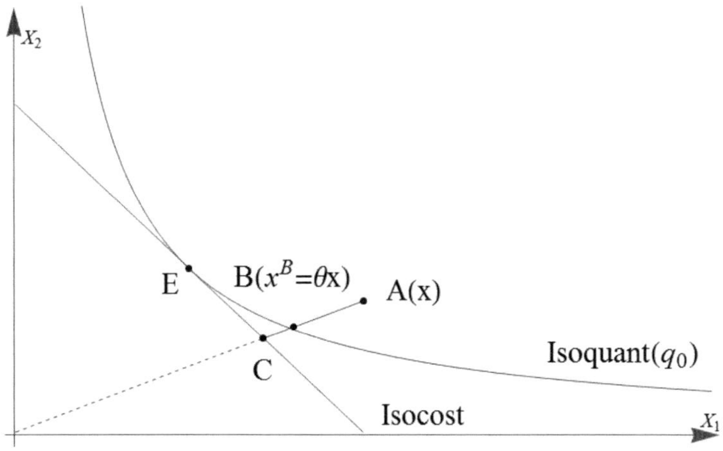

4. 쌍대이론

이 절에서는 미시경제학에서 생산함수와 비용함수 간의 중요한 관계인 쌍대성에 대해서 논의하도록 한다. 이를 위해서 먼저 다중 투입요소와 단일 산출물을 가정하고, 단일 산출물인 경우에 있어서 비용함수를 재정의하도록 한다. 기업의 목표가 비용 극소화이고 요소 가격 벡터가 w, 생산함수가 $f(x)$ 라고 가정할 때, 주어진 산출물 수준

y를 생산하기 위한 기업의 문제는 다음과 같이 쓸 수 있다.

$$Min_x \; w'x \qquad s.t \; f(x)=y$$

이 문제의 해를 $x^*(w,y)$ 라고 할 때, 비용함수 $C(w,y)=w'x^*(w,y)$ 가 된다. 따라서 비용함수란, 주어진 기술을 바탕으로 기업의 비용 극소화 행동의 결과물이므로, 기술(생산함수)이 주어졌을 때 비용함수를 구할 수 있다. 반면, 생산함수 또는 생산함수로부터 얻어지는 기술적 효율성은 현실에서 사용되는 기술을 관찰할 수 없기 때문에 생산함수를 식별하는 것은 비용함수를 식별하는 것보다 어렵다고 할 수 있다. 쌍대이론이란, 일정한 조건 아래 비용함수와 생산함수는 같은 정보를 가지고 있으므로, 비용함수를 통해 생산함수를 복원할 수 있다는 것을 의미한다. 많은 현실 데이터들에서 생산에 필요한 투입 요소의 양을 알아내는 것이 불가능할 수 있지만, 투입된 요소 가격이나 산출량에 대한 데이터는 상대적으로 이용하기 쉬운 경우가 많다. 이런 경우, 생산함수를 추정하는 것보다 비용함수를 추정하는 것이 보다 쉬우며, 추정된 비용함수와 쌍대이론을 통해서 생산함수를 복원할 수 있는 것이다.

제3장

기술적 효율성 추정모형: 횡단면 자료

이 장에서는 횡단면자료에 적용 가능한 확률변경모형을 소개한다. 일반적으로 횡단면자료−SFM이라고 일컫지만 사실 이들 모형을 패널자료에도 적용할 수 있다. 대부분 1970～1980년대에 발표한 SFM 발전 초기의 논문들이지만 일부 모형은 최근 발표되기도 하였다. 1절에서는 결정적 변경모형(deterministic frontier model, DFM)을 소개한다. DFM은 최근에 거의 사용되지 않는 모형이지만 확률적 변경모형에 왜 '확률적'이라는 명칭이 들어가는지 설명하기 위해 포함하였다. 2절에서는 비효율성의 확률분포를 가정하여 MLE에 의해 생산변경함수를 추정하는 모형들을 소개한다. 소개된 모든 확률분포 가정으로부터 도출한 우도함수(likelihood function)들을 보여주고, 각 모형의 장단점을 비교함으로써 응용연구자가 자유로운 모형선택을 할 수 있도록 정보를 제공한다. 또한 COLS 추정방법을 소개하고 MLE와 COLS의 소표본 특성을 비교한 시뮬레이션 연구들을 소개한다. 3절에서는 잔차로부터 비효율성 추정량을 도출하는 방법에 대하여 논의한다. 각 모형별로 다른 추정량 공식을 모두 정리함으로써 응용연구자에게 도움을 준다. 4절에서는 2절에서 소개한 SFM을 이용하여 실증분석할 수 있게 하는 프로그램을 소개하며, 5절에서는 다양한 SFM에 동일한 표본을 적용하여 추정한 결과를 비교한다. 마지막으로 6절에서는 2절에서 소개한 SFM을 이용할 수 있게 저자가 정리한 GAUSS code의 사용법을 소개한다.

1. 결정적 변경모형(deterministic frontier model)

DFM은 Aigner and Chu(1968), Schmidt(1976) 등에 의해서 발전되었으나 최근 효율성에 관한 실증분석연구에서는 이용되지 않는다. SFM이나 DEA가 주로 이용되기 때문이다. 여기서 DFM을 소개하는 이유는 SFM을 이해하는데 도움이 되기 때문이다. DFM의 기본 회귀방정식은 다음과 같다.

$$y_i = \alpha + x_i\beta - u_i, \tag{3-1}$$

여기서 i는 기업을 나타내며, y_i 는 종속변수로 일반적으로 기업 i (i=1, ..., N)의 산출량에 자연로그를 취한 값이다. x_i는 생산요소를 자연로그를 취한 것으로 $1\times k$ 벡터(vector)이며, β 는 계수의 $k\times 1$ 벡터이다. 기술적 비효율성을 나타내는 변수가 u_i인데 이는 0보다 크거나 같은 값을 갖는다. 보다 엄밀하게 정의하면 u_i는 기업 i가 지닌 기술적 수준으로 생산할 수 있으나 기업 내에 존재하는 기술적 비효율성으로 인하여 생산하지 못한 산출량의 자연로그를 취한 값으로, 기술적 비효율성으로 인한 생산량의 손실 정도를 나타낸다.

생산함수 (3−1)에서 생산변경(production frontier)은 $\alpha + x_i\beta$ 이며 항상 $\alpha + x_i\beta \geq y_i$ 이다. Aigner and Chu(1968)는 mathematical programming 기법을 이용하여 기술적 비효율성 오차항이 음이 아닌 값을 갖도록 유지하면서 모든 산출량을 포락(envelope)하는 함수를 구하는 방법을 제시하였다. 이 포락함수가 생산변경이며 기술적 비효율성은 실제 생산량과 생산변경상 산출량의 차로 구한다. 만약 u_i의 확률분포와 생산요소가 독립적 관계를 갖는다고 가정하면 MLE에 의하여 생산변경을 추정할 수 있다.

2. 확률적 변경모형

확률적 생산변경모형은 Aigner, Lovell, and Schmidt(1977), Meeusen and van den Broeck(1977), Battese and Corra(1977)의 독립적인 연구에 의해서 처음 소개되었다. 확률적 생산변경모형은 아래와 같이 정의된다.

$$y_i = \alpha + x_i\beta + v_i - u_i, \tag{3-2}$$

여기서 오차항 v_i는 기업이 제어할 수 없는 확률오차를 의미하며 식 (3−2)를 확률적 생산변경함수라고 명명하는 이유는 생산변경(production frontier)이 $\alpha + x_i\beta + v_i$ 이기 때문이다. 즉 생산변경에 확률 변수인 v_i가

포함되었기 때문이다. 쌀농사의 경우를 생각해보면, 주어진 기술 하에서 일정량 생산요소를 사용하였으며 기술적 효율성 수준이 일정하여도 실제 생산량은 변할 수 있다. 이는 생산변경이 변하기 때문이다. 어떤 해에는 홍수 또는 가뭄으로 흉작이 되기도 하고 기후가 좋은 경우에는 생산량이 증가하기도 한다. 여기서 v_i를 제외하면 식 (3−2)는 결정적 생산변경모형(deterministic production frontier model)으로 축소된다.

위 생산함수식 (3−2)는 일반적으로 많이 사용하는 Cobb−Douglas 생산함수, 초월대수생산함수(translog production function) 등 선형방정식 형태로 전환될 수 있는 모든 함수형태를 포함한다. 위 식에서 종속변수 y_i가 비용이라면, 즉 회귀방정식이 비용함수라면 식 (3−2)는 다음과 같이 변형된다.

$$y_i = \alpha + x_i\beta + v_i + u_i, \tag{3-3}$$

즉 $u_i \geq 0$가 기술적 비효율성으로 인한 비용의 증가로 해석된다.

식 (3−2) 또는 식 (3−3)을 추정하기 위해서는 다음과 같은 가정이 필요하다. 두 확률변수 u_i와 v_i는 상호 독립적이며 설명변수와도 독립적이다. 또한 최우추정법을 이용하기 위해서는 u_i와 v_i의 확률분포를 알아야 한다. 일반적으로 확률변수 $v_i \sim N(0,\ \sigma_v^2)$를 가정하며, 0 또는 양의 값을 갖는 u_i에 대해서는 다양한 확률분포를 가정한다. 다른 확률분포를 가정하면서 다양한 모형이 소개되었다(Aigner, Lovell, and Schmidt, 1977; Stevenson, 1980; Greene, 1990; Lee, 1996; Qian and Sickles, 2008; Lee and Lee, 2013).

Aigner, Lovell, and Schmidt(1977, ALS)은 반−정규분포(half−normal

distribution, $N^{+}(0,\sigma_u^2)$)와 지수분포(exponential distribution)를 가정하였다. 두 확률분포는 <그림 3-1>에 나타난 바와 같이 모우드(mode)가 0이라는 가정을 내포한다. 즉 비효율성이 전혀 없는 완벽하게 효율적인 기업의 빈도가 가장 높다는 가정이다. 따라서 매우 효율적인 기업이 소수 있고, 나머지 대부분 기업의 효율성 수준이 선두 기업과 큰 격차가 있는 산업의 자료를 분석한다면 위 가정은 적절치 못하다. 이에 Stevenson(1980)은 잘린-정규분포(truncated-normal distribution, $N^{+}(\mu,\sigma_u^2)$)를 제시하였다. <그림 3-2>에 나타난 바와 같이 μ가 양의 값을 가지면, 매우 효율적인 기업이 소수 존재하며 약간 비효율적인 대다수 기업이 있으며, 이보다 효율성이 떨어지는 비효율적인 기업이 소수 존재하는 산업을 가정하는 분포이다. 반대로 μ가 음의 값을 가지면 Aigner, Lovell, and Schmidt (1977)의 가정처럼 모우드가 0인 분포를 갖는다. μ는 표본자료를 이용하여 추정할 수 있으며 $\mu=0$ 여부를 검정할 수 있으므로 Stevenson (1980)을 이용하여 Aigner, Lovell, and Schmidt(1977)의 설정을 검정할 수 있다. Greene(1990)은 감마분포(gamma distribution)를 가정하였는데 <그림 3-3>에 보이는 바와 같이 모우드가 고정된 값을 가정하지 않은 형태를 보인다. 감마분포의 장점은 모수 m에 따라서 잘린-정규분포도 될 수 있고, 지수함수 형태도 될 수 있는 점이다.

<그림 3-1> Distribution for Half-normal and exponential

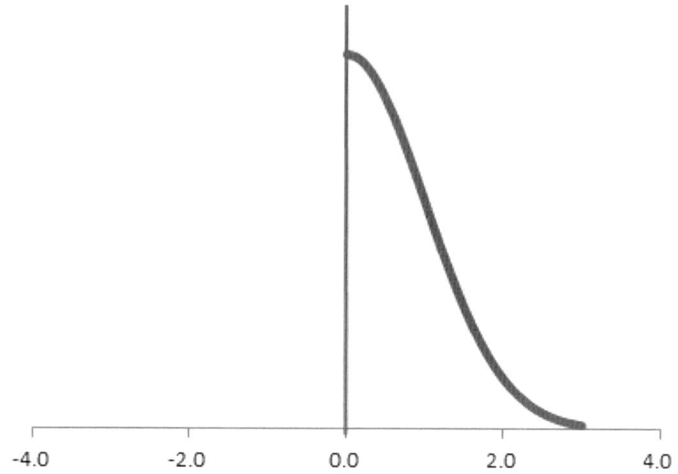

Half-normal($\sigma_u = 1$)

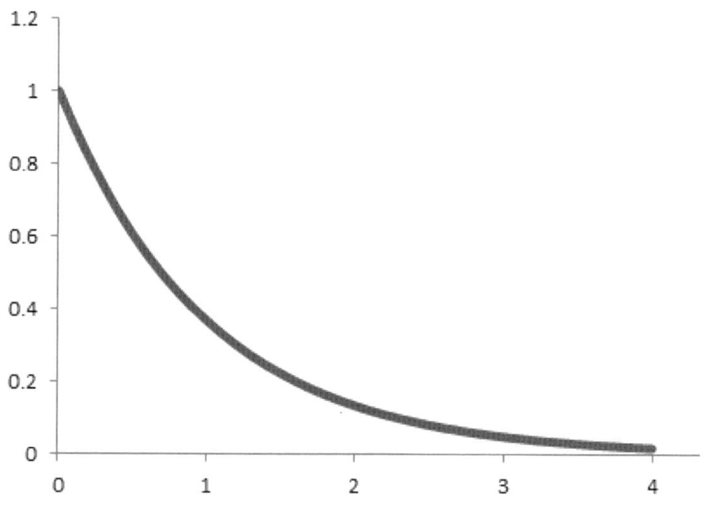

exponential($\lambda = 1$)

〈그림 3-2〉 Distribution for truncated normal

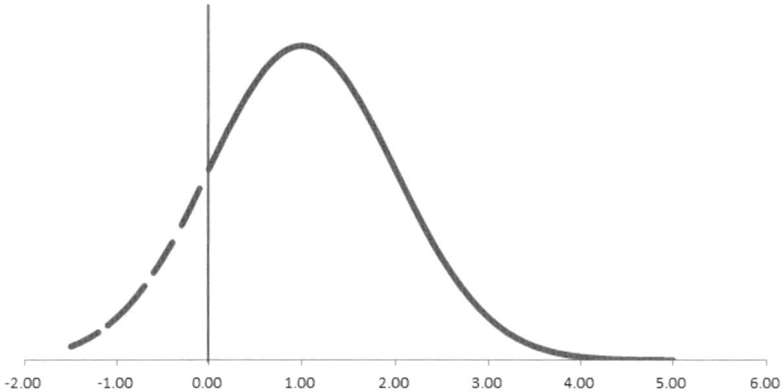

$\mu > 0(\sigma_u = 1,\ \mu = 1)$

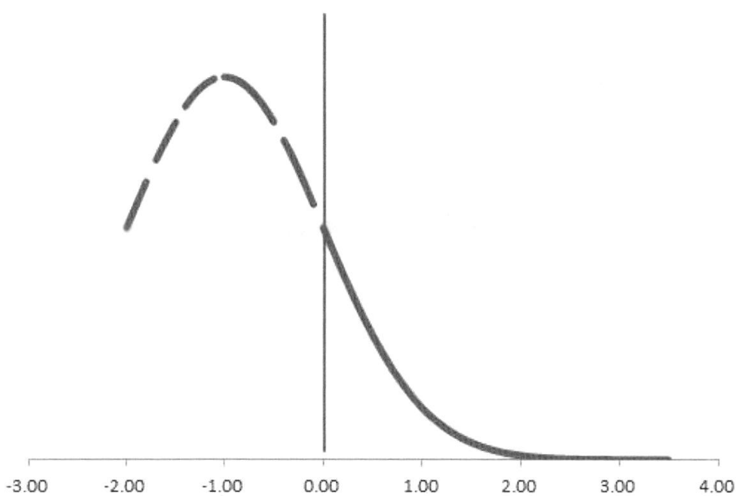

$\mu > 0(\sigma_u = 1,\ \mu = -1)$

〈그림 3-3〉 Distribution for Gamma

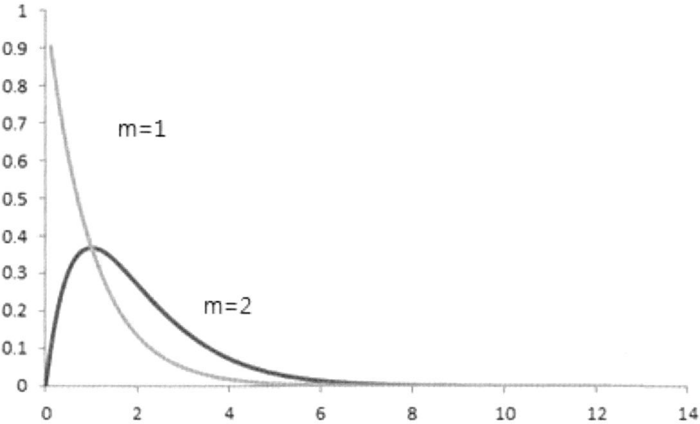

〈표 3-1〉 모형별 비효율성 확률분포가정과 확률밀도함수

Model	Inefficiency distribution	probability density function of u
ALS	Half-normal $N^+(0, \sigma_u^2)$	$f(u)=\frac{\sqrt{2}}{\sqrt{\pi}\,\sigma_u}exp(-\frac{u^2}{2\sigma_u^2})$
ALS	exponential	$f(u)=\frac{1}{\sigma_u}exp(-\frac{u}{\sigma_u})$
Stevenson	Truncated-normal $N^+(\mu, \sigma_u^2)$	$f(u)=\frac{1}{\sqrt{2\pi}\,\sigma_u\Phi(\mu/\sigma_u)}exp[-\frac{(u-\mu)^2}{2\sigma_u^2}]$
Greene	Gamma	$f(u)=\frac{u^m}{\Gamma(m+1)\sigma_u^{m+1}}exp(-\frac{u}{\sigma_u^2}),\ m>-1$

$\Phi(\cdot)$: 표준정규분포의 누적확률함수

<표 3-2> 비효율성 확률변수의 기댓값 및 분산

Model	Inefficiency distribution	$E(u)$	$Var(u)$
ALS	Half-normal $N^+(0, \sigma_u^2)$	$\sigma_u\sqrt{2/\pi}$	$\frac{\pi-2}{\pi}\sigma_u^2$
ALS	exponential	σ_u	σ_u^2
Stevenson	Truncated-normal $N^+(\mu, \sigma_u^2)$	$\frac{\sqrt{\pi}\mu+\sqrt{2}\sigma_u\exp(-\frac{1}{2}(\frac{\mu}{\sigma_u})^2)}{2\sqrt{\pi}\Phi^*}$	$\frac{1}{2\Phi^*}\{\mu^2(1-\frac{1}{2\Phi^*})+\sigma_u^2(\frac{\pi-\Phi^{*-1}}{\pi})\}$
Greene	Gamma	$(m+1)\sigma_u$	$(m+1)\sigma_u^2$

$\Phi^* = 1-\Phi(-\mu/\sigma_u)$

이상에서 살펴본 모형의 확률분포가정과 확률밀도함수를 <표 3-1>에 정리했으며 각 분포의 기댓값과 분산은 <표 3-2>에 정리하였다. Stevenson의 잘린-정규분포 모형에서 $\mu=0$이면, 반-정규분포모형으로 축소되며, Greene의 감마분포 모형에서 $m=0$이면 이 모형은 지수분포 모형이 된다. 따라서 잘린-정규분포 모형과 감마분포 모형을 이용하여 반-정규분포 모형 및 지수분포 모형의 설정을 검정할 수 있다.

식 (3-2)의 생산함수는 MLE를 이용해 추정할 수 있다. u_i가 반-정규분포를 이루고, $\varepsilon_i = v_i - u_i$이라고 하자. 우선 ε_i의 우도함수를 도출하기 위하여 ε_i의 확률밀도함수(probability density function)를 구해야 하는데 이는 u_i와 v_i가 서로 독립이라는 가정을 이용하면 된다. 즉,

두 확률변수의 결합확률밀도함수(joint probability density function)를 각각의 확률밀도함수의 곱으로 구하고, 이로부터 ε_i의 확률밀도함수를 도출하면 된다. 자세한 과정은 [부록 3-1]에 수록하였다. 반-정규분포를 가정한 경우에 u_i와 v_i의 결합확률밀도함수, ε_i의 확률밀도함수 및 우도함수는 아래 식들과 같다.

$$f(u,v) = \frac{1}{\pi\sigma_u\sigma_v} exp(-\frac{u^2}{2\sigma_u^2} - \frac{v^2}{2\sigma_v^2}) \quad (3-4)$$

$$f(\varepsilon) = \frac{2}{\sigma}\phi(\frac{\varepsilon}{\sigma})\Phi(-\frac{\varepsilon\lambda}{\sigma}), \quad \sigma^2 = \sigma_v^2 + \sigma_u^2, \quad \lambda = \sigma_u / \sigma_v \quad (3-5)$$

$$\ln L = \frac{N}{2} ln\frac{2}{\pi} - \frac{N}{2} ln\sigma^2 + \sum_{i=1}^{N} \ln\Phi(-\frac{\varepsilon_i\lambda}{\sigma}) - \frac{1}{2\sigma^2}\sum_{i=1}^{N}\varepsilon_i^2 \quad (3-6)$$

단, ϕ는 표준정규분포(standard normal distribution)의 확률밀도함수, Φ는 누적확률함수(cumulative probability function)이다.

식 (3-5)의 확률밀도함수의 분포를 그리면 <그림 3-4>와 같다. 정규분포를 갖는다고 가정한 v_i의 분포가 함께 그려져 있다. 이는 확률변경모형을 이용하지 않고 일반적인 회귀분석을 할 경우에 오차항은 u_i가 빠지고 v_i만 남기 때문에 비교한 것이다. 반-정규분포의 경우 두 개 확률변수의 표준편차를 나타내는 모수 값이 $\sigma_v = 1$, $\sigma_u = 1$일 경우에 비해 σ_u가 커져서 $\sigma_v = 1$, $\sigma_u = 3$인 경우 ε_i의 분포가 정규분포와 크게 달라짐을 알 수 있다. 따라서 생산함수의 확률오차 중 비효율성의 변동 정도가 확률오차의 변동 정도에 비해 클수록 확률변경모형이 더 정확한 추정치를 제공할 것을 짐작할 수 있다.

<그림 3-4> $\varepsilon_i = v_i - u_i$의 확률분포($u_i$: 반정규분포)

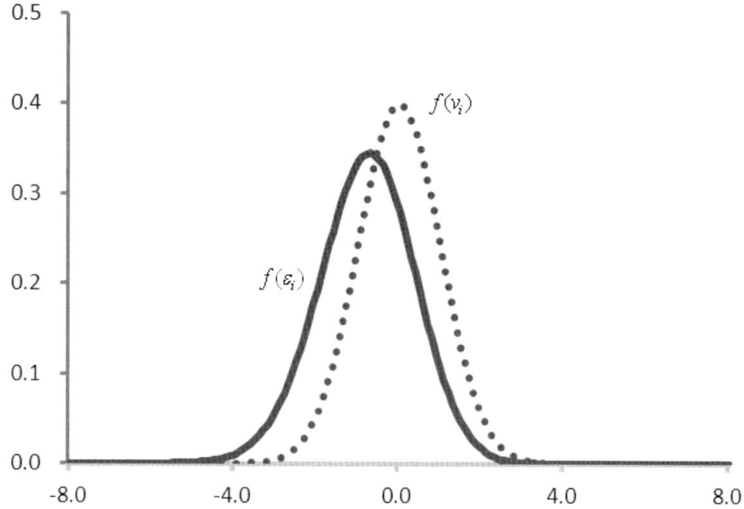

Half−normal($\sigma_v = 1$, $\sigma_u = 1$)

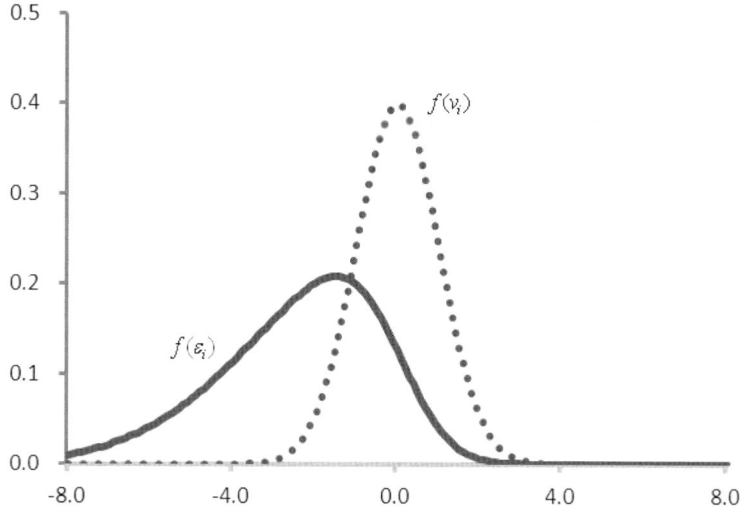

Half−normal($\sigma_v = 1$, $\sigma_u = 3$)

위에서 구한 반-정규분포모형의 우도함수처럼 u_i의 다양한 확률분포를 가정했을 때 도출한 우도함수를 <표 3-3>에 정리하였다. 따라서 확률적 변경모형을 응용하려는 연구자는 연구의 목적에 부합하는 비효율성의 분포를 선택하고 <표 3-3>에서 선택한 모형의 우도함수를 찾아 수리적 최적화(numerical optimization)를 하는 프로그램코드에서 목적함수인 우도함수만 정의해주면 된다.

반-정규분포 모형의 경우 생산함수와 관련된 모수 (α, β)를 제외하고 오차항과 관련한 모수는 두 개(σ_u^2, σ_v^2)이다. 논문마다 저자에 따라서 서로 다른 notation을 취한다. 예를 들어서 ($\sigma^2 = \sigma_u^2 + \sigma_v^2$, $\lambda = \sigma_u / \sigma_v$)와 ($\sigma^2 = \sigma_u^2 + \sigma_v^2$, $\gamma = \sigma_u^2 / \sigma^2$)가 가장 대표적이다. 그러나 비효율성의 분산과 확률오차의 분산의 비율을 나타내는 모수로 $\lambda = \sigma_u / \sigma_v$ 또는 $\gamma = \sigma_u^2 / \sigma^2$가 적절치 못하다는 지적이 있다(Greene, 2008; Lee and Lee, 2013). 예를 들어 반-정규분포를 가정할 경우 비효율성 u_i의 분산은 $Var(u) = \frac{\pi - 2}{\pi}\sigma_u^2$이다. 따라서 u_i의 분산은 σ_u^2에 비해 약 3배 정도 크다. Stevenson(1980)의 잘린-정규분포의 경우, $Var(u)$는 σ_u^2와 μ의 복잡한 함수식으로 구성되어 있다. $\lambda = \sigma_u / \sigma_v$ 값이 동일하여도 μ의 값에 따라 비효율성의 분산은 변한다. 따라서 Greene(2008)은 $\lambda = \sigma_u / \sigma_v$ 대신에 $\lambda^* = \sqrt{Var(u)} / \sigma_v$를 추천하였다.

<표 3-3> 모형별 우도함수

Model	Inefficiency distribution	log likelihood function(ln L)
ALS	Half−normal $N^+(0, \sigma_u^2)$	$\frac{N}{2}\ln\frac{2}{\pi}-\frac{N}{2}\ln\sigma^2 + \sum_{i=1}^{N}\ln\Phi(-\frac{\varepsilon_i\lambda}{\sigma})-\frac{1}{2\sigma^2}\sum_{i=1}^{N}\varepsilon_i^2$
ALS	exponential	$-\frac{N}{2}\ln\sigma_u^2+N(\frac{\sigma_v^2}{2\sigma_u^2}) + \sum_{i=1}^{N}\ln\Phi(-\frac{\varepsilon_i}{\sigma_v}-\frac{\sigma_v}{\sigma_u})+\sum_{i=1}^{N}\frac{\varepsilon_i}{\sigma_u}$
Stevenson	$N^+(\mu, \sigma_u^2)$	$-\frac{N}{2}\ln 2\pi-\frac{N}{2}\ln\sigma^2-N\ln(1-\Phi(-\frac{\mu}{\sigma_u})) + \sum_{i=1}^{N}\ln(1-\Phi(\frac{\varepsilon_i\lambda}{\sigma}-\frac{\mu}{\sigma\lambda}))-\frac{1}{2\sigma^2}\sum_{i=1}^{N}(\varepsilon_i+\mu)^2$
Greene	Gamma	$-\frac{N}{2}\ln 2\pi-\frac{N}{2}\{(m+1)\ln\sigma_u^2+\ln\sigma_v^2\} - N\ln\Gamma(m+1)-\frac{1}{2\sigma_v^2}\sum_{i=1}^{N}\varepsilon_i^2+\sum_{i=1}^{N}\ln J$

$\sigma^2=\sigma_v^2+\sigma_u^2$, $\lambda=\sigma_u/\sigma_v$, $J(m,\sigma_u,\sigma_v,\varepsilon)=\int_0^\infty u^m\exp\{-\frac{u}{\sigma_u}-\frac{u\varepsilon}{\sigma_v^2}-\frac{u^2}{2\sigma_v^2}\}du$

생산함수(3−2)는 수정된 최소이승법(corrected ordinary least square method, COLS)을 이용하여 추정할 수도 있다. ALS와 Olson, Schmidt, and Waldman(1980) 등은 OLS 추정량이 상수항을 제외한 다른 모수에 대해서는 일치추정량(consistent estimator)임을 보였다. 단, 점근적으로 효율적(asymptotically efficient)이지는 않다. 즉 $\hat{\alpha}_{OLS}$ 의 편의(bias)는 기술적 비효율성인 u_i의 기댓값이다. u_i가 반−정규분포를 갖는다면 $-\sqrt{2/\pi}\,\sigma_u$

가 된다(<표 3-2> 참조). 또한 σ_u^2 와 σ_v^2 의 일치추정량은 아래와 같이 구할 수 있다.

$$\hat{\sigma}_u^2 = \left[\sqrt{\frac{\pi}{2}}\left(\frac{\pi}{\pi-4}\right)\hat{\mu}_3\right]^{\frac{2}{3}}, \qquad \hat{\sigma}_v^2 = \hat{\mu}_2 - \frac{\pi-2}{\pi}\hat{\sigma}_u^2 \tag{3-7}$$

단 $\hat{\mu}_2$ 와 $\hat{\mu}_3$ 는 각각 OLS 잔차의 2차, 3차 모멘트(moment)이다. 따라서 $\hat{\alpha}_{COLS} = \hat{\alpha}_{OLS} + \sqrt{2/\pi}\,\sigma_u$ 이며 $\hat{\beta}_{COLS} = \hat{\beta}_{OLS}$ 이다.

반-정규분포가 사실이라는 가정 아래 Olson, Schmidt, and Waldman (1980)은 시뮬레이션을 통하여 COLS와 MLE의 소표본 특성을 비교하였다. 결과에 의하면 전반적 추정 능력은 두 추정량이 비슷하지만 표본 크기가 200보다 작으면 COLS의 RMSE(root mean squared error)가 MLE보다 작았으며, 반대로 표본 크기가 400, 800에서는 MLE의 RMSE가 더 작았다. 또한 σ_u^2 와 σ_v^2 중에서 σ_u^2 의 크기가 상대적으로 더 커질수록 MLE가 더 선호되며, 반대로 σ_v^2 의 크기가 더 커질수록 COLS가 선호된다. Coelli(1990)도 반-정규분포 가정 아래 COLS와 MLE의 소표본 특성을 비교하는 시뮬레이션을 하였다. 기술적 비효율성의 분산과 확률오차항의 분산의 합에서 비효율성의 분산이 차지하는 비중인 $\gamma = \sigma_u^2/(\sigma_v^2 + \sigma_u^2)$ 가 작으면 COLS와 MLE 모두 상당히 큰 편의를 보였으며, γ 가 0.5보다 커지면 MLE가 COLS에 비해 선호된다는 결과를 얻었다. 따라서 표본에 포함된 기업 간 비효율성의 변동 폭이 큰 경우에는 MLE를 사용하는 것이 우월하지만 그 밖의 경우에는 추정량을 구하는 과정이 간단한 COLS의 결과가 MLE에 비해 크게 차이가 없으므로 균이 MLE를 이용할 필요는 없다. 단 이상의 언급은 비효율성의 분포가 반-정규분포라는 가정에서 성립한다.

최근에 발표된 Lee(1996), Qian and Sickles(2008, QS), Lee and Lee(2013, LL)는 가장 비효율적인 기업에 관심을 갖고 생존 가능한 최소효율(minimum efficiency) 기업을 주목한다. 매우 비효율적인 기업은 생존하지 못할 것이고, 표본으로 관찰된 기업은 모두 생존한 기업이므로 일정수준 이상의 효율성을 갖춘 기업이라는 사실을 모형에 적용한 것이다. Lee(1996)는 반-정규분포의 꼬리 부분을 자른 분포, $N_0^\theta(0,\sigma_u^2)$를 소개하였고 QS은 반-정규분포뿐 아니라, 잘린-정규분포, 지수분포 등의 꼬리를 자른 분포를 제시하였다. 이를 각각 doubly-truncated 정규분포 $N_0^\theta(\mu,\sigma_u^2)$, 잘린-지수분포라고 한다. 이들 분포는 <그림 3-5>와 <그림 3-6>에 정리되어 있다. Lee(1996)와 QS에서 명시적으로 언급되지 않았지만 비효율성 분포의 꼬리 부분에 잘린 한계점(threshold)은 중요한 의미를 갖는다. 직접적인 해석은 기업이 생존하기 위한 최저 효율성 수준(또는 최대 비효율성 수준)이지만 이 한계점이 0에 얼마나 가까운가에 따라 분석하는 산업의 경쟁 정도를 나타내기 때문이다. 한계점인 θ가 매우 크면 그 산업은 효율성이 낮아도 생존이 가능함을 의미하므로 경쟁 정도가 약하다고 간주할 수 있으며, 반대로 θ가 0에 근접하다면 비효율성이 조금만 있어도 퇴출됨을 의미하므로 시장에서 경쟁이 심한 산업으로 간주할 수 있다.

<그림 3-5> Distribution for truncated half-normal and truncated exponential

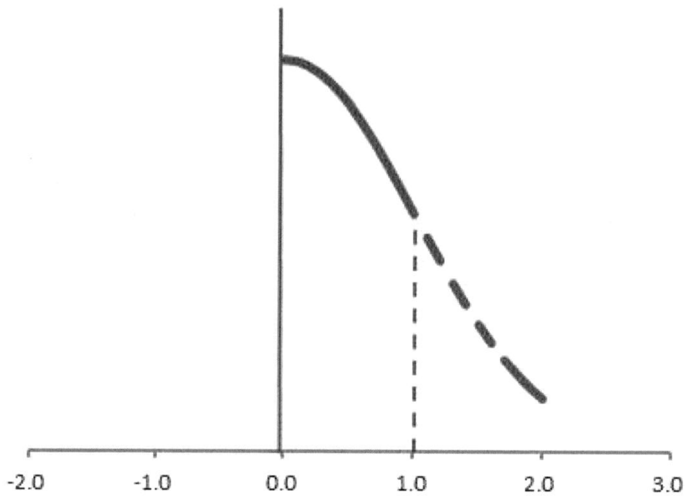

Truncated half−normal($\sigma_u = 1$, $\Theta = 1$)

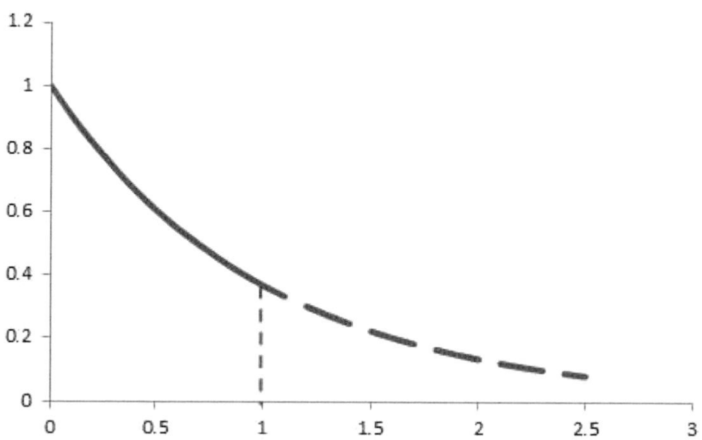

Truncated exponential($\lambda = 1$, $\Theta = 1$)

〈그림 3-6〉 Distribution for doubly truncated normal

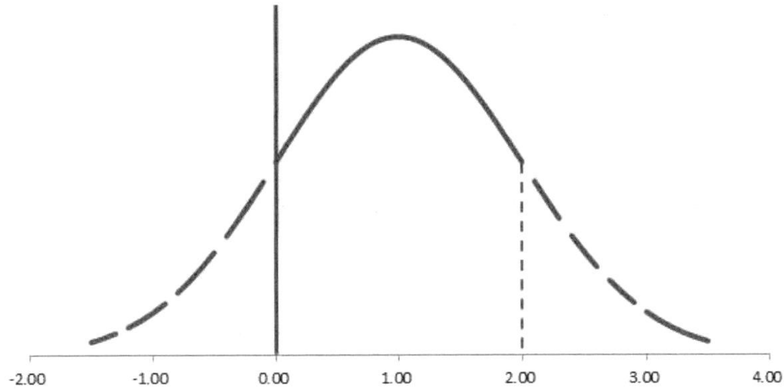

$\mu > 0(\sigma_u = 1,\ \mu = 1,\ \theta = 0,\ 2)$

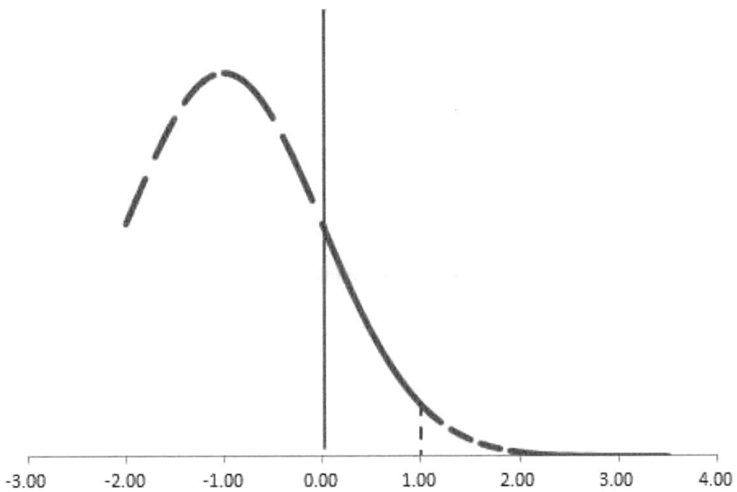

$\mu > 0(\sigma_u = 1,\ \mu = -1,\ \theta = 0,\ 1)$

경쟁수준을 산업 내 생존하는 기업들의 효율성의 분포의 퍼짐 정도로 나타낸다면 이는 θ에 의해서만 결정되지 않고 σ_u^2의 크기에도 영향을 받는다. 예를 들어, QS의 반-정규분포를 가정할 경우 u_i의 분산은 σ_u^2와 θ의 함수로 표현되기 때문이다. 이에 LL은 산업의 경쟁수준과 생존가능 최저효율성의 관련성을 강조하며 경쟁수준을 하나의 모수(parameter)로 나타낼 수 있는 모형을 제시하였다. 비효율성 오차항이 균일분포(uniform distribution)를 갖는다고 가정하였다. u_i의 균일분포를 가정하고 도출한 ε_i의 확률분포는 <그림 3-7>과 같다. <그림 3-4>에서 보았던 것처럼 ε_i의 확률분포는 정규분포와 크게 달라서 확률변경 모형의 필요성을 암시한다.

〈그림 3-7〉 $\varepsilon_i = v_i - u_i$의 확률분포($u_i$: 균일분포)

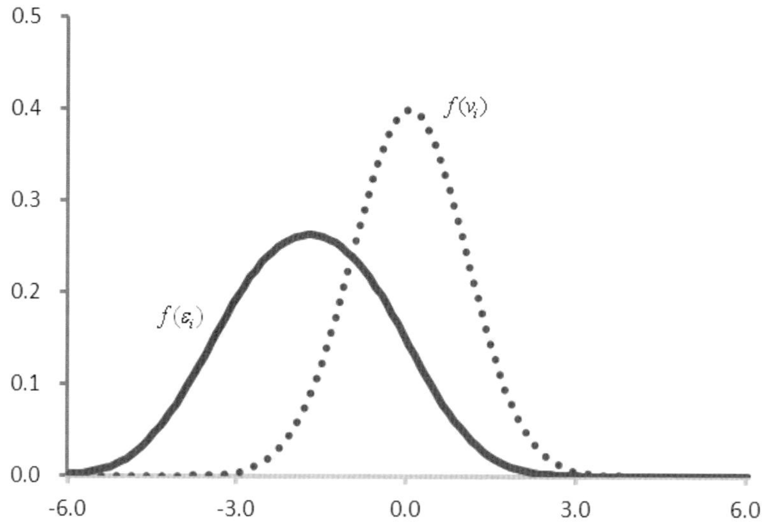

Uniform($\sigma_v = 1$, $\theta = 3.5$)

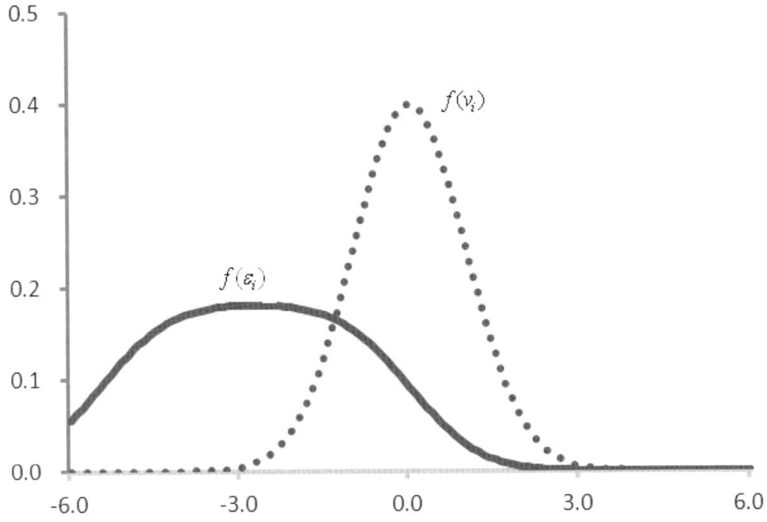

Uniform($\sigma_v = 1$, $\theta = 5.5$)

균일분포는 모든 효율성 수준에 확률값이 동일하다는 강한 가정을 하지만 u_i의 분포를 다듬질(smoothing)하여 결과적으로 더 정확한 효율성 추정치를 제공할 수 있다. 일반적인 확률변수(v_i)와 비효율성 확률변수(u_i)가 결합된 비선형모형에서 확률분포와 관련한 모수의 수를 줄여줌으로써 수리적 최적화의 성과가 더 좋을 수 있다. QS의 잘린 반-정규분포에서는 ($\sigma_v^2, \sigma_u^2, \theta$), doubly-truncated 정규분포에서는 ($\sigma_v^2, \mu, \sigma_u^2, \theta$)가 확률분포와 관련한 모수들로 각각 3개, 4개이나 LL에서는 (σ_v^2, θ)로 모수가 2개에 불과하기 때문이다. 그들의 시뮬레이션 결과에 의하면 이 모형이 실제 효율성수준에 근접한 추정치를 제공하는 것으로 나타났다. 비록 확률분포에 제약이 있지만 근사치를 잘 찾아주며 모수의 수가 작은 장점을 지닌다.

정리하면, 잘린-반정규분포에서 비효율성의 분포를 결정하는 모수는 (σ_u^2, θ), doubly-truncated 정규분포에서의 모수는 $(\mu, \sigma_u^2, \theta)$로 다중모수로 구성되어 있기 때문에 θ가 독립적으로 경쟁수준을 측정하지 못한다. 동일한 θ에서 σ_u^2의 크기에 따라 경쟁 정도가 다르기 때문이다. 이러한 이유로 Qian and Sickles(2008)와 Lee and Lee(2013)의 시뮬레이션 결과에서 잘린 반-정규분포나, doubly-truncated 분포에서 σ_u^2와 θ 각각 추정치의 편의(bias)는 비정상적으로 크게 나타나는 결과가 나타났다(단 이들을 결합하여 계산한 비효율성의 분산은 비교적 정확하게 추정된다). 또한 수리적 최적화 과정에서 수렴(convergence)이 어려운 경우가 자주 발생하였다. 반면 균일분포를 가정한 경우 우도함수가 비교적 단순하기 때문에 수리적 최적화 과정에 프로그램의 수렴이 상대적으로 수월하며 단일 모수인 θ만을 비교함으로써 경쟁 정도를 비교할 수 있는 장점이 있다.

이들 모형은 최소효율성의 한계점이 존재함을 가정함으로써 생산함수 및 비효율성 분포를 정확히 추정하는 데 활용되기도 하지만 응용연구에서 최소효율성에 관심을 갇거나, 효율성 또는 생산성의 분포에 관심을 갖는 경우에 유용하게 사용될 수 있다. 예를 들어, Combes, Duranton, Gobillon, Puga and Roux(2012)는 대도시 생산성에 대한 연구에서 대도시 기업의 평균생산성이 높은 원인을 'selection'(대도시에서 경쟁이 더 치열하여 생산성이 높은 기업만 생존이 가능함)과 'agglomeration'(대도시에서는 기업 간 상호작용이 활발하여 평균생산성이 향상됨)으로 분리하여 실증분석한 연구이다. 여기서 'selection'에 의하면 생산성의 한계치가 대도시일수록 증가하게 된다. 즉 최소생산성이 소도시에 비해 높다. QS, LL의 모형은 이들의 실증분석 연구에서 적절히 활용될 수 있다.

이상에서 살펴본 최소효율성을 고려한 모형의 확률분포가정과 확률밀도함수를 <표 3-4>에 정리하였으며 각 분포의 기댓값과 분산은 <표 3-5>에 정리하였다. Stevenson의 잘린-정규분포 모형에서 $\mu=0$ 이면, 반-정규분포모형으로 축소되며, Greene의 감마분포 모형에서 $m=0$이면 이 모형은 지수분포 모형이 되었던 것처럼 꼬리가 잘린 모형에서 $\theta=\infty$이면 기존 모형과 동일하게 된다. 예를 들어, 잘린 반-정규분포에서 $\theta=\infty$이면 반-정규분포로 축소된다.

〈표 3-4〉 최소효율성을 고려한 모형: 비효율성 확률분포와 확률밀도함수

model	Inefficiency distribution	Probability density function
QS	Truncated-half-normal $N_0^{\theta}(0, \sigma_u^2)$	$f(u)=[\Phi(\frac{\theta}{\sigma_u})-\frac{1}{2}]^{-1}\frac{1}{\sqrt{2\pi}\sigma_u}\exp(-\frac{u^2}{2\sigma_u^2})I_{[0,\theta]}(u)$
QS	Doubly truncated-normal $N_0^{\theta}(\mu, \sigma_u^2)$	$f(u)=[\Phi(\frac{\theta-\mu}{\sigma_u})-\Phi(\frac{-\mu}{\sigma_u})]^{-1}\frac{1}{\sqrt{2\pi}\sigma_u}\exp(-\frac{(u-\mu)^2}{2\sigma_u^2})I_{[0,\theta]}(u)$
QS	Truncated-exponential	$f(u)=\frac{1}{\sigma_u(1-\exp(-\theta/\sigma_u))}\exp(-\frac{u}{\sigma_u})I_{[0,\theta]}(u)$
LL	Uniform $U(0, \theta)$	$f(u)=\frac{1}{\theta}I_{[0,\theta]}(u)$

<표 3-5> 최소효율성을 고려한 모형:
비효율성 확률변수의 기댓값 및 분산

model	Inefficiency distribution	$E(u)$	$Var(u)$
QS	Truncated-half-normal $N_0^\theta(0, \sigma_u^2)$	$\sigma\dfrac{\phi(0)-\phi(\frac{\theta}{\sigma})}{\Phi(\frac{\theta}{\sigma})-\frac{1}{2}}$	$\sigma^2\left[1-\dfrac{\frac{\theta}{\sigma}\phi(\frac{\theta}{\sigma})}{\Phi(\frac{\theta}{\sigma})-\Phi(0)}-\left\{\dfrac{\phi(0)-\phi(\frac{\theta}{\sigma})}{\Phi(\frac{\theta}{\sigma})-\frac{1}{2}}\right\}^2\right]$
QS	Doubly truncated-normal $N_0^\theta(\mu, \sigma_u^2)$	$\sigma\dfrac{\phi(\frac{-\mu}{\sigma})-\phi(\frac{\theta-\mu}{\sigma})}{\Phi(\frac{\theta-\mu}{\sigma})-\Phi(\frac{-\mu}{\sigma})}$	$\sigma^2[1+\dfrac{\frac{-\mu}{\sigma}\phi(\frac{-\mu}{\sigma})-\frac{\theta-\mu}{\sigma}\phi(\frac{\theta-\mu}{\sigma})}{\Phi(\frac{\theta-\mu}{\sigma})-\Phi(\frac{-\mu}{\sigma})}]-E(u)^2$
QS	Truncated-exponential	$\sigma_u[\dfrac{1-(\frac{\theta}{\sigma_u}+1)\exp(-\frac{\theta}{\sigma_u})}{1-\exp(-\frac{\theta}{\sigma_u})}]$	$2\sigma_u^2[\dfrac{1-\frac{1}{2}(\frac{\theta^2}{\sigma_u^2}+\frac{2\theta}{\sigma_u}+2)\exp(-\frac{\theta}{\sigma_u})}{1-\exp(-\frac{\theta}{\sigma_u})}]-E(u)^2$
LL	Uniform $U(0, \theta)$	$\dfrac{\theta}{2}$	$\dfrac{\theta^2}{12}$

ALS 모형에서 반-정규분포를 가정한 모형의 우도함수 도출 과정과 같은 방법으로 최소효율성을 고려한 모형의 우도함수를 도출할 수 있다. 이를 <표 3-6>에 정리하였다. 따라서 확률적 변경모형을 응용하려는 연구자는 연구의 목적에 부합하는 비효율성의 분포를 선택하고 <표 3-6>에서 선택한 모형의 우도함수를 찾아 미리 준비한 수리적 최적화를 수행하는 프로그램코드에서 목적함수인 우도함수만 정의해주면 된다.

〈표 3-6〉 최소효율성을 고려한 모형: 우도함수

Model	Inefficiency distribution	log likelihood function(ln L)
QS	Truncated-half-normal $N_0^\theta(0, \sigma_u^2)$	$-N\ln[\Phi(\frac{\theta}{\sigma_u})-\frac{1}{2}]-N\ln\sigma-\frac{N}{2}\ln 2\pi$ $-\sum_{i=1}^{N}\frac{\varepsilon_i^2}{2\sigma^2}+\sum_{i=1}^{N}[\Phi(\frac{(\theta+\varepsilon_i)\lambda+\theta\lambda^{-1}}{\sigma})-\Phi(\frac{\varepsilon_i\lambda}{\sigma})]$
QS	Doubly truncated-normal $N_0^\theta(\mu, \sigma_u^2)$	$-N\ln[\Phi(\frac{\theta-\mu}{\sigma_u})-\Phi(\frac{-\mu}{\sigma_u})]-N\ln\sigma-\frac{N}{2}\ln 2\pi-\sum_{i=1}^{N}\frac{(\varepsilon_i+\mu)^2}{2\sigma^2}$ $+\sum_{i=1}^{N}[\Phi(\frac{(\theta+\varepsilon_i)\lambda+(\theta-\mu)\lambda^{-1}}{\sigma})-\Phi(\frac{\varepsilon_i\lambda-\mu\lambda^{-1}}{\sigma})]$
QS	Truncated-exponential	$\sum_{i=1}^{N}\frac{\varepsilon_i}{\sigma_u}+N\frac{\sigma_v^2}{2\sigma_u^2}+\ln\sum_{i=1}^{N}[\Phi(\frac{\theta+\varepsilon_i}{\sigma_v}+\frac{\sigma_v}{\sigma_u})-\Phi(\frac{\varepsilon_i}{\sigma_v}+\frac{\sigma_v}{\sigma_u})]$ $-N\ln[\sigma_u(1-\exp(-\sigma_u/\theta))]$
LL	Uniform $U(0, \theta)$	$-N\ln(\theta)+\sum_{i=1}^{N}\ln([\Phi(\frac{\varepsilon_i+\theta}{\sigma_v})-\Phi(\frac{\varepsilon_i}{\sigma_v})])$

$\sigma^2=\sigma_v^2+\sigma_u^2$, $\lambda=\sigma_u/\sigma_v$

응용연구자는 위의 다양한 모형 중에서 하나를 선택해야 하는 문제에 직면한다. 위 모형들은 비효율성에 대한 확률분포 가정의 차이에 따라 구분된다. 그리고 일반적으로 비효율성의 분포에 대하여 알려져 있지 않다. 따라서 어느 모형이 생산함수 및 확률분포의 모수와 개별 기업의 비효율성을 얼마나 근사하게 추정하는가를 기준으로 선택해야 한다.

이론적으로는 세 가지 접근법을 생각할 수 있다. 첫째, 일부 모형이 특수한 경우로 다른 모형을 내포하는 경우에는 일반적 검정법을 활용하면 된다. 예를 들어 Stevenson의 잘린-정규분포 모형에서 $\mu=0$이라는 가설을 검정함으로써 Stevenson 모형이 ALS의 반-정규분포 모형으로 축소될 수 있는지 여부를 검정한다. 또한 QS 모형에서 비효율성 한계점인 θ에 대하여 검정함으로써 이들 모형이 제안하는 꼬리가 잘린 분포 모형이 ALS 또는 Stevenson 모형으로 축소될 수 있는지를 검정한다. Greene의 감마분포 모형에서도 m=0이라는 가설을 검정함으로써 ALS의 지수분포 모형으로 축소될 수 있는지를 고려할 수 있다. 그러나 반-정규분포 모형과 지수분포 모형처럼 서로 한 모형이 다른 모형을 내포할 수 없는 경우도 있으므로 이 검정 방법이 완전하게 모형 선택의 문제에 해답을 주지는 못한다. 둘째, 몬테카를로 시뮬레이션 결과를 토대로 다양한 data generation process(DGP)에서 위 모형들의 소표본 특성을 비교해봄으로써 어떤 모형이 가장 강건한(robust) 추정치를 제공하는지를 알 수 있다. 그러나 위에서 언급한 모든 모형을 동시에 비교한 시뮬레이션의 결과는 없다. 단 Kumbhakar and Lovell (2000)은 비효율성의 확률분포 선택에 따라 비효율성 추정 결과가 민감하게 반응하지만 비효율성의 순위(rank)도 민감한지 여부는 알려져 있지 않다고 기술하였다. 우리는 제4절에서 동일한 표본데이터를 이용하여 위 모형을 모두 적용하여 추정 결과를 비교하여 모형선택에 관한 시사점을 얻을 것이다. 셋째, 특정 확률분포를 검정하는 것이다. 예를 들어 반-정규분포를 귀무가설로 설정하고 표본데이터를 이용하여 검정한다. 최근에 발표된 Wang, Amsler, and Schmidt(2011) 등이 확률분포 검정에 관심을 가진 논문들이다. 이에 대하여 다음 절에서 간략히 개념적으로 논의한다.

LL의 몬테카를로 시뮬레이션 결과를 토대로 횡단면 모형의 선택에 관하여 더 논의해보자. 동일한 조건이라면 비효율성의 확률분포를 설명하는 모수의 수가 적은 모형을 선호한다. 모수의 수가 많아질수록 수리적 최적화 과정에서 수렴(convergence)을 얻기 어려운 경우가 많으며, 일부 모수는 매우 부정확한 추정치가 구해지기 때문이다. 이는 반-정규분포 모형이 실증분석에서 많이 이용되는 이유이다. 분석 대상의 기업들이 경쟁시장에 존재하여 일정 효율성 수준 이상을 지닌다고 인식될 경우, 최소효율성을 고려한 모형을 권장한다. 즉 QS나 LL 모형이 최소효율성을 고려한 모형이다. 이 중에서 표본이 작거나, 비효율성의 변동에 비해 확률오차의 변동이 상대적으로 크다면 QS의 잘린 반-정규분포나 doubly truncated 정규분포 모형은 추정치가 부정확해지는 경향이 있으므로 LL의 균일분포 모형을 권장한다.

3. 기술적 효율성 추정량

개별기업의 기술적 효율성을 추정하는 일은 쉽지 않다. N개의 표본 관찰치를 갖고 N개 기업의 효율성을 추정해야 하기 때문이다. 생각할 수 있는 추정 방법은 생산변경함수를 추정 후 얻은 잔차(residual,

$e_i = \hat{\varepsilon}_i$)를 이용하는 것이다. 그러나 이 잔차는 두 개 확률변수의 혼합 ($\varepsilon_i = v_i - u_i$)에 대한 것이므로 이로부터 u_i를 추출해야 한다. Jondrow, Lovell, Materov and Schmidt(1982, JLMS)는 반-정규분포 가정 아래 잔차를 조건으로 한 u_i의 조건부기댓값(conditional expectation)을 제시하였다. 즉 ε_i의 값이 크고 작음이 u_i의 값을 추정하는 데 중요한 정보를 준다는 점에 근거한 것이다. JLMS는 u_i의 조건부확률밀도 함수(conditional probability density function)를 도출함으로써 조건부 기댓값의 식을 유도하였다. 즉 $u_i \sim N^+(0, \sigma_u^2)$인 경우 조건부확률밀도 함수는 아래와 같다.

$$f(u/\varepsilon) = \frac{f(u,\varepsilon)}{f(\varepsilon)} = \frac{\sigma}{\sqrt{2\pi}\sigma_u \sigma_v \Phi(-\frac{\lambda\varepsilon}{\sigma})} \exp\left(-\frac{(u + \frac{\sigma_u^2}{\sigma^2}\varepsilon)^2}{2(\frac{\sigma_u^2 \sigma_v^2}{\sigma^2})}\right) \qquad (3-7)$$

기술적 효율성은 아래의 식 (3-8)과 같으므로

$$TE_i = \frac{\exp(y_i)}{\exp(\alpha + x_i\beta + v_i)} = \exp(-u_i) \approx 1 - u_i \qquad (3-8)$$

u_i의 추정치($\hat{u}_i = E[u_i / e_i]$)를 구하면 이 식을 이용하여 $T\hat{E}_i = \exp(-\hat{u}_i) \approx 1 - \hat{u}_i$와 같이 기술적 효율성 추정치를 구할 수 있다. 2절에서 논의한 다양한 모형별 u_i의 조건부기댓값의 식은 <표 3-7>과 같다. 도출 과정은 [부록 3-2]에 자세히 정리하였다.

〈표 3-7〉 모형별 비효율성 조건부기댓값

Model	Inefficiency distribution	$E(u/\varepsilon)$
ALS	Half-normal $N^{+}(0, \sigma_u^2)$	$\sigma_*[\frac{\phi(\varepsilon\lambda/\sigma)}{1-\Phi(\varepsilon\lambda/\sigma)}-(\frac{\varepsilon\lambda}{\sigma})]$
ALS	exponential	$\mu_e+\sigma_v\Phi(\frac{\mu_e}{\sigma_v})^{-1}\phi(\frac{\mu_e}{\sigma_v})$
Stevenson	$N^{+}(\mu, \sigma_u^2)$	$\mu_*+\sigma_*\Phi(\frac{\mu_*}{\sigma_*})^{-1}\phi(\frac{\mu_*}{\sigma_*})$
Greene	Gamma	$\frac{h(m+1,\varepsilon)}{h(m,\varepsilon)}$
QS	Truncated-half-normal $N_0^{\theta}(0, \sigma_u^2)$	$\mu_0+\sigma_*\frac{\phi(-\frac{\mu_0}{\sigma_*})-\phi(\frac{\theta-\mu_0}{\sigma_*})}{\Phi(\frac{\theta-\mu_0}{\sigma_*})-\Phi(-\frac{\mu_0}{\sigma_*})}$
QS	Doubly truncated-normal $N_0^{\theta}(\mu, \sigma_u^2)$	$\mu_*+\sigma_*\frac{\phi(-\frac{\mu_*}{\sigma_*})-\phi(\frac{\theta-\mu_*}{\sigma_*})}{\Phi(\frac{\theta-\mu_*}{\sigma_*})-\Phi(-\frac{\mu_*}{\sigma_*})}$
QS	Truncated-exponential	$\mu_e+\sigma_v\frac{\phi(-\frac{\mu_e}{\sigma_v})-\phi(\frac{\theta-\mu_e}{\sigma_v})}{\Phi(\frac{\theta-\mu_e}{\sigma_v})-\Phi(-\frac{\mu_e}{\sigma_v})}$
LL	Uniform $U(0, \theta)$	$[-\sigma_v\{\Phi(\frac{\varepsilon+\theta}{\sigma_v})-\Phi(\frac{\varepsilon}{\sigma_v})\}^{-1}\times\{\phi(\frac{\varepsilon+\theta}{\sigma_v})-\phi(\frac{\varepsilon}{\sigma_v})\}]-\varepsilon$

$\mu_*=\frac{\mu\sigma_v^2-\varepsilon\sigma_u^2}{\sigma^2}$, $\sigma_*=\frac{\sigma_u\sigma_v}{\sigma}$, $\mu_0=-\frac{\varepsilon\sigma_u^2}{\sigma^2}$, $\mu_e=-\varepsilon-\frac{\sigma_v^2}{\sigma_u}$

$h(m,\varepsilon_i)=E[z^m \mid z>0,\varepsilon_i]$, $z\approx N(-\varepsilon_i+\frac{\sigma_v^2}{\sigma_u},\sigma_v^2)$

이상의 조건부기댓값은 불편추정량(unbiased estimator)이지만 일치추정량은 아니다. 확률극한(probability limit)이 u_i로 가지 않기 때문이다. 그러나 Hjalmarsson, Kumbhakar and Heshmati(1996), Bera and Sharma(1996), Horrace and Schmidt(1996) 등은 $\hat{u}_i$ 의 신뢰구간을 구하는 방법을 제시하였다. 이를 통하여 u_i에 관련한 가설검정 등 추론(inference)이 가능하게 되었다.

4. 확률적 생산변경모형의 프로그램

STATA는 확률적 변경모형을 프로그램에 포함하고 있다. STATA의 메뉴에서 'Frontier Model'을 클릭하면 생산함수 또는 비용함수를 선택할 수 있으며 세 가지 횡단면 모형을 이용한 추정을 할 수 있다. 포함된 모형은 ALS의 반-정규분포 모형, 지수분포 모형, Stevenson(1980)의 잘린 정규분포 모형이다. STATA의 단점은 SFM에 의하여 생산함수를 추정하지만 JLMS 방법에 의한 효율성 추정치는 제공하지 않는다는 점이다. 따라서 SFM을 이용하여 구한 생산함수를 추정치를 이용하여 잔차를 구하고 앞에서 설명한 조건부기댓값 공식에 대입하여 개별기업의 효율성 추정치를 계산해야 한다. 그러나 Belotti, Daidone, Ilardi and Atella(2012)가 제공하는 모듈을 이용하면 이런 문제를 해결할 수 있다. 이들은 위에서 언급한 세 가지 모형 이외에 Greene(1990)의 감마분포 모형을 포함하고 있다. STATA의 command에서 “help sfcross”를 입력하여 설명을 참조하거나 Belotti, Daidone, Ilardi and Atella(2012)를 참조하면 자세한 이용법을 알 수 있다. 또한 모듈을 실행하기 위해서는 STATA의 command에서 “net install sfcross, all from”(http://www.econometrics.it/stata)을 입력하면 된다.

또 다른 프로그램은 Coelli가 만든 FRONTIER4.1이다. 이 프로그램은 많은 응용연구자들에게 이미 널리 알려져 있으며 대부분 확률변경 모형을 이용한 다양한 응용연구자들이 이 프로그램을 이용하여 실증분석을 해왔다. 그렇기 때문에 이 프로그램에 포함된 확률변경모형만 실증분석에 이용되고 다른 모형은 이용하지 않는 의도치 않는 부작용이 있기도 하다. 이 프로그램은 FORTRAN 언어로 만들어진 프로그램으로 횡단면 모형의 경우 반-정규분포 모형과 잘린-정규분포 모형이 가능하다. 호주 퀸즐랜드대학에 있는 웹사이트(http://frontier.r-forge.r-project.org/front41.html)에서 프로그램을 무료로 다운로드할 수 있으며 프로그램 이용법도 찾을 수 있다. 최근에는 동일한 프로그램을 R언어로 만들어 동일한 웹사이트에 게시하고 있다.

5. 실증분석의 예

실제 데이터를 이용하여 위에서 소개한 다양한 모형을 이용하여 생산함수를 추정하였다. 임의로 생성한 1,000개 기업의 자료를 이용하였는데 이 절의 목적이 실증분석을 하는 것이 아니고 다양한 확률변경 모형의 추정 결과를 비교하기 위한 것이므로 데이터에 대한 자세한 설명은 생략한다. 여러 모형 중에서 ALS의 반-정규분포 및 지수분포 모형, Stevenson(1980)의 잘린 정규분포 모형, QS의 잘린 반-정규분포 모형, LL의 균일분포 모형 등 총 5개 모형을 이용하여 최우추정치를 구하였다. 추정치를 <표 3-8>에 정리하였다.

생산함수 추정 결과를 비교하면 상수항을 제외한 모수, 즉 노동과 자본의 탄성치는 유사하게 추정되었다. 확률오차 v의 분산이 비효율성 한계치를 가정한 QS, LL모형에서 ALS모형보다 더 작게 추정된 반면 비효율성의 분산은 QS, LL모형이 더 크게 추정하였다. 따라서 효율성 한계점을 고려한 모형과 그렇지 않은 모형 간에 추정치의 차이가 크게 나타났다. 또한 <표 3-9>에 정리한 효율성치의 모형 간 상관계수를 비교하여도 QS와 LL의 상관계수는 1에 가깝게 유사하였다. 또한 ALS의 반-정규분포 모형이 추정한 효율성 추정치와도 상관계수가 각각 0.969, 0.958로 매우 높은 상관관계를 보여주었다. 그러나 ALS의 지수분포 모형의 효율성추정치와 상관계수는 다소 내려가는 것으로 나타났다. 이는 표본자료의 기업의 효율성 분포가 지수분포가 가정하는 것처럼 효율성이 매우 높은 기업의 도수가 많고 비효율성 조금씩 커질수록 도수가 급격히 감소하는 유형과는 거리가 먼 것으로 짐작된다.

효율성한계점 θ의 추정치를 보면 QS, LL 모두 3이 넘게 나타났다. QS의 경우 $\hat{\theta}$이 3.52로 추정되었는데 이를 표준화하면, 즉 반-표준 정규분포에서 1.25(=3.52/2.80)가 비효율성 한계치이므로 반-정규

〈표 3-8〉 모형별 생산함수 추정 결과

Model	α	β_L	β_K	σ_u	σ_v	μ(or θ)	$Var(u)$	ln L
ALS (HN)	0.480 (3.58)	0.587 (17.31)	0.423 (12.10)	1.263 (7.84)	0.815 (9.97)		0.580	−1,519.76
ALS (EX)	−0.137 (−0.93)	0.588 (16.97)	0.426 (11.92)	0.396 (2.75)	1.039 (18.56)		0.157	−1,523,10
Stevenson (TN)	1.372 (9.09)	0.583 (17.83)	0.413 (12.27)	1.178 (21.83)	0.415 (5.58)	1.733 (8.27)	−1.872	−1,509.77
QS (HN)	0.961 (13.33)	0.574 (18.01)	0.415 (12.47)	2.503 (7.27)	0.559 (11.34)	3.518 (21.07)	0.931	−1,505.99
LL	1.024 (14.34)	0.578 (17.54)	0.419 (12.22)		0.621 (12.89)	3.189 (22.57)	0.848	−1,511.80

The numbers in () are t−values.

〈표 3-9〉 효율성 추정시의 상관계수

	ALS(HN)	ALS(EX)	Stevenson	QS(HN)	LL
ALS(HN)	1	0.899	0.925	0.969	0.958
ALS(EX)	0	1	0.714	0.779	0.756
Stevenson	0	0	1	0.982	0.988
QS(HN)	0	0	0	1	0.999

분포 모형과는 매우 다른 추정 결과임을 의미한다. 우도검정(likelihood ratio test)을 이용하여 QS의 잘린 반-정규분포 모형과 ALS의 반-정규

분포 모형을 비교하면, 즉 $H_0 : \theta = \infty$ 를 검정하면 검정통계량이 27.0을 초과하여 1% 수준에서 기각된다. 즉 통계적으로 ALS 반-정규분포 모형에 비해 QS의 잘린 반-정규분포 모형이 선호된다. LL모형은 가설검정을 통하여 모형 설정을 판가름할 수 없으나, 비효율성분포의 모수 개수가 동일하게 1개인 반-정규분포와 비교하며 로그취한 우도 함수 값이 약 8가량 더 커서 LL이 더 선호된다고 할 수 있다. 앞 절 마지막 부분에서 시뮬레이션 결과에 근거한 QS, LL 간 장단점을 간략히 설명하였다. 이 중 확률오차의 분산(σ_v^2)과 비효율성 오차의 분산(σ_u^2) 중 σ_v^2 가 상대적으로 큰 표본을 이용할 때 QS모형의 추정이 부정확함을 의미하는 내용이 있었다. 그러나 여기서 사용한 표본은 QS 추정치를 볼 때 σ_v 가 0.56으로 σ_u 2.50보다 작게 나타나 QS 추정치가 LL에 비해 부정확하지 않을 것이다. 따라서 본 표본자료를 분석하는데 QS 또는 LL이 적합하며 두 모형 간에는 어느 모형이 더 선호되는지 알 수 없다. 실제 비효율성 추정치의 상관계수가 1에 근접하게 나타나 두 모형 모두 유사한 추정 결과를 제공하는 것으로 보인다.

6. 프로그램 코드 설명

위에서 논의한 모형을 이용할 수 있는 GAUSS를 이용한 프로그램을 설명한다(이하 프로그램은 저자의 홈페이지 https://sites.google.com/site/

yhnlee3에서 다운로드할 수 있다). 아래 프로그램은 위에서 설명한 다양한 모형 중 ALS의 반-정규분포 및 지수분포 모형, Stevenson(1980)의 잘린 정규분포 모형, QS의 잘린 반-정규분포 모형, LL의 균일분포 모형을 이용한 최우추정치를 구해준다. 응용연구자가 사용하는 데 필요한 설명은 다음과 같다.

(1) line 9~10에서 자료의 크기와 변수의 수를 정해준다.

(2) line 20에서 data file을 지정한다.

(3) line 22~25에서 산출물 변수와 생산요소 변수를 지정해준다. 만약 생산요소에 중간재를 포함한다면 새로운 line을 만들어 지정해주고 line 25에서 이를 지정해주어야 한다.

(4) line 51에서 사용할 모형을 지정해준다. line 44-50에서 설명한 대로 1은 ALS의 반-정규분포, 2는 지수분포, 3은 Stevenson의 잘린 정규분포, 4는 QS의 잘린 반-정규분포, 5는 LL의 균일분포 모형이다.

(5) line 53~55는 이용자가 변경시킬 필요가 없는 부분이다. 단, 이 부분은 이 GAUSS 프로그램이 'constrained optimization'임을 알려준다. 분산과 같은 일부 변수가 양의 값을 가지므로 최적화 과정 중에 이들 변수가 음의 값을 갖게 되면 0에 근접한 양의 값을 부여하는 제약을 주고 있다. 따라서 CO 프로그램에 필요한 모듈이 있어야 위 프로그램이 정상적으로 작동하게 된다.

(6) line 60~70에서는 초깃값을 부여한다. 각 line별로 모형별 초깃값이 부여되어 있다. 예를 들어, QS의 잘린 반-정규분포

모형을 이용할 경우, line 67의 초깃값을 변경하면 된다. line 58에 각 모수의 순서를 정리하였다. 즉 첫 번째 초깃값은 상수항, 두세 번째 값은 생산함수의 기울기, 네 번째 값은 오차항의 표준편차, 다섯 번째 값은 σ_u 이다. 단 LL의 경우 다섯 번째 값은 θ 이다. Stevenson(1980)과, QS의 잘린 반-정규분포 모형에서는 여섯 번째 모수가 있는데 각각 μ 와 θ 이다.

또한 프로그램의 OUTPUT 형태를 프로그램 뒤에 정리하였다. ALS 의 반-정규분포 모형을 이용한 OUTPUT 을 예로 제시하였다. 생산함수, 비효율성 분포와 확률오차항에 모수를 추정해주며 개별 기업의 비효율성의 추정치와 이를 이용하여 구한 효율성 백분율(%)이 함께 제시된다. 노동과 자본의 탄력도가 각각 0.59, 0.42 로 추정되어 규모의 보수(returns to scale)가 1.01 로 constant returns to scale(CRTS)에 가까운 것으로 보인다. 만약 CRTS 를 검정하고 싶으면 제약을 부여한 회귀방정식을 정해주면 된다.

Ch3_code

```
1  ///* Gauss code for the Stochastic Frontier Model with Various Distributions of Inefficiency *///
2  ///* Please note that this code can be applied for cross-sectional data *///
3
4
5  new;
6
7  format/rd 12,4 ;
8
```

```
nn = 1000   ; @ number of observation @
nvar = 3 ; @ number of variables to be loaded @

numbering = zeros(nn,1);

i=1 ; do until i>nn ;
numbering[i,1] = i;
i = i+1 ;
endo ;


load dat[nn,nvar] = data.csv;            /* Load the data */

yy = dat[.,1];                           /* Dependent variables */
xx2 = dat[.,2];  @ log of capital @
xx3 = dat[.,3];  @ log of labor @
xx= ones(nn,1)~xx2~xx3;

kk = cols(xx) ;  /* Number of Independent variables */



@ OLS Estimation @

bols = inv(xx'xx)*xx'yy;
olsresid = yy - xx*bols;
sqavgolsresid = (1/nn) * (olsresid' * olsresid) ;

bols = bols';
bols = bols~ones(1,2);
```

```
bols  =bols';
bols[4]  =  0.1;
bols[5]  =  0.5;


@///*     HALF-NORMAL        =  1,  HND
          EXPONETIAL         =  2,  EXPOD
          TRUNCATED-NORMAL=  3,  THND
          TAIL-TRUNCATED     =  4,  TND
          UNIFORM            =  5,  UNID     *///

///*    CHOOSE  PROGRAM  ID          *///@
PrID  =  5   ;

library  co;
#include  co.ext;
coset  ;

@ *********** CHOOSE INITIAL VALUES for EACH DIFFERENT MODEL ********* @
@ *********** alpha,  beta1,  beta2,  s_v,  s_u,  mu  (or  theta)    ************* @

if PrID  <  2;
     bhn0  =  {1,0.6,  0.4,  0.5,  3};
elseif  PRID  <  3;
     bhn0  =  {1,0.6,  0.4,  0.5,  3};
elseif  PRID  <  4;
     btn0  =  {1,  0.6,  0.4,  0.5,  3,  -1}  ;
elseif  PRID  <  5;
     bthn0  =  {1,  0.6,  0.4,  0.5,  3,  0.5};
else;
```

```
    buni0 = {1, 0.6, 0.4, 0.5, 1};
endif;
if PrID < 2;
    GOTO  HND ;
elseif PRID < 3;
    GOTO EXPOD ;
elseif PRID < 4;
    GOTO THND ;
elseif PRID < 5;
    GOTO TND ;
else;
    GOTO UNID ;
endif;
HND: print prid ;
************************* HALF-NORMAL DISTRIBUTION ********************  ;
proc halfnormal(bhn);
local equ, eps, j;
eps = yy ;
j = 1; do until j>kk ;
eps = eps - xx[.,j]*bhn[j] ;
```

```
j= j+1;
endo;


equ = (2/(sqrt(bhn[kk+1].^2 + bhn[kk+2].^2))).*pdfn((eps)./(sqrt(bhn[kk+1].^2 + bhn[kk+2].^2))) ;
equ = (equ).*(1-cdfn( (eps).*( (bhn[kk+2]/bhn[kk+1]) * (1/(sqrt(bhn[kk+1].^2 + bhn[kk+2].^2) ) ) ) ) ) ;
equ = ln(equ) ;

retp(equ);
endp;


proc hnf(bhn) ;
local hn;
hn = -sumc(halfnormal(bhn));
retp(hn);
endp;


bound = zeros(kk+2, 2);
qq = 1 ; do until qq>kk+2 ;
bound[qq,1] = -1e256 ;
bound[qq,2] = 1e256;
qq = qq+1;
endo;

bound[kk+1,1] = 0.000000001;
bound[kk+2,1] = 0.000000001;
```

```

_co_Bounds = bound;


{bhn,f,g,retcode} = co(&hnf,bhn0) ;

{x,f,g,retcode} = coprt(bhn,f,g,retcode);


rethn = retcode;

hesshn = hessp(&hnf, x);
varhn = inv(hesshn);
sdchn = sqrt(diag(varhn));
tvhn = bhn ./ sdchn ;

varuhat = ((pi-2)/pi)*bhn[kk+2]^2 ;
lambdahn = bhn[kk+2]/bhn[kk+1] ;


epshn = yy;
tt = 1; do until tt>kk ;
epshn = epshn - xx[.,tt]*bhn[tt] ;
tt= tt+1;
endo;

sigmahn = sqrt(bhn[kk+1]^2 + bhn[kk+2]^2) ;
sigmastarhn = bhn[kk+1]*bhn[kk+2]/sigmahn ;

conmeanhn = sigmastarhn*( (pdfn(epshn*lambdahn ./ sigmahn) ./ (ones(nn,1)
```

```
    - cdfn(epshn*lambdahn ./ sigmahn))) - (epshn*lambdahn / sigmahn) );
est_ineff_hn = exp(-conmeanhn);



/* Results of Regression */
print " **********************************************************************" ;
print "                             Half-Normal Specification                     " ;
print " **********************************************************************" ;

let mask[1,4] = 0 1 1 1;     let fmt[4,3] =
    "-*.*s" 8 8
    "*.*lf" 10 4
    "*.*lf" 10 4
"*.*lf" 10 4 ;

vnx  = {"cons", "labor",  "capital", "s_v" , "s_u" } ;

              estimate          se        t-value;
yyprin = printfm(vnx~bhn~sdchn~tvhn, mask, fmt) ;
print " **********************************************************************" ;



print "The value of log-likelihood function" -hnf(bhn);
print "Return Code:" rethn;  "";
print "Variance of Inefficiency:" varuhat;
print "Conditional mean of Inefficiency for each observation" ;

print " **********************************************************************" ;
" firm id        E[u_i/e_i]     Eefficiency ";
numbering~conmeanhn~est_ineff_hn;
```

```
print " ***********************************************************************" ;
end;



EXPOD:  print prid ;
************************** EXPONENTIAL DISTRIBUTION **********************  ;

proc  expo(bexpo);
local  equ,  eps,  j;
eps  =  yy  ;
j  =  1;  do  until  j>kk  ;
eps  =  eps  -  xx[.,j]*bexpo[j]  ;
j=  j+1;
endo;

equ  =  (1/bexpo[kk+2])*cdfn(-(eps./bexpo[kk+1]  +  ones(nn,1)
*(bexpo[kk+1]/bexpo[kk+2]))).*exp(((eps./bexpo[kk+2])
  +  (ones(nn,1)*(bexp  o[kk+1]^2))  ./  (2  *  bexpo[kk+2]^2)));

equ  =  ln(equ);
retp(equ);
endp;

proc  expof(bexpo)  ;
local  ll;
ll  =  -sumc(expo(bexpo));
retp(ll);
endp;
```

```
bound = zeros(kk+2, 2);
qq = 1 ; do until qq>kk+2 ;
bound[qq,1] = -1e256 ;
bound[qq,2] = 1e256;
qq = qq+1;
endo;
bound[kk+1,1] = 0.000000001;
bound[kk+2,1] = 0.000000001;
_co_Bounds = bound;
bexpo0 = {1, 0.6, 0.4, 0.5, 1} ;
{bexpo,f,g,retcode} = co(&expof,bexpo0) ;
{x,f,g,retcode} = coprt(bexpo,f,g,retcode);
retexpo = retcode;
hessexpo = hessp(&expof, bexpo);
varexpo = inv(hessexpo);
sdcexpo = sqrt(diag(varexpo));
tvexpo = bexpo ./ sdcexpo ;
epsexpo = yy;
tt = 1; do until tt>kk ;
epsexpo = epsexpo - xx[.,tt]*bexpo[tt] ;
```

```
tt=  tt+1;
endo;
muexpo  =  -  epsexpo  -  (ones(nn,1)  *  (bexpo[kk+1]  /bexpo[kk+2]))  ;
conmeanexpo  =  muexpo  +  bexpo[kk+1]^2  *  (ones(nn,1)./cdfn(muexpo  ./  bexpo[kk+1])  )
  .*pdfn  (muexpo  ./  bexpo[kk+1])  ;
est_ineff_expo  =  exp(-conmeanexpo);


print  "  ******************************************************************"  ;
print  "                              Exponential  Specification                          "  ;
print  "  ******************************************************************"  ;

let  mask[1,4]  =  0  1  1  1;      let  fmt[4,3]  =
     "-*.*s"  8  8
     "*.*lf"  10  4
     "*.*lf"  10  4
"*.*lf"  10  4  ;

vnx   =  {"cons",  "labor",   "capital",  "s_v"  ,  "s_u"  }  ;

               estimate            se          t-value;
yyprin=printfm(vnx~bexpo~sdcexpo~tvexpo,  mask,  fmt)  ;

print  "  ******************************************************************"  ;
;


print  "The  value  of  log-likelihood  function"  -expof(bexpo);
print  "Variance  of  inefficiency"  bexpo[kk+2]^2;
print  "Conditional  mean  of  Inefficiency  for  each  observation"  ;
print  "  ******************************************************************"  ;
```

```
        “ firm id        E[u_i/e_i]     Eefficiency “;
numbering~conmeanexpo~est_ineff_expo;
print " *****************************************************************" ;

end;


THND: print prid ;
******************* TRUNCATED-NORMAL DISTRIBUTION ******************* ;
proc tnormal(btn);
local equ, eps, sigma, lambda, j;

eps = yy ;

j = 1; do until j>kk ;
eps = eps - xx[.,j]*btn[j] ;
j= j+1;
endo;

sigma = sqrt( btn[kk+1]^2 + btn[kk+2]^2 );
lambda = btn[kk+2] / btn[kk+1];


equ = (-ln(sigma) -ln(cdfn(-btn[kk+3]/btn[kk+2]) ))* ones(nn,1);
equ = equ + ln(cdfn( (btn[kk+3]/(sigma*lambda))*ones(nn,1) - eps*lambda./sigma ) ) ;
equ = equ + ln( pdfn( (eps + ones(nn,1)*btn[kk+3] ) ./ sigma ) );


retp(equ);
endp;
```

```
proc tnf(btn) ;
local tn;
tn = -sumc(tnormal(btn));
retp(tn);
endp;


bound = zeros(kk+3, 2);
qq = 1 ; do until qq>kk+3 ;
bound[qq,1] = -1e256 ;
bound[qq,2] = 1e256;
qq = qq+1;
endo;

bound[kk+1,1] = 0.000000001;
bound[kk+2,1] = 0.000000001;


_co_Bounds = bound;


{btn,f,g,retcode} = co(&tnf,btn0) ;

{x,f,g,retcode} = coprt(btn,f,g,retcode);


rettn = retcode;
```

```
@hesstn = hessp(&tnf, x);
vartn = inv(hesstn);

@g2 = gradp(&tnf, x);
vartn = g2'g2 ;

sdctn = sqrt(diag(vartn));
tvtn = btn ./ sdctn ;

sigmatn = sqrt(btn[kk+1]^2 + btn[kk+2]^2) ;
aa = inv(cdfn(-btn[kk+3]/btn[kk+2]));
lambdatn = btn[kk+2]/btn[kk+1] ;
sigmastarhat = (btn[kk+1]*btn[kk+2])/sigmatn ;


varuhat = (btn[kk+3]^2) * (aa/2) * (1 - aa/2) + (aa/2) * ((pi-aa)/pi) * btn[kk+2]^2 ;

epstn = yy;
tt = 1; do until tt>kk ;
epstn = epstn - xx[.,tt]*btn[tt] ;
tt= tt+1;
endo;

mutili = (-btn[kk+2]^2*epstn + btn[kk+3]*btn[kk+1]^2*ones(nn,1) )./ sigmatn^2 ;
sigmastartn = btn[kk+1]*btn[kk+2]/sigmatn ;

conmeantn = sigmastarhat * (mutili./sigmastarhat +
(pdfn(mutili./sigmastartn) ./ (ones(nn,1) - cdfn(-mutili./sigmastartn)) ));
est_ineff_tn = exp(-conmeantn);
```

```
/* Results of Regression */
print " ******************************************************************" ;
print "                              Truncated-Normal Specification                    " ;
print " ******************************************************************" ;

let mask[1,4] = 0 1 1 1;     let fmt[4,3] =
     "-*.*s" 8 8
     "*.*lf" 10 4
     "*.*lf" 10 4
"*.*lf" 10 4 ;

vnx  = {"cons", "labor",  "capital", "s_v",  "s_u" , "mu" } ;

            estimate          se        t-value; rows(vnx) rows(btn) rows(sdctn) rows(tvtn);
yyprin = printfm(vnx~btn~sdctn~tvtn, mask, fmt) ;
print " ******************************************************************" ;



print "The value of log-likelihood function" -tnf(btn);
print "Return Code:" rettn;     "";

print "Variance of Inefficiency:" varuhat;
print "Conditional mean of Inefficiency for each observation" ;
print " ******************************************************************" ;
          " firm id        E[u_i/e_i]      Eefficiency ";
numbering~conmeantn~est_ineff_tn;
print " ******************************************************************" ;

```

```
end;



TND: print prid ;
**********************  TAIL-TRUNCATED HALF-NORMAL DISTRIBUTION ****************   ;

proc thalfnormal(bthn);
local equ, eps, equ1, equ2, equ3, equ4, j ;
eps = yy ;

j = 1; do until j>kk ;
eps = eps - xx[.,j]*bthn[j];
j= j+1;
endo;
        equ1 = inv(cdfn(bthn[kk+3]/bthn[kk+2]) - cdfn(0)) ;
        equ2 = (1/(sqrt(bthn[kk+1]^2 + bthn[kk+2]^2))) .* pdfn( (eps) ./ (sqrt(bthn[kk+1]^2 + bthn[kk+2]^2)) ) ;
        equ3 = cdfn( (bthn[kk+3]*(sqrt(bthn[kk+1]^2 + bthn[kk+2]^2)))./(bthn[kk+1]*bthn[kk+2])
 + ((eps) .* (bthn[kk+2]/bthn[kk+1]) .* (1/sqrt(bthn[kk+1]^2 + bthn[kk+2]^2))) );
        equ4 = cdfn( (eps) .* (bthn[kk+2]/bthn[kk+1]) .* (1/sqrt(bthn[kk+1]^2 + bthn[kk+2]^2)) ) ;
        equ = equ1 .* equ2 .* (equ3 - equ4);
        equ = ln((equ)) ;

retp(equ);
endp;


proc thnf(bthn);
local q;
q = -sumc(thalfnormal(bthn)) ;
```

```
retp(q);
endp;
bound = zeros(kk+3, 2);
qq = 1 ; do until qq>kk+3 ;
bound[qq,1] = -1e256 ;
bound[qq,2] = 1e256;
qq = qq+1;
endo;
bound[kk+1,1] = 0.000000001;
bound[kk+2,1] = 0.000000001;
bound[kk+3,1] = 0.000000001;
_co_Bounds = bound;
{bthn,f,g,retcode} = co(&thnf,bthn0) ;
{x,f,g,retcode} = coprt(bthn,f,g,retcode);
retthn = retcode;
hessthn = hessp(&thnf, bthn);
varthn = invpd(hessthn);
sdcthn = sqrt(diag(varthn));
```

```
tvthn = bthn ./ sdcthn ;



epsthn = yy;
tt = 1; do until tt>kk ;
epsthn = epsthn - xx[.,tt]*bthn[tt] ;
tt= tt+1;
endo;

sigmathn = sqrt(bthn[kk+1]^2 + bthn[kk+2]^2);
lambdathn = bthn[kk+2]/bthn[kk+1];
muthn = - epsthn*(bthn[kk+2]^2 / sigmathn^2 );
sigmastarthn = bthn[kk+1]*bthn[kk+2] / sigmathn ;

conmeanthn = pdfn(-muthn./sigmastarthn) - pdfn( (ones(nn,1) * bthn[kk+3] - muthn) ./ sigmastarthn ) ;
conmeanthn = conmeanthn ./ (cdfn( (ones(nn,1) * bthn[kk+3] - muthn) ./ sigmastarthn )-cdfn(-muthn./sigmastarthn));
conmeanthn = muthn + sigmastarthn * conmeanthn ;
est_ineff_thn = exp(-conmeanthn);


expectu = sigmathn * ( (pdfn(0) - pdfn(bthn[kk+3]/sigmathn) ) / ( cdfn(bthn[kk+3]/sigmathn) - cdfn(0)) );
secondmoment = sigmathn^2 - sigmathn^2* (( (bthn[kk+3]/sigmathn) * pdfn(bthn[kk+3]/sigmathn) )
 / ( cdfn(bthn[kk+3]/sigmathn) - cdfn(0) )) ;
varuhat = secondmoment - expectu^2 ;

print " ********************************************************************" ;
print "                    Truncated Half-Normal Specification                    " ;
print " ********************************************************************" ;
```

```
let mask[1,4] = 0 1 1 1;     let fmt[4,3] =
    "-*.*s" 8 8
    "*.*lf" 10 4
    "*.*lf" 10 4
"*.*lf" 10 4 ;

vnx  = {"cons", "labor",  "capital", "s_v",  "s_u" , "theta" } ;

              estimate          se         t-value;
yyprin = printfm(vnx~bthn~sdcthn~tvthn, mask, fmt) ;

print " ***********************************************************************" ;



print "The value of log-likelihood function" -thnf(bthn);
print "Return Code: " retthn ;  "";

print "Variance of Inefficiency" varuhat;

print "Conditional mean of Inefficiency for each observation" ;
print " ***********************************************************************" ;
" firm id       E[u_i/e_i]     Eefficiency ";
numbering~conmeanthn~est_ineff_thn;
print " ***********************************************************************" ;

end;
```

```
UNID: print prid ;
**************************  UNIFORM DISTRIBUTION  ********************  ;
proc uniform(buni);
local equ, eps, j;

eps = yy ;
j = 1; do until j>kk ;
eps = eps - xx[.,j]*buni[j] ;
j= j+1;
endo;

equ = cdfn((buni[kk+2]*ones(nn,1) + eps)/buni[kk+1])
          - cdfn((eps)/buni[kk+1]) ;

equ = ln((1/buni[kk+2]).*(equ));

retp(equ);
endp;


proc unif(buni);
local uni;
uni = -sumc(uniform(buni));
retp(uni);
endp;

bound = zeros(kk+2, 2);
qq = 1 ; do until qq>kk+2 ;
bound[qq,1] = -1e256 ;
bound[qq,2] = 1e256;
```

```
qq = qq+1;
endo;
bound[kk+1,1] = 0.000000001;
bound[kk+2,1] = 0.000000001;
_co_Bounds = bound;
{buni,func,grad,retcode} = coprt(co(&unif,buni0)) ;
retuni = retcode;
hessuni = hessp(&unif, buni);
varuni = inv(hessuni);
sdcuni = sqrt(diag(varuni));
tvuni = buni ./ sdcuni ;
varuhat = buni[kk+2]^2 /12 ;
epsuni = yy ;
tt = 1; do until tt>kk ;
epsuni = epsuni - xx[.,tt]*buni[tt] ;
tt= tt+1;
endo;
conmeanuni = -buni[kk+1]* (ones(nn,1) ./( cdfn( (epsuni + ones(nn,1)*buni[kk+2]) ./ buni[kk+1] )
 - cdfn( epsuni/buni[kk+1])));
conmeanuni = conmeanuni .* ( pdfn( (epsuni + ones(nn,1)*buni[kk+2]) ./ buni[kk+1] )
 - pdfn( epsuni/buni[kk+1]) ) ;
conmeanuni = conmeanuni - epsuni ;
```

```
est_ineff_uni  =  exp(-conmeanuni);


print " ***************************************************************" ;
print "                              Uniform  Specification                    " ;
print " ***************************************************************" ;

let mask[1,4]  =  0  1  1  1;     let fmt[4,3]  =
     "-*.*s"  8  8
     "*.*lf"  10  4
     "*.*lf"  10  4
"*.*lf"  10  4 ;

vnx   =  {"cons", "labor",   "capital", "theta" , "s2" } ;

               estimate            se          t-value;
yyprin = printfm(vnx~buni~sdcuni~tvuni,  mask,  fmt)  ;

print " ***************************************************************" ; "";


print "The  value  of  log-likelihood  function"  -unif(buni);
print "Variance  of  Inefficiency"  varuhat;

print "Conditional  mean  of  Inefficiency  for  each  observation" ;
print " ***************************************************************" ;
        " firm  id          E[u_i/e_i]      Eefficiency ";
numbering~conmeanuni~est_ineff_uni;
print " ***************************************************************" ;
end;
```

〈표 3-10〉 MLE 추정 결과 output

```
Number of iterations          10
Minutes to convergence        0.00390
*********************************************************
                  Half-Normal Specification
*********************************************************
              estimate      se        t-value
cons          0.4798      0.1342      3.5757
labor         0.5869      0.0339     17.3090
capital       0.4229      0.0349     12.1023
s_v           0.8146      0.0817      9.9708
s_u           1.2628      0.1611      7.8366
*********************************************************
The value of log-likelihood function   -1519.7614
return Code:          0.0000

Variance of Inefficiency:          0.5795
Conditional mean of Inefficiency for each observation
*********************************************************
      firm id       E[u_i/e_i]       efficiency


      1.0000         0.6289           0.5332
      2.0000         0.6727           0.5103
      3.0000         0.6067           0.5451
      4.0000         0.4875           0.6142

    997.0000         0.9847           0.3736
```

998.0000	1.2092	0.2984
999.0000	1.2863	0.2763
1000.0000	0.5314	0.5878

****

부록 3-1: Likelihood function의 도출

<표 3-3>과 <표3-6>에 정리한 각 모형별 우도함수를 도출하는 과정을 정리하였다. 대표적으로 ALS의 반-정규분포 모형, QS의 잘린 반-정규분포 모형, LL의 균일분포 모형을 선택하였다.

1. ALS의 반-정규분포 모형

$$f_u(u) = \sqrt{\frac{2}{\pi}} \frac{1}{\sigma_u} \exp(-\frac{u^2}{2\sigma_u^2}), \quad 0 < u < \infty$$

$$f_v(v) = \frac{1}{\sqrt{2\pi}\sigma_v} \exp(-\frac{v^2}{2\sigma_v^2}), \quad -\infty < v < \infty$$

확률변수 u와 v는 서로 독립이기 때문에 결합확률함수는 각각의 확률밀도함수의 곱이다.

$$f_{u,v}(u,v) = f_u(u) f_v(v) = \frac{1}{\pi\sigma_u\sigma_v} \exp(-\frac{u^2}{2\sigma_u^2} - \frac{v^2}{2\sigma_v^2})$$

$\varepsilon = v - u$ 이며 변수변환의 Jacobian이 1이므로 결합확률함수는 다

음과 같다.

$$f_{u,\varepsilon}(u,\varepsilon)=\frac{1}{\pi\sigma_u\sigma_v}\exp(-\frac{u^2}{2\sigma_u^2}-\frac{(\varepsilon+u)^2}{2\sigma_v^2})$$

ε의 확률밀도함수를 도출하기 위하여 지수의 안쪽을 다음과 같이 정리한다.

$$\exp(-\frac{u^2}{2\sigma_u^2}-\frac{(\varepsilon+u)^2}{2\sigma_v^2})=\exp(-\frac{(\sigma_v^2+\sigma_u^2)u^2+2\sigma_u^2\varepsilon u}{2\sigma_u^2\sigma_v^2})\exp(-\frac{\varepsilon^2}{2\sigma_v^2})$$

$$=\exp(-\frac{(\sigma_v^2+\sigma_u^2)(u^2+2\frac{\sigma_u^2\varepsilon}{\sigma_v^2+\sigma_u^2}u+(\frac{\sigma_u^2\varepsilon}{\sigma_v^2+\sigma_u^2})^2)-\frac{\sigma_u^4\varepsilon^2}{\sigma_v^2+\sigma_u^2}}{2\sigma_u^2\sigma_v^2})\exp(-\frac{\varepsilon^2}{2\sigma_v^2})$$

$$=\exp(-\frac{(u+\frac{\sigma_u^2}{\sigma^2}\varepsilon)^2}{2(\frac{\sigma_u^2\sigma_v^2}{\sigma^2})})\exp(-\frac{\varepsilon^2}{2\sigma^2})$$

주어진 결합확률함수를 u에 대하여 적분하면 ε의 한계확률함수를 도출할 수 있다.

$$f_\varepsilon(\varepsilon)=\int_0^\infty f_{u,\varepsilon}(u,\varepsilon)du$$

$$=\int_0^\infty \frac{1}{\pi\sigma_u\sigma_v}\exp(-\frac{(u+\frac{\sigma_u^2}{\sigma^2}\varepsilon)^2}{2(\frac{\sigma_u^2\sigma_v^2}{\sigma^2})})\exp(-\frac{\varepsilon^2}{2\sigma^2})du$$

$$=\sqrt{\frac{2}{\pi}}\frac{1}{\sigma}\exp(-\frac{\varepsilon^2}{2\sigma^2})\int_0^\infty \frac{1}{\sqrt{2\pi}(\frac{\sigma_u\sigma_v}{\sigma})}\exp(-\frac{(u+\frac{\sigma_u^2}{\sigma^2}\varepsilon)^2}{2(\frac{\sigma_u^2\sigma_v^2}{\sigma^2})})du$$

$$=\sqrt{\frac{2}{\pi}}\frac{1}{\sigma}\exp(-\frac{\varepsilon^2}{2\sigma^2})\int_{\frac{\lambda\varepsilon}{\sigma}}^\infty \frac{1}{\sqrt{2\pi}}\exp(-\frac{z^2}{2})dz$$

$$=\sqrt{\frac{2}{\pi}}\frac{1}{\sigma}\exp(-\frac{\varepsilon^2}{2\sigma^2})[1-F(\frac{\lambda\varepsilon}{\sigma})]$$

$$=\frac{2}{\sigma}\phi(\frac{\varepsilon}{\sigma})F(-\frac{\lambda\varepsilon}{\sigma})$$

단, $z=\frac{u+\frac{\sigma_u^2}{\sigma^2}\varepsilon}{(\frac{\sigma_u\sigma_v}{\sigma})}$ and $\phi(z)=\frac{1}{\sqrt{2\pi}}\exp(-\frac{z^2}{2})$

따라서, 로그우도함수는 아래와 같이 쓸 수 있다.

$$l(\beta,\sigma_v,\sigma_u)=\log(\prod_{i=1}^N f_\varepsilon(\varepsilon_i))$$

$$=\sum_{i=1}^N[\frac{1}{2}\log(\frac{2}{\pi})-\log(\sigma)-\frac{\varepsilon_i^2}{2\sigma^2}+\log(F(-\frac{\lambda\varepsilon_i}{\sigma}))]$$

$$=\frac{N}{2}\log(\frac{2}{\pi})-N\log(\sigma)+\sum_{i=1}^N[-\frac{\varepsilon_i^2}{2\sigma^2}+\log(F(-\frac{\lambda\varepsilon_i}{\sigma}))]$$

2. QS의 잘린 반-정규분포 모형

$$f_u(u) = \frac{1}{F(\frac{\theta}{\sigma_u}) - F(0)} \frac{1}{\sqrt{2\pi}\sigma_u} \exp(-\frac{u^2}{2\sigma_u^2}), \quad 0 < u < \theta$$

$$f_v(v) = \frac{1}{\sqrt{2\pi}\sigma_v} \exp(-\frac{v^2}{2\sigma_v^2}), \quad -\infty < v < \infty$$

$B = (F(\frac{\theta}{\sigma_u}) - \frac{1}{2})^{-1}$이라고 하면, 확률변수 u와 v의 결합확률함수는

아래와 같다.

$$f_{u,v}(u,v) = B\frac{1}{2\pi\sigma_u\sigma_v} \exp(-\frac{u^2}{2\sigma_u^2} - \frac{v^2}{2\sigma_v^2}).$$

앞 절과 동일한 방법으로 결합확률함수는 다음과 같이 정리된다.

$$f_{u,\varepsilon}(u,\varepsilon) = B\frac{1}{2\pi\sigma_u\sigma_v} \exp(-\frac{(u + \frac{\sigma_u^2}{\sigma^2}\varepsilon)^2}{2(\frac{\sigma_u^2\sigma_v^2}{\sigma^2})}) \exp(-\frac{\varepsilon^2}{2\sigma^2})$$

따라서, ε의 확률밀도함수는 다음과 같이 도출된다.

$$f_\varepsilon(\varepsilon) = \int_0^\theta f(u,\varepsilon)du$$

$$= B\frac{1}{2\pi\sigma_u\sigma_v} \exp(-\frac{\varepsilon^2}{2\sigma^2}) \int_0^\theta \exp(-\frac{(u + \frac{\sigma_u^2}{\sigma^2}\varepsilon)^2}{2(\frac{\sigma_u^2\sigma_v^2}{\sigma^2})})du$$

$$= B\frac{1}{\sqrt{2\pi}\sigma}\exp(-\frac{\varepsilon^2}{2\sigma^2})\int_0^{\theta}\frac{\sigma}{\sqrt{2\pi}\sigma_u\sigma_v}\exp(-\frac{(u+\frac{\sigma_u^2}{\sigma^2}\varepsilon)^2}{2(\frac{\sigma_u^2\sigma_v^2}{\sigma^2})})du$$

$$= B\frac{1}{\sqrt{2\pi}\sigma}\exp(-\frac{\varepsilon^2}{2\sigma^2})\int_{\frac{\lambda\varepsilon}{\sigma}}^{\frac{\lambda\varepsilon}{\sigma}+\frac{\sigma\theta}{\sigma_u\sigma_v}}\frac{1}{\sqrt{2\pi}}\exp(-\frac{z^2}{2})dz$$

$$= B\frac{1}{\sigma}\phi(\frac{\varepsilon}{\sigma})[F(\frac{\lambda\varepsilon}{\sigma}+\frac{\sigma\theta}{\sigma_u\sigma_v})-F(\frac{\lambda\varepsilon}{\sigma})]$$

$$= B\frac{1}{\sigma}\phi(\frac{\varepsilon}{\sigma})[F(\frac{(\theta+\varepsilon)\lambda+\theta\lambda^{-1}}{\sigma})-F(\frac{\lambda\varepsilon}{\sigma})]$$

로그를 취한 우도함수는 다음과 같다.

$$l(\beta,\sigma_v,\sigma_u,\theta) = \log\prod_{i=1}^{N} f_\varepsilon(\varepsilon_i)$$

$$= \sum_{i=1}^{N}\log(B)+\log(\frac{1}{\sigma})+\log(\frac{1}{\sqrt{2\pi}})-\frac{\varepsilon_i^2}{2\sigma^2}+\log[F(\frac{(\theta+\varepsilon_i)\lambda+\theta\lambda^{-1}}{\sigma})-F(\frac{\lambda\varepsilon_i}{\sigma})]$$

$$= -N\log((F(\frac{\theta}{\sigma_u})-\frac{1}{2})-N\log(\sigma)-\frac{N}{2}\log(2\pi)-\sum_{i=1}^{N}\frac{\varepsilon_i^2}{2\sigma^2}$$
$$+\log[F(\frac{(\theta+\varepsilon_i)\lambda+\theta\lambda^{-1}}{\sigma})-F(\frac{\lambda\varepsilon_i}{\sigma})]$$

3. LL의 균일분포 모형

$$f_u(u) = \frac{1}{\theta}, \quad 0 < u < \theta$$

$$f_v(v) = \frac{1}{\sqrt{2\pi}\sigma_v}\exp(-\frac{v^2}{2\sigma_v^2}), \quad -\infty < v < \infty$$

$$f_{u,v}(u,v)=\frac{1}{\theta\sqrt{2\pi}\sigma_v}\exp(-\frac{v^2}{2\sigma_v^2})$$

$$f_{u,\varepsilon}(u,\varepsilon)=\frac{1}{\theta\sqrt{2\pi}\sigma_v}\exp(-\frac{(u+\varepsilon)^2}{2\sigma_v^2})$$

$$\begin{aligned}f_\varepsilon(\varepsilon)&=\int_0^\theta f_{u,\varepsilon}(u,\varepsilon)du\\&=\frac{1}{\theta}\int_0^\theta\frac{1}{\sqrt{2\pi}\sigma_v}\exp(-\frac{(u+\varepsilon)^2}{2\sigma_v^2})du\\&=\frac{1}{\theta}\int_{\frac{\varepsilon}{\sigma_v}}^{\frac{\theta+\varepsilon}{\sigma_v}}\frac{1}{\sqrt{2\pi}}\exp(-\frac{z^2}{2})dz\\&=\frac{1}{\theta}[F(\frac{\theta+\varepsilon}{\sigma_v})-F(\frac{\varepsilon}{\sigma_v})]\end{aligned}$$

로그우도함수는 다음과 같다.

$$\begin{aligned}l(\beta,\sigma_v,\theta)&=\sum_{i=1}^{N}-\log(\theta)+\log[F(\frac{\theta+\varepsilon_i}{\sigma_v})-F(\frac{\varepsilon_i}{\sigma_v})]\\&=-N\log(\theta)+\sum_{i=1}^{N}\log[F(\frac{\theta+\varepsilon_i}{\sigma_v})-F(\frac{\varepsilon_i}{\sigma_v})]\end{aligned}$$

부록 3-2: 비효율성의 조건부기댓값 도출

<표 3-4>와 <표 3-7>에 정리한 각 모형별 우도함수를 도출하는 과정을 정리하였다. 대표적으로 ALS의 반-정규분포 모형, QS의 잘린 반-정규분포 모형, LL의 균일분포 모형을 선택하였다.

1. ALS의 반-정규분포 모형

$$f_{u|\varepsilon}(u\mid\varepsilon)=\frac{f_{u,\varepsilon}(u,\varepsilon)}{f_{\varepsilon}(\varepsilon)}$$

$$=\frac{\dfrac{1}{\pi\sigma_u\sigma_v}\exp\left(-\dfrac{u^2}{2\sigma_u^2}-\dfrac{(\varepsilon+u)^2}{2\sigma_v^2}\right)}{\sqrt{\dfrac{2}{\pi}}\dfrac{1}{\sigma}\exp\left(-\dfrac{\varepsilon^2}{2\sigma^2}\right)F\left(-\dfrac{\lambda\varepsilon}{\sigma}\right)}$$

$$=\frac{\dfrac{1}{\pi\sigma_u\sigma_v}\exp\left(-\dfrac{\left(u+\dfrac{\sigma_u^2}{\sigma^2}\varepsilon\right)^2}{2\left(\dfrac{\sigma_u^2\sigma_v^2}{\sigma^2}\right)}\right)\exp\left(-\dfrac{\varepsilon^2}{2\sigma^2}\right)}{\sqrt{\dfrac{2}{\pi}}\dfrac{1}{\sigma}\exp\left(-\dfrac{\varepsilon^2}{2\sigma^2}\right)F\left(-\dfrac{\lambda\varepsilon}{\sigma}\right)}$$

$$=\frac{\sigma}{\sqrt{2\pi}\sigma_u\sigma_v F(-\frac{\lambda\varepsilon}{\sigma})}\exp\left(-\frac{(u+\frac{\sigma_u^2}{\sigma^2}\varepsilon)^2}{2(\frac{\sigma_u^2\sigma_v^2}{\sigma^2})}\right)$$

$$E[u\mid\varepsilon]=\int_0^\infty u f_{u|\varepsilon}(u\mid\varepsilon)du$$

$$=\int_0^\infty u\frac{\sigma}{\sqrt{2\pi}\sigma_u\sigma_v F(-\frac{\lambda\varepsilon}{\sigma})}\exp\left(-\frac{(u+\frac{\sigma_u^2}{\sigma^2}\varepsilon)^2}{2(\frac{\sigma_u^2\sigma_v^2}{\sigma^2})}\right)du$$

$$=\frac{1}{F(-\frac{\lambda\varepsilon}{\sigma})}\int_{\frac{\lambda\varepsilon}{\sigma}}^\infty\left(\frac{\sigma_u\sigma_v}{\sigma}z-\frac{\sigma_u^2}{\sigma^2}\varepsilon\right)\frac{1}{\sqrt{2\pi}}\exp\left(-\frac{z^2}{2}\right)dz$$

$$=\frac{1}{F(-\frac{\lambda\varepsilon}{\sigma})}\frac{\sigma_u\sigma_v}{\sigma}\left[-\frac{1}{\sqrt{2\pi}}\exp\left(-\frac{z^2}{2}\right)\right]_{\frac{\lambda\varepsilon}{\sigma}}^\infty-\frac{1}{F(-\frac{\lambda\varepsilon}{\sigma})}\int_{\frac{\lambda\varepsilon}{\sigma}}^\infty\frac{\sigma_u^2}{\sigma^2}\varepsilon\frac{1}{\sqrt{2\pi}}\exp\left(-\frac{z^2}{2}\right)dz$$

$$=\frac{1}{F(-\frac{\lambda\varepsilon}{\sigma})}\frac{\sigma_u\sigma_v}{\sigma}\phi\left(\frac{\lambda\varepsilon}{\sigma}\right)-\frac{\sigma_u^2}{\sigma^2}\varepsilon$$

$$=\frac{1}{F(-\frac{\lambda\varepsilon}{\sigma})}\frac{\sigma_u\sigma_v}{\sigma}\left[\phi\left(\frac{\lambda\varepsilon}{\sigma}\right)-\frac{\lambda\varepsilon}{\sigma}\right]$$

2. QS의 잘린 반-정규분포 모형

$$f_{u|\varepsilon}(u\mid\varepsilon)=\frac{f_{u,\varepsilon}(u,\varepsilon)}{f_\varepsilon(\varepsilon)}$$

$$
=\frac{B\frac{1}{2\pi\sigma_u\sigma_v}\exp(-\frac{\varepsilon^2}{2\sigma^2})\exp(-\frac{(u+\frac{\sigma_u^2}{\sigma^2}\varepsilon)^2}{2(\frac{\sigma_u^2\sigma_v^2}{\sigma^2})})}{B\frac{1}{\sqrt{2\pi}\sigma}\exp(-\frac{\varepsilon^2}{2\sigma^2})[F(\frac{(\theta+\varepsilon)\lambda+\theta\lambda^{-1}}{\sigma})-F(\frac{\lambda\varepsilon}{\sigma})]}
$$

$$
=[F(\frac{(\theta+\varepsilon)\lambda+\theta\lambda^{-1}}{\sigma})-F(\frac{\lambda\varepsilon}{\sigma})]^{-1}\frac{\sigma}{\sqrt{2\pi}\sigma_u\sigma_v}\exp(-\frac{(u+\frac{\sigma_u^2}{\sigma^2}\varepsilon)^2}{2(\frac{\sigma_u^2\sigma_v^2}{\sigma^2})})
$$

$$
E[u\mid\varepsilon]=\int_0^{\theta}uf_{u|\varepsilon}(u\mid\varepsilon)du
$$

$$
=[F(\frac{(\theta+\varepsilon)\lambda+\theta\lambda^{-1}}{\sigma})-F(\frac{\lambda\varepsilon}{\sigma})]^{-1}\int_0^{\theta}u\frac{\sigma}{\sqrt{2\pi}\sigma_u\sigma_v}\exp(-\frac{(u+\frac{\sigma_u^2}{\sigma^2}\varepsilon)^2}{2(\frac{\sigma_u^2\sigma_v^2}{\sigma^2})})du
$$

$$
=\kappa\int_{\frac{\lambda\varepsilon}{\sigma}}^{\frac{\sigma\theta}{\sigma_u\sigma_v}+\frac{\lambda\varepsilon}{\sigma}}(\frac{\sigma_v\sigma_u}{\sigma}z-\frac{\sigma_u^2\varepsilon}{\sigma^2})\frac{1}{\sqrt{2\pi}}\exp(-\frac{z^2}{2})dz
$$

$$
=\kappa\frac{\sigma_v\sigma_u}{\sigma}\int_{\frac{\lambda\varepsilon}{\sigma}}^{\frac{\sigma\theta}{\sigma_u\sigma_v}+\frac{\lambda\varepsilon}{\sigma}}z\frac{1}{\sqrt{2\pi}}\exp(-\frac{z^2}{2})dz-\kappa\frac{\sigma_u^2\varepsilon}{\sigma^2}[F(\frac{\sigma\theta}{\sigma_u\sigma_v}+\frac{\lambda\varepsilon}{\sigma})-F(\frac{\lambda\varepsilon}{\sigma})]
$$

$$
=\kappa\frac{\sigma_v\sigma_u}{\sigma}[-\frac{1}{\sqrt{2\pi}}\exp(-\frac{z^2}{2})]_{\frac{\lambda\varepsilon}{\sigma}}^{\frac{\sigma\theta}{\sigma_u\sigma_v}+\frac{\lambda\varepsilon}{\sigma}}-\kappa\frac{1}{\kappa}\frac{\sigma_u^2\varepsilon}{\sigma^2}
$$

$$
=\kappa\frac{\sigma_v\sigma_u}{\sigma}[\phi(\frac{\lambda\varepsilon}{\sigma})-\phi(\frac{\sigma\theta}{\sigma_u\sigma_v}+\frac{\lambda\varepsilon}{\sigma})]-\frac{\sigma_u^2\varepsilon}{\sigma^2}
$$

$$
=\kappa\frac{\sigma_v\sigma_u}{\sigma}[\phi(\frac{\lambda\varepsilon}{\sigma})-\phi(\frac{(\theta+\varepsilon)\lambda+\theta\lambda^{-1}}{\sigma})]-\frac{\sigma_u^2\varepsilon}{\sigma^2}
$$

단, $\kappa = [F(\frac{(\theta+\varepsilon)\lambda + \theta\lambda^{-1}}{\sigma}) - F(\frac{\lambda\varepsilon}{\sigma})]^{-1}$.

3. LL의 균일분포 모형

$$f_{u|\varepsilon}(u \mid \varepsilon) = \frac{\frac{1}{\theta\sqrt{2\pi}\sigma_v}\exp(-\frac{(u+\varepsilon)^2}{2\sigma_v^2})}{\frac{1}{\theta}[F(\frac{\theta+\varepsilon}{\sigma_v}) - F(\frac{\varepsilon}{\sigma_v})]}$$

$$= [F(\frac{\theta+\varepsilon}{\sigma_v}) - F(\frac{\varepsilon}{\sigma_v})]^{-1}\frac{1}{\sqrt{2\pi}\sigma_v}\exp(-\frac{(u+\varepsilon)^2}{2\sigma_v^2})$$

$$E[u \mid \varepsilon] = \int_0^\theta u[F(\frac{\theta+\varepsilon}{\sigma_v}) - F(\frac{\varepsilon}{\sigma_v})]^{-1}\frac{1}{\sqrt{2\pi}\sigma_v}\exp(-\frac{(u+\varepsilon)^2}{2\sigma_v^2})du$$

$$= [F(\frac{\theta+\varepsilon}{\sigma_v}) - F(\frac{\varepsilon}{\sigma_v})]^{-1}\int_0^\theta u\frac{1}{\sqrt{2\pi}\sigma_v}\exp(-\frac{(u+\varepsilon)^2}{2\sigma_v^2})du$$

$$= [F(\frac{\theta+\varepsilon}{\sigma_v}) - F(\frac{\varepsilon}{\sigma_v})]^{-1}\int_{\frac{\varepsilon}{\sigma_v}}^{\frac{\theta+\varepsilon}{\sigma_v}}(z\sigma_v - \varepsilon)\frac{1}{\sqrt{2\pi}}\exp(-\frac{z^2}{2})dz$$

$$= [F(\frac{\theta+\varepsilon}{\sigma_v}) - F(\frac{\varepsilon}{\sigma_v})]^{-1}\{\sigma_v[-\frac{1}{\sqrt{2\pi}}\exp(-\frac{z^2}{2})]_{\frac{\varepsilon}{\sigma_v}}^{\frac{\theta+\varepsilon}{\sigma_v}} - \varepsilon\int_{\frac{\varepsilon}{\sigma_v}}^{\frac{\theta+\varepsilon}{\sigma_v}}\frac{1}{\sqrt{2\pi}}\exp(-\frac{z^2}{2})dz\}$$

$$= [F(\frac{\theta+\varepsilon}{\sigma_v}) - F(\frac{\varepsilon}{\sigma_v})]^{-1}\{\sigma_v[\phi(\frac{\varepsilon}{\sigma_v}) - \phi(\frac{\theta+\varepsilon}{\sigma_v})] - \varepsilon[F(\frac{\theta+\varepsilon}{\sigma_v}) - F(\frac{\varepsilon}{\sigma_v})]\}$$

$$=[F(\frac{\theta+\varepsilon}{\sigma_v})-F(\frac{\varepsilon}{\sigma_v})]^{-1}\sigma_v[\phi(\frac{\varepsilon}{\sigma_v})-\phi(\frac{\theta+\varepsilon}{\sigma_v})]-\varepsilon\ .$$

제4장

패널자료를 이용한 효율성 추정모형: 효율성 시간불변

이 장에서는 패널자료(panel data)를 활용한 확률변경모형을 소개한다. 특히 개별기업의 평균효율성을 추정하는 모형, 즉 효율성의 시간불변(time-invariance)을 가정한 모형으로 논의를 한정한다. 효율성의 시간변동패턴을 추정하는 모형들은 다음 장에서 논의한다.

제3장에서 논의한 횡단면-SFM에서는 개별기업 효율성의 일치추정량을 도출할 수 없었다. 그러나 패널자료는 동일한 기업을 반복적으로 관찰한 것이므로 효율성을 더 정확히 추정할 수 있다. 또한 횡단면-SFM에서는 다음과 같은 두 개의 가정이 부여되었다. 비효율성의 특정 확률분포 가정과 비효율성과 투입요소와의 상관관계가 존재하지 않는다는 가정이다. 추정 결과는 어떤 확률분포를 가정하는가에 민감하게 영향 받으며, 투입요소가 비효율성과 상관관계가 있다면 내생성 문제(endogeneity problem)로 인하여 불편추정량(unbiased estimator)을

얻을 수 없다. 현실적으로 기업이 자신의 효율성 수준을 알고 있다면, 이 정보는 투입요소의 양을 정하는 의사결정에 영향을 줄 것이다. 반면 패널자료를 이용한 SFM에서는 이상의 가정을 완화할 수 있다. 즉 비효율성과 투입요소와의 상관관계를 허용하며, 비효율성의 특정 확률 분포가정을 요구하지 않는다. 대신 비효율성이 시간불변이라는 가정을 하고 있다. 따라서 기본 회귀모형은 아래와 같다.

$$y_{it} = \alpha + x_{it}\beta - u_i + v_{it}, \quad i = 1, 2, ..., N, \quad t = 1, 2, ..., T, \qquad (4-1)$$

여기서 u_i의 하첨자에 t가 없음이 시간불변을 의미한다.

횡단면-SFM에서는 MLE 또는 COLS를 이용한 추정법을 이용하였다. 패널자료-SFM의 추정법은 다음과 같이 두 가지 유형으로 구분할 수 있다. 첫째, 횡단면-SFM과 같이 비효율성의 확률분포를 가정하고 우도함수를 도출하는 MLE로 추정하는 모형, 둘째, 확률분포를 가정하지 않고 SFM을 개별효과(individual effects)를 고려한 전통적 패널자료모형의 형태로 전환하여 고정효과(fixed effects) 또는 확률효과 (random effects) 가정에 따른 추정법, 즉 Within 추정법과 GLS(generalized least squared) 추정법이 있다.

1. 효율성의 분포가정을 통한 모형

이에 속하는 SFM은 패널자료를 활용함에도 불구하고 횡단면-SFM 처럼 비효율성의 확률분포를 가정하고 있다. 비효율성과 생산요소 간의 상관관계가 존재하지 않는다는 가정도 필요로 한다. 따라서 제3장에서 언급한 모형들을 패널자료의 형태로 확장한 것이다. Pitt and Lee(1981)는 아래의 식 (4−2)와 같이 비효율성의 시간불변성(time− invariance)을 가정하지 않은 일반 형태를 설정하고 세 가지 모형을 제시하였다.

$$y_{it} = \alpha + x_{it}\beta - u_{it} + v_{it}, \quad i = 1, 2, ..., N, \quad t = 1, 2, ..., T, \qquad (4-2)$$

Model 1: $u_{it} = u_i$, for all i and t.

Model 2: $E[u_{it}u_{is}] = 0, \ \forall t \neq s$ for all i. and $E[u_{it}u_{js}] = 0, \ \forall i \neq j$

Model 3: $E[u_{it}u_{is}] = \sigma_{ts}, \ \forall t \neq s$ for all i. and $E[u_{it}u_{js}] = 0, \ \forall i \neq j$

위 모형 중 Model 2와 Model 3은 시간불변 모형이 아니므로 여기서는 Model 1을 중심으로 논의한다.

Pitt and Lee는 Model 1에서 ALS모형에서 가정한 비효율성의 반−정규분포를 가정하고 우도함수를 도출하였다. 즉 <표 3−1>에 있는 반−정규분포의 확률밀도함수와

$$f(u) = \frac{\sqrt{2}}{\sqrt{\pi}\sigma_u}\exp(-\frac{u^2}{2\sigma_u^2}) \qquad (4-3)$$

$\varepsilon_{it} = v_{it} - u_i$ 를 이용하여 $\varepsilon_i = (\varepsilon_{i1}, ..., \varepsilon_{iT})$ 의 확률밀도함수를 아래와 같이 도출할 수 있다.

$$\begin{aligned} g(\varepsilon_i) &= \int_0^\infty \prod_{t=1}^{T} h(\varepsilon_i + u_i) f(u_i)\, du_i \\ &= \int_0^\infty \frac{2}{(2\pi)^{(T+1)/2}\sigma_v^T \sigma_u} \exp\{-\frac{1}{2\sigma_v^2}\sum_{t=1}^{t}(\varepsilon_i + u_i)^2 - \frac{1}{2\sigma_u^2}u_i^2\} du_i \end{aligned} \qquad (4-4)$$

따라서 로그우도함수는 식 (4−5)와 같이 도출된다.

$$\ln L = N\ln 2 - \frac{NT}{2}\ln 2\pi - \frac{N(T-1)}{2}\ln\sigma_v^2 - \frac{N}{2}\ln\sigma^2$$
$$-(\frac{1}{2\sigma_v^2})\sum_{i=1}^{N}(y_i - x_i\beta)' P_T (y_i - x_i\beta) + \sum_{i=1}^{N}\ln[1 - F^*(\frac{\sigma}{\sigma_v}\sum_{t=1}^{T}(y_{it} - x_{it}\beta)] \qquad (4-5)$$

단, $\sigma^2 = \sigma_v^2 + T\sigma_u^2$, $P_T = I_T - \sigma^2 i_T i_T'$, and $i_T' = (1,1,...,1)$. Pitt and Lee (1981)는 우도함수의 1계조건(first-order-condition)도 구하여 놓았으니 수리적 최적화 과정에 이를 이용하려면 참조할 수 있다.

Battese and Coelli(1988), Battese, Coelli, and Colby(1989)는 횡단면-SFM 중 잘린-정규분포를 가정한 Stevenson(1981) 모형을 패널자료에 확장하여 JLMS의 조건부기댓값 식을 도출하였다. 이들이 도출한 기술적 비효율성인 u_i의 조건부기댓값과 효율성($TE = \exp(-u_i)$)의 조건부기댓값 공식을 위의 우도함수 (4-5), 즉 반-정규분포분포를 가정한 경우로 수정하여 정리하면 다음과 같다.

$$E[u_i / e_i] = \mu_i^* + \sigma_*\{f^*(-\mu_i^*/\sigma_*)[1 - F^*(-\mu_i^*/\sigma_*)]^{-1}\} \qquad (4-6)$$

$$E[\exp(-u_i)/e_i] = \frac{1 - F^*(\sigma_* - (\mu_i^*/\sigma_*))}{1 - F^*(-\mu_i^*/\sigma_*)}\exp(-\mu_i^* + \frac{1}{2}\sigma_*^2) \qquad (4-7)$$

단, $\mu_i^* = \frac{-T\sigma_u^2\overline{e}_i}{\sigma^2}$, $\sigma_*^2 = \frac{\sigma_u^2\sigma_v^2}{\sigma^2}$, $\overline{e} = \frac{1}{T}\sum_{t=1}^{T}e_{it}$. 우도함수 및 조건부기댓값 도출 과정은 [부록 4]에 정리하였다.

제3장에서 살펴본 모형들, 즉 지수분포를 가정한 ALS, 잘린-정규분포를 가정한 Stevenson(1981), 감마분포를 가정한 Greene(1990), 꼬리잘린-반정규분포, doubly truncated-normal 분포, 잘린-지수분포를 가정한 QS, 그리고 균일분포를 가정한 LL도 모두 패널자료

모형으로 확장할 수 있다.

2. 전통적 패널자료 모형의 적용

Schmidt and Sickles(1984, SS)는 1절에서 논의한 모형과는 달리 비효율성의 확률분포에 대한 가정을 하지 않고 비효율성과 생산요소의 상관관계를 허용하는 보다 일반적인 모형을 제시하였다. 앞에서 본 식 (4−1)은 아래와 같이 표기될 수 있다.

$$y_{it} = \alpha + x_{it}\beta - u_i + v_{it} = x_{it}\beta + \alpha_i + v_{it},, \quad i = 1, 2, ..., N, \quad t = 1, 2, ..., T, \tag{4−1}'$$

$\alpha_i = \alpha - u_i$. $\alpha_i \le \alpha$ 이고, $u_i = 0$ 일 때 $\alpha_i = \alpha$ 이다. 따라서 α_i가 작으면 기업 i의 효율성이 낮음을 의미한다. 식 (4−1)′은 개별효과 (individual effect)를 포함한 패널자료 모형과 동일한 설정이므로 추정방법도 u_i가 고정된 값을 갖는다고 가정한 고정효과모형(fixed effects model)의 Within 추정법과 u_i를 확률변수로 가정한 확률효과 모형(random effects model)의 GLS추정법이 있다. 오차항 v_{it}은 강외생성 (strict exogeneity)[2]을 만족한다.

---

2 $E[v_{it} | x_i, \alpha_i] = 0$

1) 개별효과모형

고정효과모형에서는 Within추정법은 u_i가 고정된 값을 갖는 것으로 가정하므로 u_i에 대한 분포가정이 필요없으며 u_i와 생산요소 간에 비상관성 가정을 필요로 하지 않는다. 단, 확률변수 v_{it}의 강외생성(strict exogeneity, $E[v_{it} / \varepsilon_{i1}, \varepsilon_{i2}, ..., \varepsilon_{iT}] = 0$)을 가정한다. 추정법은 널리 알려져 있으므로 간략히 설명하면, Within 추정량 $\hat{\beta}_W$는 식 (4−1)′을 아래 식과 같이 within transformation한 후에 OLS 추정량을 구하는 것과 동일하다.

$$y_{it} - \overline{y}_i = (x_{it} - \overline{x}_i)\beta + (\nu_{it} + \overline{\nu}_i), \qquad (4-8)$$

여기서 $\overline{y}_i = 1/T\sum_t y_{it}$이다. 따라서 $\widehat{\beta_W} = (\sum x_i M_T x_t)^{-1}(\sum x_t' M_T y_i)$, $M_T = I_T - (i_T i_T')/T$이며 개별효과의 추정량은 $\hat{\alpha}_i = \overline{y}_i - \overline{x}_i\hat{\beta}_W$이다. 여기서 I_T는 크기가 T인 identity 행렬이며 i_T는 모든 원소가 1의 값을 갖는 크기가 T인 벡터이다.

전통적인 패널자료 모형을 응용하는 연구에서는 회귀 방정식 (4−1)′에서 모수 β에 관심을 두지만 효율성 분석연구에서는 생산함수의 β에 대한 관심뿐 아니라 개별기업의 비효율성과 관련한 $\hat{\alpha}_i$(그리고 $\hat{u}_i$)에도 관심을 둔다. 따라서 이들 두 모수의 추정량의 특성을 알아둘 필요가 있다. 첫째, $\hat{\beta}_W$은 $NT \to \infty$일 때, 일치성(consistency)과 점근적 정규성(asymptotic normality)의 특성을 갖는다. 따라서 $N \to \infty$ 또는 $T \to \infty$ 이면 $\hat{\beta}_W$은 일치추정량이다. 둘째, 개별 기업의 절댓값의 추정량인 $\hat{\alpha}_i$은 $T \to \infty$일 때 일치성을 갖는다. $\hat{\alpha}_i = \alpha_i - \overline{x}_i(\hat{\beta}_W - \beta) + \overline{v}_i$에서

$p\lim_{T\to\infty}\overline{v}_i = 0$ 이기 때문이다. 종합하면, $T\to\infty$ 조건이 만족되면 $\hat{\beta}_W$ 와 $\hat{\alpha}_i$가 동시에 일치추정량이 된다. 그러나 이 경우 효율성의 time-invariance가정이 현실적이지 못하다는 단점이 있다. 또 다른 단점으로 within transformation은 개별효과 모수와 함께 time-invariant 투입요소도 함께 제거하기 때문에 이들 투입요소의 계수 값을 추정할 수 없다. 단기에 자본스톡이 변화가 작은 경우도 있고, 농가의 효율성을 비교하는 연구에서 농가별 농지 크기도 불변인 경우도 있기 때문에 이런 데이터를 분석할 경우 within 추정량의 한계가 있다. 이 경우에는 Hausman and Taylor(1981)를 이용하여 추정하면 된다.

2) 확률효과모형

확률효과모형에서 GLS 추정법은 u_i(또는 α_i)가 확률변수(random variable)라고 가정한다. 따라서 u_i와 생산요소가 상관관계가 없다고 가정한다. 단 MLE에서처럼 특정 확률분포를 가정하지는 않는다. 추정법은 널리 알려져 있으므로 간략히 설명하면, GLS 추정량 $\hat{\beta}_G$는 식 (4-1)′을 아래 식과 같이 오차항이 동분산(homscedasticity)과, 비자기상관(non-autocorrelation)의 특성을 만족하도록 전환한 후에 OLS추정량을 구하는 것과 동일하다. 이분산 및 자기상관을 고려하기 위해서는 Newey-West Covariance Estimator 같은 추정량을 이용하면 된다.

$$\Omega^{-1/2}y_i = \Omega^{-1/2}x_i\beta + \Omega^{-1/2}(i_T\alpha_i + v_i), \qquad (4-9)$$

여기서 $\Omega = Cov(\varepsilon_i \varepsilon_i^{'})$ 이고 $\varepsilon_i = i_T \alpha_i + \nu_i$ 이다. 따라서

$\hat{\beta}_G = (\sum_{i=1}^{N} x_i^{'} \Omega^{-1} x_i)^{-1} (\sum_{i=1}^{N} x_i^{'} \Omega^{-1} y_i)$ 이며 개별효과의 추정량은 $\hat{\alpha}_i = (1/T) \sum_t e_{it}$ 이다. $\hat{\alpha}_i$ 로부터 $\hat{u}_i$ 를 분리하는 방법은 밑에서 설명하겠지만 Within 추정법과 동일하다.

GLS추정량의 특성을 논의하면 다음과 같다. 우선 $\hat{\beta}_G$ 는 일치성을 갖는 $\hat{\Omega}$ 을 이용해야 하는데 $\hat{\sigma}_u^2$ 가 $N \to \infty$ 일 때 일치성을 갖는다. 따라서 $N \to \infty$ 이 $\hat{\beta}_G$ 의 일치성 조건이다. 둘째, $\hat{\alpha}_i$ 은 $\hat{\beta}_G$ 이 일치추정량이고 $T \to \infty$ 이면, 일치성을 갖는다. 따라서 개별기업의 효율성에 대한 GLS추정량은 $N \to \infty$ 과 $T \to \infty$ 두 가지 조건이 모두 만족되어야 일치추정량이 된다. 비효율성과 생산요소가 상관관계가 없다는 가정이 성립한다면 생산함수에 대한 GLS추정량은 Within추정량보다 더 효율적이다.

이를 종합하면, 패널데이터 표본의 구성이 N이 작고 T가 크다면 GLS추정법은 적절치 않으며, N이 크고, T가 작은 표본의 경우 생산함수 계수 추정치는 GLS추정량이 더 효율적이다(단, 확률효과모형에서 부여한 u_i와 생산요소와 상관관계가 없다는 가정 아래 성립). 그러나 T가 커지면서 GLS와 Within추정량의 효율성 차이는 사라진다. 즉 비효율성 추정량이 N과 T가 모두 큰 표본을 일치성 조건으로 요구하므로, 이 조건 아래서 GLS가 Within에 비해 상대적으로 갖고 있는 장점은 사라진다. 따라서 비효율성과 생산요소의 비상관성을 가정하는 GLS추정법에 비해 Within추정법이 시간불변을 가정한 SFM의 추정 방법으로 더 적절하다.

단, GLS추정법은 시간불변 투입요소를 모형 내에 포함하고 그들의 계수를 추정할 수 있다는 장점이 있다. 결국 개별효과인 α_i와 생산요소 간에 상관관계의 존재 여부가 중요한데 이는 Hausman test를 이용하여 검정할 수 있다.

반복적이지만 1절에서 논의한 MLE, 2절에서 논의한 Within 추정 및 GLS 추정을 다시 한 번 종합적으로 비교해보자. 세 가지 다른 추정 방법이 부여한 가정의 차이, 대표본 특성, 소표본 특성을 비교한다. 첫째, 가정을 비교하면 비효율성과 생산요소의 상관관계가 없고 비효율성의 특정 확률분포를 가정하는 MLE가 가장 제약이 강하다. 다음으로 상관관계가 존재하지 않음을 가정하지만 특정 확률분포를 가정하지 않는 GLS추정법의 제약이 강하며, 상관관계를 허용하며, 확률분포를 가정하지 않는 Within추정법이 가장 적은 제약을 한다. 둘째, 대표본 특성을 비교하면 MLE에서 가정한 확률분포 및 비상관관계 가정이 사실이라면 MLE가 점근적으로 가장 효율적인 추정량이지만 가정한 확률분포가 사실이라는 보장이 없다. Within 추정량과 GLS 추정량은 $N \to \infty$과 $T \to \infty$ 조건이 만족될 때 생산함수의 추정량과 $\hat{\alpha}_i$가 모두 일치추정량이 되며 Within 추정량은 $T \to \infty$ 조건이 만족될 때 생산함수의 추정량과 $\hat{\alpha}_i$가 모두 일치추정량이 된다. 효율성과 생산요소의 독립가정이 사실이라면 GLS가 더 효율적인 생산함수 추정량을 제공하지만 $T \to \infty$이면 효율성 우위가 사라진다. Hausman 검정을 통한 효율성과 생산요소의 독립성 가정에 대한 검정 결과를 활용하여 추정방법을 선택하겠지만 따라서 $N \to \infty$과 $T \to \infty$ 조건을 만족하는 패널데이터를 이용한다면, 두 추정량의 대표본 특성이 동일하므로 GLS에 비해 제약이 적은 Within추정법이 적절하다. $T \to \infty$ 조건만 만족하는 패널데이터의 경우는 Within추정법이 더욱 적절하다. 마지막으로 소표본 특성은 몬테카를로 시뮬레이션을 통해서 비교할 수 있는데 아래의 '비효율성 추정방법'에서 논한다.

3) 비효율성 추정방법

이제 남은 과제는 비효율성의 추정방법이다. 즉 $\hat{\alpha}_i$ 에서부터 개별기업의 비효율성을 분리해내는 일이다. $\alpha_i = \alpha - u_i$ 를 고려하면 이는 $\hat{\alpha}_i$ 에서부터 상수항 α를 분리하는 것과 같다. 개별효과를 아래와 같이 순서대로 정리할 수 있다.

$$\alpha_{(1)} \le \alpha_{(2)} \le \dots \le \alpha_{(N)} \le \alpha \qquad (4-10)$$

여기서 (N)은 표본 내에서 가장 효율적인 기업을 나타내는 지수이다. 또한 개별기업의 비효율성을 역순으로 정렬하면 식 (4-11)과 같다.

$$0 \le u_{(N)} \le u_{(N-1)} \le \dots \le u_{(1)} \qquad (4-11)$$

따라서 $\alpha_{(i)} = \alpha - u_{(i)}$ 이 성립한다. 이러한 사실에 근거하여 SS는 $\hat{\alpha}_i$ 로부터 $\hat{u}_i$ 를 분리하는 방법 및 효율성 추정량을 아래와 같이 제시하였다.

$$\hat{\alpha} = \max_j \hat{\alpha}_j, \quad \hat{u}_i = \hat{\alpha} - \hat{\alpha}_i, \quad T\hat{E}_i = \exp(-\hat{u}_i), \qquad (4-12)$$

추정량의 특성을 논의하면 다음과 같다. 우선 비효율성과 효율성 추정량인 식 (4-12)은 표본에서 가장 효율적인 기업이 100% 효율적이라는 가정을 하고 있다. 즉 max operator를 이용한 추정은 절대적 효율성보다는 상대적 효율성을 추정하는 것으로 보아야 한다. 따라서 표본에 어떤 기업이 가장 효율적인 기업으로 포함되었는가에 따라서 효율성 추정치가 많은 영향을 받는다. 그러나 효율성 순위는 영향을 받지 않을 것이다. 저자가 경험한 국가 간 효율성을 비교한 실증연구에서 일반적으로 효율성이 가장 높다고 알려진 미국이 표본에 포함되었는지 여부가 다른 국가의 효율성 추정치에 많은 영향을 주었다. 가장 효율적인 국가를 기준으로 다른 국가의 효율성을 추정하므로 미국이 표본에 포함되어 있을 때에 비해 포함되어 있지 않으면 다른 국가의 효율성이 더 높은 것으로 추정된다. 이는 미국 대비보다는 두 번째로 효율적인 국가와 격차가 적기 때문이다. 따라서 응용연구자들은 효율성 추정 결과를 논할 때 표본 내 가장 효율적인 기업을 염두에 두고 해석해야 하며, 상대적 효율성 추정치라는 점을 염두에 두고 논해야 한다. 그러나 만약 N이 크다면(횡단면 관찰치가 많다면) 표본 내 가장 효율적인 기업의 비효율성이 0에 가까워질 것이므로 식 (4−12)의 추정치가 절대적 효율성의 추정치에 가까워진다.

Kim, Kim and Schmidt(2007)과 Amsler, Lee and Schmidt(2009)는 유한한 T에서 식 (4−12)에서 구한 $\hat{\alpha} = \max_j \hat{\alpha}_j$가 양의 편의(upward bias)를 가질 수 있음을 지적하였다. 실제 $\hat{\alpha}_i$를 순서대로 나열하였던 것처럼 추정치 $\hat{\alpha}_i$를 순서대로 나열할 수 있다.

$$\hat{\alpha}_{[1]} \le \hat{\alpha}_{[2]} \le \dots \le \hat{\alpha}_{[N]} \tag{4-13}$$

여기서 [N]은 $\hat{\alpha}_i$가 가장 큰 기업의 지수이다. 유의할 점은 (N)과 [N]은 반드시 일치하지 않으며 [N]은 관찰이 가능하지만 (N)은 알 수 없다는 것이다. 식 (4－12)에 의하면 $\hat{\alpha}=\hat{\alpha}_{[N]}$ 이지만 이는 $\hat{\alpha}_{(N)}$ 과 같지 않을 수 있다. 따라서 $\hat{\alpha} \geq \hat{\alpha}_{(N)}$ 이고 $E[\hat{\alpha}_{(N)}]=\alpha_{(N)}$ 이므로 $\hat{\alpha}$ 는 양의 편의를 갖는다. 이 편의는 T가 작을수록, N이 클수록, 확률오차항의 분산이 비효율성의 분산에 비해 상대적으로 클수록 더 커진다. 따라서 비효율성 추정치인 $\hat{u}_i$ 는 상향편의를 가지며 효율성 추정치 $T\hat{E}_i$ 는 하향편의를 갖는다.

Gong and Sickles(1989)가 몬테카를로 시뮬레이션을 통해서 비교한 MLE, Within과 GLS 추정량의 소표본 특성은 다음과 같다. Gong and Sickles는 다양한 생산함수를 이용한 DGP로 도출한 표본을 이용하여 세 가지 추정량을 비교하였다. Cobb－Douglas 또는 CES 생산함수와 같이 비교적 간단한 생산함수의 DGP에서는 비효율성의 반－정규분포를 가정한 모형의 MLE와 Within 및 GLS 추정량이 모두 효율성을 매우 정확하게 추정하였다. 표본 크기에 따라 다소 차이가 있으나 실제 효율성(true efficiency)과 추정치의 상관계수가 0.85～0.99로 높았다. 그러나 DGP가 복잡한 비선형 생산함수를 따른다면 세 가지 추정량 모두 정확도가 크게 떨어졌다. 한편 모든 DGP에서 세 가지 효율성 추정량의 성과는 다소간 차이는 있지만 매우 유사하였다. 이러한 시뮬레이션 결과를 바탕으로 Gong and Sickles는 가장 제약이 적으면서 추정과정이 간략한 Within추정량을 MLE 및 GLS에 비해 선호한다고 결론지었다.

3. 확률적 생산변경모형(패널자료, 효율성 시간불변)의 프로그램

STATA는 패널자료를 이용한 확률적 변경모형도 프로그램에 포함하고 있다. STATA의 메뉴에서 'Panel Model'을 클릭하여 들어가면 나타나는 'Frontier Model'을 선택하면 실행을 할 수 있다. 횡단면자료 모형에서와 마찬가지로 생산함수 또는 비용함수를 선택할 수 있다. STATA가 제공하는 패널자료를 이용한 확률적 변경모형은 비효율성의 확률분포를 가정하고 MLE에 의하여 생산함수를 추정하는 모형뿐이다. 즉 효율성의 불변을 가정한 Battese and Coelli(1988)이 있다. 효율성의 시간변동을 허용한 모형도 있지만 이는 다음 장에서 설명한다. 제3장에서 언급하였듯이 STATA에서 제공하는 SFM은 생산함수 및 관련 모수(예, 오차항의 분산) 추정치만 제공하고 개별기업의 효율성 추정치를 제공하지 않는다. 따라서 STATA를 이용하는 응용연구자는 1단계에서 STATA를 이용하여 얻은 추정치를 이용하여 2단계에서 조건부기댓값 공식에 대입하여 효율성추정치를 계산해야 한다. 한편 Belotti, Daidone, Ilardi and Atella(2012, BDIA)가 다양한 모형을 이용할 수 있는 모듈을 제공하고 있다. 효율성의 시간불변 모형 중 비효율성의 확률분포를 가정한 Pitt and Lee(1981)뿐 아니라 전통적 패널자료모형의 고정효과처리(fixed effects treatment)를 이용한 Schmidt and Sickles(1984)의 모듈이 있다. 즉 STATA에 내장된 프로그램은 MLE를 이용한 Battese and Coelli(1988)만 있으나 BDIA를 이용할 경우 STATA에서 MLE와 전통적 패널자료모형 추정방법을 모두 사용할 수 있다. 또한 개별기업의 효율성 추정치를 제공한다. STATA의 command에서 "help sfpanel"를 입력하여 설명을 참조하거나 BDIA를 참조하면 자세한 이용법을 알 수 있으며, 모듈을 실행하기 위해서는 STATA의 command에서 "net install sfpanel, all from"(http://www.econometrics.it/stata)을 입력하면 된다.

Coelli가 만든 FRONTIER4.1의 경우 Battese and Coelli(1988)가 제공되고 있다. 비효율성의 확률분포가 반-정규분포 또는 잘린-정규분포 중에서 선택할 수 있다. 제3장에서 언급한 대로 이 프로그램은 http://frontier.r-forge.r-project.org/front41.html에서 다운로드할 수 있다.

4. 실증분석의 예

이 절에서는 실제 데이터를 이용하여 위에서 논의한 다양한 패널-SFM의 실증분석 결과를 비교한다. 제3장에서와 마찬가지로 저자가 작성한 GAUSS 프로그램을 이용하여 추정결과를 도출하였으며 이들 GAUSS 프로그램은 다음 절에서 자세히 설명한다.

미국 메이저리그 야구(MLB)의 패널 데이터를 이용하여 위에서 소개한 다양한 모형을 이용하여 생산함수를 추정하였다. 즉 MLB 30개 야구팀의 2000~2010년 기간 중 패널자료이다. 각 팀은 선수의 기량이라는 투입요소를 이용하여 승리라는 산출물을 생산하고자 한다고 하자. 야구의 경우 선수가 타자와 투수로 구분되므로 타자의 기량을 대표하는 변수로 수정된 OPS(MOPS = 3OBP + SLG)[3]를 사용하였고 투수의 기량을 대표하는 변수로 WHIP[4]을 이용하였다. 단 WHIP은 커질수록 기량이 작은 것이므로 계수값을 양수로 만들기 위하여 $WHIP^* = (10 - WHIP)$을 사용하였다. 즉 회귀방정식은 다음과 같다.

$$WIN_{it} = \alpha + \beta_1 MOPS_{it} + \beta_2 WHIP^*_{it} - u_i + v_{it}, \quad i = 1, 2, ..., 30, \quad t = 1, 2, ..., 11 \qquad (4-14)$$

식 (4-14)를 추정하기 위하여 Battese and Coelli(1988) 모형, 즉 u_i의 확률분포를 반-정규분포 또는 잘린-정규분포를 가정한 두 가지 경우에 MLE 추정방법과 Schmidt and Sickles(1984)가 전통적 패널자료 모형을 이용한 방법을 사용하였다. 생산함수 추정 결과는 <표 4-1>에 정리하였다. BC(HN)은 반-정규분포를 가정한 BC88모형의 MLE이며 BC(TN)은 잘린-정규분포를 가정한 BC88모형의 MLE이다. SS(FE)는 고정효과모형, SS(RE)는 확률효과모형을 의미한다. 생산함수추정치는 네 가지 추정치 모두 유사하게 나타났다. 여기서 SS모형의 계수추정치의

---

3 OBP(on-base percentage)은 출루율이며, SLG(slugging percentage)는 장타율이다.

4 WHIP(walks plus hits divided by innings pitched)은 투수가 허용한 이닝당(볼넷 수+안타 수)이다.

t−값은 이분산/자기상관−강건한 분산추정치(Heteroscedasticity/Autocorrelation−robust variance estimator)를 이용하여 구한 것이다. 한편 Hausman−Taylor 검정결과에 의하면 통계치가 0.36이며 p−value가 0.84로 귀무가설을 기각할 수 없었다. 따라서 FE, RE 모두 일치추정량이며 RE의 추정치가 더 효율적인 추정치이다.

생산함수 추정치와 달리 σ_u^2 추정치는 다소 다르게 나타났다.[5] BC(HN)와 SS(RE)의 추정치는 유사한 값을 가지나 BC(TN)의 추정치는 다소 차이가 있다. 물론 BC(TN)은 잘린−정규분포를 가정하므로 비효율성 u의 분산이 σ_u^2 뿐 아니라 μ에 의해서도 결정되므로 충분히 다를 수 있다. 그러나 <표 4−1>에 있는 BC(TN)의 추정결과는 global maximum값을 얻은 값인지 불확실하다. 물론 다른 초깃값으로 많은 시도를 하여 목적함수의 global maximum값을 얻는 추정결과를 도출할 수 있겠으나 여기서는 시간제약상 생략하였다. 또한 실증분석에서 사용한 야구의 생산과정이 타력과 투수력이라는 투입요소가 승리라는 산출물에 절대적인 영향을 주고 팀 간 효율성의 격차가 산출물에 미치는 영향은 작다면 비효율성으로 인한 산출물의 감소분에 로그를 취한 값인 u의 팀 간 격차가 작을 것이므로 이를 두 개 모수로 분리하여 식별하기 어렵기 때문에 수렴값을 얻지 못한 것으로 사료된다. 여기서 얻을 수 있는 시사점은 비효율성의 분포가 두 개의 모수(σ_u^2와 μ)에 의해 결정되는 BC(TN)에서는 수리적 최적화 과정에서 수렴값을 구하기가

5 SS(FE)에서는 u_i을 고정값으로 가정하므로 그에 대한 분산은 없다.

수월치 않다는 점이다. 제3장에서도 논하였지만 모형 선택에 있어서 응용연구자는 분석하는 표본자료의 특성을 고려하여 모형을 선택하며 가능하면 단순한 모형을 선택하는 것이 바람직하다.

〈표 4-1〉 모형별 생산함수 추정결과

Model	α	β_1	β_2	σ_v^2	σ_u^2	μ	R^2	$\ln L$
BC(HN)	−5.353 (−28.02)	0.711 (23.54)	0.564 (26.26)	0.0009 (12.23)	0.0002 (1.34)			−680.71
BC(TN)	−5.309 (−27.38)	0.699 (22.95)	0.558 (25.80)	0.0009 (12.42)	0.0108	0.638		−679.86
SS(FE)		0.701 (14.92)	0.555 (22.62)				0.842	
SS(RE)	−5.338 (−23.31)	0.707 (16.68)	0.562 (22.93)	0.0009	0.0001		0.842	

The numbers in () are t−values.

한편 <표 4-2>는 4개 모형의 효율성 추정치 간에 상관계수를 보여준다. 4개 모형의 효율성 추정치의 상관계수가 모두 1에 근접하게 나타나 유사한 추정치를 제공하는 것으로 보인다. 특히 SS(FE)와 SS(RE)의 상관계수는 0.999로 추정치가 매우 유사함을 시사한다. Hausman−Taylor검정에서 RE의 설정이 옳다는 귀무가설이 기각되지 않았으므로 두 가지 모형이 모두 일치추정량을 제공하므로 어느 정도 예상된 결과이기도 하다.

〈표4-2〉 효율성 추정시의 상관계수

	BC(HN)	BC(TN)	SS(FE)	SS(RE)
BC(HN)	1	0.990	0.962	0.966
BC(TN)		1	0.922	0.926
SS(FE)			1	0.999

5. 프로그램 코드 설명

1) Battese and Coelli(1988) 모형의 프로그램

5절의 실증분석에서 이용한 BC88 모형의 GAUSS 코드(Ch4_MLE)를 정리하였다. 즉 패널자료를 이용하며 효율성의 시간불변을 가정한 모형으로 비효율성의 확률분포를 가정하여 MLE 방법에 의하여 생산함수와 효율성을 추정한 모형이다. 반-정규분포를 가정한 모형과 잘린-정규분포를 가정한 모형을 이용한 최우추정치를 구할 수 있다. 이 프로그램도 제3장에서 소개한 횡단면 자료에 적용 가능한 프로그램과 마찬가지로 CO(concentrated optimization)프로그램에 필요한 모듈이 있어야 이 프로그램이 정상적으로 작동한다. Line 6~9에서 GAUSS 프로그램이 'constrained optimization'임을 알려준다.

이 프로그램을 응용연구자가 사용하는 데 필요한 구체적인 설명은 다음과 같다. 아래에 언급하지 않은 부분은 응용연구자들이 수정할 필요가 없는 부분이다.

(1) line 16～17 에서 횡단면자료와 시계열 자료의 수를 지정해준다.

(2) line 19 에서 입력 data file 에 있는 변수의 수를 지정해준다.

(3) line 22에서 data file을 지정한다.

(4) line 24～25에서 산출물 변수와 생산요소 변수를 지정해준다. 만약 생산요소에 중간재를 포함한다면 새로운 line을 만들어 이를 지정해 주어야 한다.

(5) line 41에서 사용할 모형을 지정해준다. line 36～38에서 설명한 대로 1은 반-정규분포, 2는 잘린 정규분포 모형이다.

(6) line 46～51 에서는 임의의 초깃값이 부여되어 있다. 변경을 원하면 여기서 다른 초깃값을 부여할 수 있다. 변수명의 순서를 코멘트문 안에 정리하여 놓았다.

(7) line 186(반-정규분포) 또는 line 349(잘린 정규분포)에 변수명이 정의되어 있다. 현재 상태는 생산요소가 X1, X2 등 2개가 정의되어 있다. 만약 중간재 등 추가로 생산요소를 추가하였다면 여기서도 변경을 해주어야 한다.

또한 프로그램의 OUTPUT 형태를 프로그램 뒤에 정리하였다. 반-정규분포 모형을 이용한 OUTPUT 을 예로 제시하였다. 생산함수, 비효율성 분포와 확률오차항에 모수를 추정해주며 개별 기업의 비효율성의 추정치와 이를 이용하여 구한 효율성 백분율이 함께 제시된다.

Ch4_MLE

```
@"  MLE of Battese and Coelli(1988) model with half-normal FOR MLB DATA  ";@
@  *********  Written by Young Hoon Lee and Sungwon Lee  *********** @

@ READING DATA @
new;
library optmum,co;
#include co.ext;
#include optmum.ext;
optset;
coset;

output file = bc88.out;
output reset;

N = 30;
T= 11;
    NT=N*T;

///*          Load Sample data and Define Variables          *///
load dat[NT,9] = mlb.txt;

x = dat[.,8]~(10-dat[.,9]);      /* Defining regressor  */
y = dat[.,3];                    /* Defining dependent variable  */
one = ones(n*t,1);
z = one~x;

   vnx  = {"cons", "x1",  "x2", "s_v2" , "s_u2" } ;  /* variable names */

```

```

@************** OLS ESTIMATION ********************@
Bols = INV(Z'Z)*(Z'Y);
          K = COLS(Z);
bbb = zeros(K + 2,1);    ; "OLS"; bols';
@************** Optimization ********************@
proc fobj1(Bmle);
local mle,i,ei,vet,s2,mustari,sigstar,temp;

ei = zeros(NT,1);
ei = y - z*Bmle[1:K,1];

        vet = ones(t,1);
s2    =   Bmle[K + 1,1] + t*Bmle[K + 2,1];
        sigstar = Bmle[K + 2,1]*Bmle[K + 1,1]/s2;
mle = 0;
i = 1;
do until i>N;
mustari = (-vet'*ei[i*T - T + 1:i*T,1]*Bmle[K + 2,1])/s2;
mle = mle + ln(s2);
temp = cdfnc(-1*mustari/sqrt(sigstar));
mle = mle - 2*ln(temp);
mle = mle + ei[i*T - T + 1:i*T,1]'*ei[i*T - T + 1:i*T,1]/Bmle[K + 1,1];
mle = mle - (mustari*mustari/sigstar);

i = i + 1;
endo;

mle = -0.5*mle;
mle = mle - 0.5*NT*ln(2*pi);
```

```
mle = mle−0.5*N*(T−1)*ln(Bmle[K + 1,1]);
mle = mle−N*ln(0.5);

bbb = bmle;

retp(−1*mle);
endp;

proc  grd0(Bmle);
local  i,ei,vet,s2,numer,mustari,sigstar,g;
local  rmusrmu,rmusrsgu,rmusrsgv;
local  rsgsrsgu,rsgsrsgv,rsgsreta,cumfstar,denfstar,cumf,denf;
local  temp,a;
temp = zeros(5,1);

vet = ones(t,1);
      s2    =   Bmle[K + 1,1] + t*Bmle[K + 2,1];
      sigstar = Bmle[K + 2,1]*Bmle[K + 1,1]/s2;
ei = zeros(NT,1);
ei = y−z*Bmle[1:K,1];

g = zeros(K + 2,1);

i = 1;
do  until  i>N;

numer = −vet'*ei[i*T−T + 1:i*T,1]*Bmle[K + 2,1];
mustari = numer/s2  ;
rmusrmu = Bmle[K + 1,1]/s2  ;
```

```
rmusrsgu=(-1*vet'*ei[i*T-T+1:i*T,1]*s2-numer*vet'*vet)/(s2*s2);
rmusrsgv=(-numer)/(s2*s2);

rsgsrsgu=(Bmle[K+1,1]*s2-Bmle[K+1,1]*Bmle[K+2,1]*t)/(s2*s2);
rsgsrsgv=(Bmle[K+2,1]*s2-Bmle[K+1,1]*Bmle[K+2,1])/(s2*s2);

cumfstar=1/cdfnc(-1*mustari/sqrt(sigstar));
denfstar=pdfn(-1*mustari/sqrt(sigstar));

g[K+1,1]=g[K+1,1] - 0.5/s2 + (cumfstar*denfstar + mustari/sqrt(sigstar)) *
(rmusrsgv*sqrt(sigstar)-mustari*rsgsrsgv/(2*sqrt(sigstar))) / sigstar ;
temp[2,1]=temp[2,1]- 0.5/s2;
temp[3,1]=temp[3,1]+cumfstar*denfstar*(rmusrsgv*sqrt(sigstar)-mustari*rsgsrsgv
/(2*sqrt(sigstar))) / sigstar;

a=mustari/sigstar*(rmusrsgv*sqrt(sigstar)-mustari*rsgsrsgv/(2*sqrt(sigstar))) / sigstar;
if a>10000; i; a; mustari;sigstar;rmusrsgv;rsgsrsgv; endif;

g[K+2,1]=g[K+2,1] -0.5*vet'*vet/s2 + (cumfstar*denfstar + mustari/sqrt(sigstar))*
(rmusrsgu*sqrt(sigstar)-mustari*rsgsrsgu/(2*sqrt(sigstar))) / sigstar;

i=i+1;
endo;

cumf=2 ;
denf=pdfn(0);


g[1:K,1]=z'*ei/Bmle[K+1,1];
g[K+1,1]=g[K+1,1] -0.5*N*(T-1)/Bmle[K+1,1]
+0.5*ei'*ei/(Bmle[K+1,1]*Bmle[K+1,1]);

temp[1,1]=-0.5*N*(T-1)/Bmle[K+1,1];
```

```
temp[4,1] = 0.5*ei'*ei/(Bmle[K + 1,1]*Bmle[K + 1,1]);
g[K + 2,1] = g[K + 2,1] ;
retp(g);
endp;

@ ***************  Set Inival Values ********************** @
b0 = Bols|1|1 ; @K + 2, beta|sigv2|sigu2@
@ ************** end of Initial value selection *********** @

_co_Bounds = ones(rows(b0),1)*(−1e256~1e256);
_co_Bounds[K + 1:K + 2,1] = 0.0000000001*ones(2,1);
_co_Algorithm = 3; @1:BFGS 2: DFP 3: NEWTON 4:scaled BFGS 5: scaled DFP@
_co_LineSearch = 2; @1:step length = 1 2: STEPBT 3: Half 4: BRENT @
_co_Trust = 1;
_co_TrustRadius = 0.1;
__output = 1;

format /rd 10, 10;
{Bmle,f1,g1,ret1} = co(&fobj1,b0);
{x,f,g,retcode} = coprt(Bmle,f1,g1,ret1);
hessbc = hessp(&fobj1, x) ;
```

```
varbc = inv(hessbc) ;
sdbc = sqrt(diag(varbc) ) ;
tval = bbb./sdbc ;

/* Results of Regression */
print " ****************************************************************" ;
print "                    BC88: Half-Normal Specification                    " ;
print " ****************************************************************" ;

let mask[1,4] = 0 1 1 1;
let fmt[4,3] =
     "-*.*s" 8 8
     "*.*lf" 10 4
     "*.*lf" 10 4
"*.*lf" 10 4 ;


            estimate        se       t-value;
yyprin=printfm(vnx~bbb~sdbc~tval, mask, fmt) ;
print " ****************************************************************" ;



@****** Efficiency for each individual *****@
epshat = y - z*bbb[1:k,1] ;
sigma2hat = bbb[K+1,1] + T*bbb[K+2,1] ;
sigstarhat = bbb[K+1,1]*bbb[K+2,1] / sigma2hat ;

mustarihat = zeros(N,1) ;

```

```
j = 1 ;
do until j>N ;
 mustarihat[j,1] = (−ones(t,1)'epshat[j*T−T+1:j*T,1]*bbb[K+2,1])/sigma2hat ;
j = j + 1 ;
endo;

eff_mat = (1 / (1−cdfn(−mustarihat/sqrt(sigstarhat)))) * sqrt(sigstarhat) .* pdfn(−mustarihat/
sqrt(sigstarhat)) + mustarihat ;

iid = zeros(N,1);

j = 1;
do until j>N ;
iid[j] = j ;
j = j+1 ;
endo;

print " ****************************************************************" ;
          firm id     E[u_i/e_i]     efficiency;
iid~eff_mat~exp(−eff_mat);
print " ****************************************************************" ;
```

〈표 4-3〉 BC88 모형(반-정규분포) output file

```
Number of iterations          44
Minutes to convergence        0.00200
************************************************************
               BC88: Half-Normal Specification
************************************************************
```

	estimate	se	t−value
cons	−5.3533	0.1910	−28.0233
x1	0.7113	0.0302	23.5447
x2	0.5637	0.0215	26.2591
s_v2	0.0009	0.0001	12.2239
s_u2	0.0002	0.0001	1.3405

****

****

firm id	E[u_i/e_i]	efficiency
1.0000000000	0.0115211988	0.9885449161
2.0000000000	0.0198032566	0.9803915399
3.0000000000	0.0153197237	0.9847970263
28.0000000000	0.0039563900	0.9960514262
29.0000000000	0.0064217459	0.9935988294
30.0000000000	0.0141766120	0.9859234029

****

2) Schmidt and Sickles(1984) 모형의 프로그램

비효율성의 확률분포를 가정하지 않는 Schmidt and Sickles(1984) 모형에 대한 GAUSS를 이용한 프로그램명은 [Ch4_SS]이다. 이 프로그램은 안승찬 교수가 만든 패널자료모형 프로그램을 저자가 확률변경모형에 맞게 수정한 것이다. 이 프로그램의 앞부분에서는 고정효과모형과 확률효과모형을 이용한 생산함수 추정과정이 있다. 여기서 확률오차항이 이분산 또는 자기상관이 있는 경우에도 일치성이 있는 분산의 추정치를 구하였다. 프로그램의 후반부에는 생산함수 추정결과를 이용하여 구한 개별기업의 비효율성 및 효율성 추정치를 계산한다. 이 프로그램을 응용연구자가 사용하기 위해서는 앞부분에 산출물변수와 생산요소변수만 지정해주면 된다. 이에 필요한 설명은 다음과 같다.

(1) line 28~31에서 자료의 크기와 변수의 수를 정해준다.

(2) line 35에서 data file을 지정한다.

(3) line 37~48에서 산출물변수와 생산요소 변수를 지정해준다. 생산요소 중 시간불변인 변수가 있다면 이는 line 41의 zz에 지정해 주어야 한다.

또한 프로그램의 Output형태를 프로그램 뒤에 정리하였다. 생산함수에 대한 OLS추정치, Within추정치 및 이분산/자기상관 조정된 Within추정치, GLS추정치 및 이분산/자기상관 조정된 GLS추정치 순으로 결과물이 도출된다. 마지막으로 개별기업의 비효율성의 추정치와 이를 이용하여 구한 효율성 백분율이 함께 제시된다.

Ch4_SS

```
1  /*
2  **    PROGRAM FOR Stochastic Frontier Model OF PANEL DATA WITH TIME-INVARIANT
   FFICIENCY
3                                  Schmidt and Sickles(1984)
4  **
5  **                              WRITTEN BY YOUNG HOON LEE
6  **                    MODIFIED BASED ON PROGRAMS MADE BY SEUNG CHAN AHN
7  **
8  **
9  */
```

```

/*
** WITHIN  and GLS Estimators: HETERO-CONSISTENT VARIANCE ESTIMATORS INCLUDED
** With Hausman Tests
*/

new  ;

@ Open an output file  @

output file = time_invariant.out reset ;

@ Formatting output file  @

format /rd 12,4 ;

@   Provide # of observations and # of variables @

     n=171 ;
     t = 6 ;
     nvar = 16   ;
     nobs = n*t ;

@   Read Data   @

     load dat[nobs,nvar] = leedata2.txt ;

@   Define Dep. Var., Time-varying Reg. and Time-invariant Reg. @

     yy    = dat[.,15]  ; @ dependent var. @
```

```
   xx      = dat[.,1:5] ; @ time-varying indep. @
zz     = ones(rows(yy),1); @ time-invariant indep. @
   ww      = xx~zz   ;

vny    = {"output"};
vnx    = {"X1","X2","X3","X4","X5"};
              vnz    = {"cons"};

@ ********************************************************************** @
/*
**   From Here, Do Not Change
*/

   clear dat ;

let mask[1,4] = 0 1 1 1;
let fmt[4,3] =
   "-*.*s" 8 8
   "*.*lf" 10 4
   "*.*lf" 10 4
   "*.*lf" 10 4;

@   Define k and g @

   k   = cols(xx)   ;
   g   = cols(zz)   ;

@ Creating mean difference @

   Ot=  ones(t,1) ;
```

```
    It   =  eye(t)  ;
    In   =  eye(n)  ;
    IInt  =  eye(nobs)  ;
    Ont  =  In.*.Ot  ;
    Pt  =  Ot*Ot'/t  ;
    Mt  =  It  -  Pt  ;
    PP  =  In.*.Pt  ;
    MM  =  IInt  -  PP  ;

    mX  =  MM*xx  ;
    my  =  MM*yy  ;
    pX  =  PP*xx  ;
    py  =  PP*yy  ;
    pW  =  PP*ww  ;

@  OLS  estimation    @

ow      =  xx~zz;
olsb      =  invpd(ow'ow)*(ow'yy);
olse      =  yy  -  ow*olsb;
olss2    =  (olse'olse)/(rows(ow)-cols(ow));
olsvar      =  olss2*invpd(ow'ow);
olsse    =  sqrt(diag(olsvar));
olsr2   =  1-(olse'olse)/(yy'yy-rows(yy)*meanc(yy)^2);

OLS  Estimation  Result  ;
------------------------  ;
 dependent  variable:   $vny  ;
;
variable        coeff.   std.  err.      t-st    ;
```

```
yyprin = printfm((vnx|vnz)~olsb~olsse~(olsb./olsse),mask,fmt);
 ;
R-Square = olsr2 ;
;
@ ***************** Within Estimation ******************* @
     wb    = invpd(mX'mX)*(mX'my) ;
     we    = my - mX*wb        ;
     ws2   = (we'we)/(n*t-n-k)    ;
     wc    = ws2*inv(mX'mX)   ;
     ws    = sqrt(diag(wc)) ;
wr2 = 1 - (we'we)/(yy'yy-rows(yy)*meanc(yy)^2);
Within Estimation Result ;
----------------------- ;
 dependent variable:  $vny ;
;
variable      coeff.  std. err.   t-st  ;
yyprin = printfm(vnx~wb~ws~(wb./ws),mask,fmt);
 ;
R-Square = wr2;
;
@      Within with Hetero/Auto consistent variance        @
bb = zeros(n*t,cols(mX)) ;
    j = 1 ;
    do while j <= n ;
```

```
        bb[(j-1)*t+1:j*t,.]
            = we[(j-1)*t+1:j*t]*we[(j-1)*t+1:j*t]'
                *mX[(j-1)*t+1:j*t,.] ;

        j = j + 1 ;
    endo ;
    bb = mX'bb ;

wcov = invpd(mX'mX)*bb*invpd(mX'mX)   ;
wsh = sqrt(diag(wcov)) ;

"Within Estimation Results (HETERO/AUTO ADJUSTED)" ;
"------------------------" ;
" dependent variable: " $vny ;
"";
"variable      coeff.   std. err.    t-st " ;
yyprin = printfm(vnx~wb~wsh~(wb./wsh),mask,fmt);
"" ;


@    *******************    GLS estimation ********************* @

    bx     = xx~zz      ;
    bd     = invpd(bx'bx)*(bx'yy)      ;
    bee    = py - pW*bd ;
    bs2    = (bee'bee)/(n-k-g) ;
    theta  = sqrt(ws2/bs2)    ;
    ssqaa  = (bs2-ws2)/t ;

    yystar = yy - (1-theta)*py   ;
```

```
        xxstar  =  xx  -  (1-theta)*(pX)   ;
        zzstar  =  theta*zz  ;

        regstar  =  xxstar~zzstar  ;

        gb    =  invpd(regstar'regstar)*(regstar'yystar)  ;
        gc    =  ws2*invpd(regstar'regstar)                        ;
        gs    =  sqrt(diag(gc))  ;
gee    =  my  -mX*gb[1:cols(xx)]  ;
gr2  =  1  -  gee'gee/(yy'yy-rows(yy)*meanc(yy)^2);

GLS  Estimation  Result  ;
------------------------  ;
 dependent  variable:   $vny  ;
;
variable         coeff.   std.  err.     t-st   ;
yyprin  =  printfm((vnx|vnz)~gb~gs~(gb./gs),mask,fmt);
 ;
R-Square  =  gr2;
;

        "  THETA  =  "  theta     ;
        "  SIGE2  =  "  ws2         ;
        "  SIGA2  =  "  ssqaa     ;
        "  S.E.R.=  "  sqrt(ws2)  ;
        ""  ;


@        GLS  with  Hetero/Auto  consistent  variance             @

```

```
    e = yy - bx*gb ;
    isx  = zeros(n*t,cols(regstar));
    j = 1 ;
    do while j <= n ;
        isx[(j-1)*t+1:j*t,.]
            = e[(j-1)*t+1:j*t]*e[(j-1)*t+1:j*t]'
                *regstar[(j-1)*t+1:j*t,.] ;

        j = j + 1 ;
    endo ;
    bb = regstar'isx ;

gcov = invpd(regstar'regstar)*bb*invpd(regstar'regstar)   ;
gsh = sqrt(diag(gcov)) ;

"GLS Estimation Results (HETERO-AUTO ADJUSTED)" ;
    " The error terms are allowed to heteroskedastic
      or autocorrelated over time.";
    " The errors are also allowed to hetroskedastic over different individuals." ;

"-----------------------" ;
" dependent variable: " $vny ;
"";
"variable      coeff.  std. err.   t-st " ;
yyprin = printfm((vnx|vnz)~gb~gsh~(gb./gsh),mask,fmt);
"" ;

@ CREATING GLS RESIDUALS @

    gee  = yystar - regstar*gb  ;
```

```
@ Hausman TEST for W VS. GLS @

    gb    = gb[1:k]            ;
    gbc   = gc[1:k,1:k]        ;
    ht    = (wb-gb)'pinv(wc-gbc)*(wb-gb)   ;
    df    = rank(wc-gbc)       ;

    "Hausman Test, p-val, df =" ht cdfchic(ht,df) df ;

@ ************************ end of no change *********************** @

@  **************** calculation of technical efficiency   ************** @

    I=1;J=1;       WALPHA=ZEROS(N,1);      GALPHA=ZEROS(N,1);
    do until I > nobs;
       F=1;
       WALPHA[J,.]=Ot'(yy[I:I+T-1,.]-xx[I:I+T-1,.]*WB)/t  ;
             GALPHA[J,.]=Ot'(yy[I:I+T-1,.]-xx[I:I+T-1,.]*GB)/t  ;
       I=I+T;  J=J+1;
    endo;

    WMAXAlp=MAXC(Walpha);     GMAXAlp=MAXC(Galpha);
    WUU=WMAXAlp-WALPha;         GUU=GMAXAlp-GALPha;
    WTECHEF=EXP(-WUU);         GTECHEF=EXP(-GUU);
    WMEANTE=MEANC(WTECHEF);  GMEANTE=MEANC(GTECHEF);

    "------------------------" ;
"";
"firmid           WITHIN uu      WITHIN Efficiency%   GLS uu    GLS Efficiency%    " ;
```

```
      firmid = seqa(1,1,N) ;
firmid~Wuu~Wtechef~Guu~Gtechef ;
"" ;
      "mean efficiency        =     " Wmeante  GMEANTE;

OUTPUT OFF
```

〈표 4-4〉 SS 모형의 output file

OLS Estimation Result

---

dependent variable: output

variable	coeff.	std. err.	t-st
X1	0.1690	0.0261	6.4624
X2	0.1417	0.0170	8.3189
X3	0.0617	0.0099	6.2639
X4	0.2119	0.0285	7.4303
X5	0.4643	0.0306	15.1633
cons	5.0231	0.1912	26.2691

R-Square = 0.8759

Within Estimation Result

---

dependent variable: output

variable	coeff.	std. err.	t-st
X1	0.1152	0.0301	3.8281

X2	0.1027	0.0212	4.8456
X3	0.1016	0.0123	8.2708
X4	0.2574	0.0327	7.8822
X5	0.4429	0.0357	12.4135

R−Square = 0.9071

Within Estimation Results(HETERO/AUTO ADJUSTED)

---

dependent variable: output

variable	coeff.	std. err.	t−st
X1	0.1152	0.0377	3.0529
X2	0.1027	0.0287	3.5802
X3	0.1016	0.0129	7.8954
X4	0.2574	0.0324	7.9570
X5	0.4429	0.0461	9.6100

GLS Estimation Result

---

dependent variable: output

variable	coeff.	std. err.	t−st
X1	0.1566	0.0264	5.9381
X2	0.1323	0.0176	7.5100
X3	0.0712	0.0102	7.0038
X4	0.2217	0.0288	7.7113
X5	0.4638	0.0309	15.0101
cons	5.0077	0.1925	26.0201

R−Square = 0.9060

THETA = 0.7839
SIGE2 = 0.1108
SIGA2 = 0.0116
S. E. R.= 0.3328

GLS Estimation Results(HETERO−AUTO ADJUSTED)
The error terms are allowed to heteroskedastic or autocorrelated over time.
The errors are also allowed to hetroskedastic over different individuals.
−−−−−−−−−−−−−−−−−−−−−−−−−−−−−−−−−−−−

dependent variable: output

variable	coeff.	std. err.	t−st
X1	0.1566	0.0368	4.2590
X2	0.1323	0.0277	4.7786
X3	0.0712	0.0110	6.4528
X4	0.2217	0.0344	6.4449
X5	0.4638	0.0454	10.2096
cons	5.0077	0.2790	17.9467

Hausman Test, p−val, df = 25.0669 0.0001 5.0000
−−−−−−−−−−−−−−−−−−−−−−−−−−−−−−−−−−−−

Firm id	WITHIN uu	WITHIN Efficiency%	GLS uu	GLS Efficiency%
1.0000	0.6413	0.5266	0.6592	0.5173
2.0000	0.4947	0.6098	0.5095	0.6008
3.0000	0.3876	0.6787	0.3628	0.6957
4.0000	0.3422	0.7102	0.3535	0.7022
5.0000	0.0000	1.0000	0.0000	1.0000

169. 0000	0.6402	0.5272	0.5279	0.5898
170. 0000	0.6964	0.4984	0.6013	0.5481
171. 0000	0.6103	0.5432	0.5368	0.5846

mean efficiency = 0.5592 0.5885

부록 4: 시간불변 패널자료 SFM의 Likelihood function 및 조건부기댓값 도출

회귀방정식 (4−1)에서 비효율성의 오차항을 Stevenson(1980)과 동일한 잘린 정규분포를 가정하여 우도함수를 도출하였다.

$u_i \sim i.i.d\ N^+(\mu, \sigma_u^2),\ v_{it} \sim i.i.d\ N(0, \sigma_v^2)$, u_i와 v_{it}는 서로 독립

$y_{it} = x_{it}^{'}\beta + v_{it} - u_i$

u_i의 확률밀도함수를 $f_u(u_i)$라고 하면, 다음과 같이 쓸 수 있다.

$$f_u(u_i) = \frac{1}{\sqrt{2\pi}\sigma_u(1-\Phi(-\mu/\sigma_u))}\exp(-\frac{(u_i-\mu)^2}{2\sigma_u^2})$$

$v_i = [v_{i1,} v_{i2,} \cdots, v_{iT}]'$라고 정의하면, $\{v_{i1}, v_{i2}, \cdots, v_{iT}\}$의 결합확률밀도함수 $f_v(v_i)$는 다음과 같이 쓸 수 있다.

$$f_v(v_i) = \frac{1}{(2\pi)^{T/2}\sigma_v^T}\exp(-\frac{v_i^{'}v_i}{2\sigma_v^2})$$

가정에 의해 u_i와 v_{it}는 서로 독립이므로, u_i와 v_i의 결합확률밀도함수는 다음과 같다.

$$f_{u,v}(u_i, v_i) = \frac{1}{(2\pi)^{\frac{T+1}{2}}\sigma_u\sigma_v^T[1-\Phi(-\mu/\sigma_u)]}\exp(-\frac{(u_i-\mu)^2}{2\sigma_u^2} - \frac{v_i^{'}v_i}{2\sigma_v^2})$$

$\varepsilon_{it} = v_{it} - u_i$ 라고 하고, $\varepsilon_i = v_i - 1_T u_i$ 라고 하자. 여기서 1_T 는 모든 원소가 1인 $(T \times 1)$ 벡터이다. 변수 변환의 Jacobian이 1이므로, u_i와 ε_i의 결합확률밀도함수는 다음과 같이 쓸 수 있다.

$$f_{u,\varepsilon}(u_i, \varepsilon_i) = \frac{1}{(2\pi)^{\frac{T+1}{2}} \sigma_u \sigma_v^T [1 - \Phi(-\mu / \sigma_u)]} \exp(-\frac{(u_i - \mu)^2}{2\sigma_u^2} - \frac{\varepsilon_i' \varepsilon_i + 2T\overline{\varepsilon}_i u_i + Tu_i^2}{2\sigma_v^2})$$

여기서 $\overline{\varepsilon}_i = \frac{1}{T}\sum_{t=1}^{T} \varepsilon_{it}$ 이다.

ε_i의 확률밀도함수를 도출하기 위해 먼저 Exponential의 안쪽을 정리하면 다음과 같이 쓸 수 있다.

$$-\frac{(u_i - \mu)^2}{2\sigma_u^2} - \frac{\varepsilon_i' \varepsilon_i + 2T\overline{\varepsilon}_i u_i + Tu_i^2}{2\sigma_v^2}$$

$$= -\frac{\varepsilon_i' \varepsilon_i}{2\sigma_v^2} - \frac{\mu^2}{2\sigma_u^2} - \frac{(\sigma_v^2 + T\sigma_u^2)(u_i^2 - 2(\frac{\mu\sigma_v^2 - T\sigma_u^2 \overline{\varepsilon}_i}{\sigma_v^2 + T\sigma_u^2})u_i)}{2\sigma_v^2 \sigma_u^2}$$

$$= -\frac{\varepsilon_i' \varepsilon_i}{2\sigma_v^2} - \frac{\mu^2}{2\sigma_u^2} - \frac{(u_i - \overline{\mu}_i)^2}{2\sigma_*^2} + \frac{\overline{\mu}_i^2}{2\sigma_*^2}$$

여기서, $\overline{\mu}_i = \frac{\mu\sigma_v^2 - T\overline{\varepsilon}_i \sigma_u^2}{\sigma_v^2 + T\sigma_u^2}$, $\sigma_*^2 = \frac{\sigma_v^2 \sigma_u^2}{\sigma_v^2 + T\sigma_u^2}$ 이다.

이제까지의 과정을 통해서 u_i와 ε_i의 결합확률밀도함수를 다음과 같이 정리할 수 있다.

$$f_{u,\varepsilon}(u_i,\varepsilon_i)=\frac{1}{(2\pi)^{\frac{T+1}{2}}\sigma_u\sigma_v^T[1-\Phi(-\mu/\sigma_u)]}\exp(-\frac{\varepsilon_i'\varepsilon_i}{2\sigma_v^2}-\frac{\mu^2}{2\sigma_u^2}-\frac{(u_i-\overline{\mu_i})^2}{2\sigma_*^2}+\frac{\overline{\mu_i}^2}{2\sigma_*^2})$$

주어진 결합확률밀도함수를 u_i에 대하여 적분하면 ε_i의 한계확률함수가 도출된다. 즉,

$$f_\varepsilon(\varepsilon_i)=\int_0^\infty f_{u,\varepsilon}(u_i,\varepsilon_i)du_i$$

$$=\int_0^\infty\frac{1}{(2\pi)^{\frac{T+1}{2}}\sigma_u\sigma_v^T\Phi^*}\exp(-\frac{\varepsilon_i'\varepsilon_i}{2\sigma_v^2}-\frac{\mu^2}{2\sigma_u^2}-\frac{(u_i-\overline{\mu_i})^2}{2\sigma_*^2}+\frac{\overline{\mu_i}^2}{2\sigma_*^2})du_i$$

$$=\frac{1}{(2\pi)^{T/2}\sigma_v^{T-1}\sigma\Phi^*}\exp(-\frac{\varepsilon_i'\varepsilon_i}{2\sigma_v^2}-\frac{\mu^2}{2\sigma_u^2}+\frac{\overline{\mu_i}^2}{2\sigma_*^2})\int_0^\infty\frac{1}{\sqrt{2\pi}\sigma_*}\exp(-\frac{(u_i-\overline{\mu_i})^2}{2\sigma_*^2})du_i$$

$$=\frac{1}{(2\pi)^{T/2}\sigma_v^{T-1}\sigma\Phi^*}\exp(-\frac{\varepsilon_i'\varepsilon_i}{2\sigma_v^2}-\frac{\mu^2}{2\sigma_u^2}+\frac{\overline{\mu_i}^2}{2\sigma_*^2})[1-\Phi(-\overline{\mu_i}/\sigma_*)]$$

단, $\sigma^2=\sigma_v^2+T\sigma_u^2$, $\Phi^*=1-\Phi(-\mu/\sigma_u)$.

따라서, 로그우도함수는 다음과 같이 쓸 수 있다.

$$\ln L(\beta,\sigma_v,\sigma_u,\mu)=\sum_{i=1}^N\ln f_\varepsilon(\varepsilon_i)$$

$$=-\frac{NT}{2}\ln(2\pi)-\frac{N(T-1)}{2}\ln\sigma_v^2-\frac{N}{2}\ln(\sigma_v^2+T\sigma_u^2)-N\ln[1-\Phi(-\frac{\mu}{\sigma_u})]-\frac{N\mu^2}{\sigma_u^2}$$

$$-\frac{\sum_{i=1}^{N}\varepsilon_i^{'}\varepsilon_i}{2\sigma_v^2}+\frac{\sum_{i=1}^{N}\overline{\mu_i}^2}{2\sigma_*^2}+\sum_{i=1}^{N}\ln[1-\Phi(-\frac{\overline{\mu_i}}{\sigma_*})]$$

비효율성의 조건부기댓값은 다음과 같이 도출할 수 있다.

$$f_{u|\varepsilon}(u_i\mid\varepsilon_i)=\frac{f_{u,\varepsilon}(u_i,\varepsilon_i)}{f_\varepsilon(\varepsilon_i)}$$

$$=\frac{\dfrac{1}{(2\pi)^{\frac{T+1}{2}}\sigma_u\sigma_v^T\Phi^*}\exp(-\dfrac{\varepsilon_i^{'}\varepsilon_i}{2\sigma_v^2}-\dfrac{\mu^2}{2\sigma_u^2}-\dfrac{(u_i-\overline{\mu_i})^2}{2\sigma_*^2}+\dfrac{\overline{\mu_i}^2}{2\sigma_*^2})}{\dfrac{1}{(2\pi)^{T/2}\sigma_v^{T-1}\sigma\Phi^*}\exp(-\dfrac{\varepsilon_i^{'}\varepsilon_i}{2\sigma_v^2}-\dfrac{\mu^2}{2\sigma_u^2}+\dfrac{\overline{\mu_i}^2}{2\sigma_*^2})[1-\Phi(-\overline{\mu_i}/\sigma_*)]}$$

$$=\frac{\sigma}{\sqrt{2\pi}\sigma_u\sigma_v[1-\Phi(-\overline{\mu_i}/\sigma_*)]}\exp(-\frac{(u_i-\overline{\mu_i})^2}{2\sigma_*^2})$$

$$=\frac{1}{\sqrt{2\pi}\sigma_*[1-\Phi(-\overline{\mu_i}/\sigma_*)]}\exp(-\frac{(u_i-\overline{\mu_i})^2}{2\sigma_*^2})$$

$$E[u_i\mid\varepsilon_i]=\int_0^\infty u_i f_{u|\varepsilon}(u_i\mid\varepsilon_i)du_i$$

$$=\int_0^\infty u_i\frac{1}{\sqrt{2\pi}\sigma_*[1-\Phi(-\overline{\mu_i}/\sigma_*)]}\exp(-\frac{(u_i-\overline{\mu_i})^2}{2\sigma_*^2})du_i$$

$$=\frac{1}{[1-\Phi(-\overline{\mu_i}/\sigma_*)]}\int_0^\infty u_i\frac{1}{\sqrt{2\pi}\sigma_*}\exp(-\frac{(u_i-\overline{\mu_i})^2}{2\sigma_*^2})du_i$$

$$=\frac{\sigma_*}{[1-\Phi(-\overline{\mu_i}/\sigma_*)]}\int_{-\frac{\overline{\mu_i}}{\sigma_*}}^\infty z_i\frac{1}{\sqrt{2\pi}}\exp(-\frac{z_i^2}{2})dz_i$$

$$+\frac{\overline{\mu}_i}{[1-\Phi(-\overline{\mu}_i/\sigma_*)]}\int_{-\frac{\overline{\mu}_i}{\sigma_*}}^{\infty}\frac{1}{\sqrt{2\pi}}\exp(-\frac{z_i^2}{2})dz_i$$

$$=\frac{\sigma_*}{[1-\Phi(-\overline{\mu}_i/\sigma_*)]}\phi(-\frac{\overline{\mu}_i}{\sigma_*})+\frac{\overline{\mu}_i}{[1-\Phi(-\overline{\mu}_i/\sigma_*)]}[1-\Phi(-\overline{\mu}_i/\sigma_*)]$$

제5장

패널자료를 이용한 효율성 추정모형: 효율성 시간변동 I

이 장에서는 패널자료(panel data)를 활용한 SFM 중 개별기업 효율성의 시간변동을 허용한 모형을 논의한다. 제4장에서 논의한 패널자료를 이용한 SFM(Schmidt and Sickles, 1984)은 효율성과 생산요소와의 상관관계를 허용하고 효율성의 확률분포를 가정하지 않음으로 제3장에서 논의한 횡단면자료를 이용한 확률변경모형에서 부여했던 비현실적인 가정을 완화하였다. 그러나 효율성의 시간불변이라는 새로운 가정이 필요하였다. 만약 표본자료가 시계열이 짧지 않은 패널자료라면 이도 비현실적인 가정이다. 장기적으로 효율성이 불변이라고 보기 어렵기 때문이다. 또한 연구 목적에 따라 효율성의 변동패턴을 추정할 필요도 있다. 따라서 이후 연구에서는 효율성의 불변가정을 완화하는 모형이 발표되었다.

이들 모형을 발표된 순서에 따라 전후기로 구분하면 전기 연구는

1990년대에 발표된 모형들로 Cornwell, Schmidt and Sickles(1990, CSS), Kumbhakar(1990, KUM), Battese and Coelli(1992, BC92), Lee and Schmidt(1993, LS)가 대표적이며, 후기 연구는 Cuesta(2000), Lee(2006, 2010), Han, Orea and Schmidt(2008), Ahn, Lee and Schmidt(2007, ALS07) 등이 있다. 후기 연구는 제6장에서 논의하며, 이 장에서는 전기 4개 모형을 중심으로 논의한다. 이들 모형이 발표된 오랜 기간이 지났지만 아직도 효율성에 대한 실증분석연구에서 주로 이용되고 있다. 일반적으로 전기 모형을 효율성의 분포를 가정한 모형(KUM, BC92)과 효율성의 분포를 가정하지 않고 전통적 패널자료모형의 추정방법을 이용한 모형(CSS, LS)으로 구분한다. 그래서 이 장의 구성도 이러한 구분법을 따랐다. 그러나 KUM과 BC92 모형도 효율성의 확률분포를 가정하지 않고 전통적 패널자료모형의 추정방법에 의해서 실증분석에 활용될 수 있다. 반대로 LS모형도 확률분포가정을 하면 MLE방법에 의하여 추정이 가능하다.[6] 따라서 이들 모형을 확률분포가정 여부에 따라 구분하는 것은 적절치 않다. 오히려 이들 모형을 구분하는 적절한 방법은 효율성의 시간변동패턴에 대한 설정의 차이이다. 이에 이 장에서는 이들 모형의 효율성의 시간변동패턴에 대한 설정의 차이와 그 의미를 중심으로 모형을 설명한다.

시간불변모형이 $u_{it}=u_i$를 가정하였다면 시간변동모형은 특정한 시간변동패턴을 가정하였다. 예를 들어 $u_{it}=\theta_t u_i$와 같이 비효율성의

6 단 CSS모형은 ML방법으로 추정이 가능하지 않다.

시간변동을 대표하는 θ_t와 기업별 차이를 대표하는 u_i로 구분하였다. 특히 KUM는 $\theta_t(\eta)=[1+\exp(\eta_1 t+\eta_2 t^2)]^{-1}$, BC92는 $\theta_t(\eta)=\exp(-\eta(t-T))$와 같이 시간변동패턴에 대한 특정한 함수를 부여하고 u_i의 확률분포를 가정함으로써 모형을 설정하였다. 반면 CSS와 LS는 u_i의 확률분포를 가정하지 않고, SS모형처럼 전통적 패널자료모형을 활용한 추정법을 활용하였다. 특히 LS는 $u_{it}=\theta_t u_i$ 에서 θ_t에 대한 특정한 패턴을 가정하지 않은 일반적인 모형을 설정하고 이에 대한 추정방법을 제시하였다. 따라서 KUM, BC92에 비해 일반적인 모형인 LS를 이용하여 KUM, BC92에서 설정한 θ_t의 함수를 검정할 수 있다. CSS는 $u_{it}=\theta_t u_i$ 와는 다른 형태를 가정하였다. 즉 $u_{it}=u_{1i}+u_{2i}\cdot t+u_{3i}\cdot t^2$ 와 같이 시간에 대한 2차방정식 형태를 가정하였다.

위에서도 언급하였지만 필자의 견해로는 이들 4개 모형을 비효율성의 확률분포가정 여부로 구분하기보다는 이들이 설정한 비효율성의 시간변동패턴의 차이로 구분하는 것이 적절하다. 이들 모형의 근본적인 차이는 비효율성(u_{it})에 대한 시간변동패턴의 차이에 있기 때문이다. 반대로 비효율성의 확률분포가정은 쉽게 수정이 가능하다. 예를 들어, Han, Orea and Schmidt(2008)가 보인 것처럼 $u_{it}=\theta_t u_i$ 에서 u_i의 확률분포를 가정한 BC92는 u_i를 고정효과(fixed effects)로 간주하여도 추정이 가능하기 때문이다. 비효율성의 시간변동패턴 차이로 구분하면, 기업간 동일한 시간변동패턴(identical temporal pattern)을 가정하였는지 여부로 구분할 수 있다. 4개 모형 중 KUM, BC92, LS모형은 동일한 변동패턴을 가정하였고, CSS는 그렇지 않다. 전자의 3개 모형은 모두

$u_{it}=\theta_t u_i$ 의 설정에 기반을 두고 있다. 즉 개별기업의 효율성의 격차는 u_i로 나타나며 효율성의 시간변동은 θ_t로 나타나는데 θ_t는 모든 기업이 동일하기 때문이다. 따라서 θ_t는 표본 내 기업들의 평균 효율성의 시간변동을 나타낸다고 간주할 수 있다. 개별기업의 효율성변동보다 산업 전체의 효율성변동에 관심을 갖는 연구에 사용하기가 적합하다. 그러나 개별기업 간 효율성 변동을 비교하는 응용연구에는 적합하지 않다. 반면 CSS는 $u_{it}=\theta_t u_i$ 를 가정하지 않고 있다. 비록 비효율성이 시간의 2차함수형태로 변한다는 다소 제약적인 가정을 하지만 시간 및 시간의 제곱의 계수가 개별기업별로 다른 설정을 하고 있다. 따라서 계수값의 차이에 따라 시간변동패턴은 기업별로 상이하게 나타난다. 따라서 CSS는 비효율성의 동일한 변동패턴을 모형에 부여하지 않는다. 동일한 시간변동패턴 가정 여부에 따른 구분법은 다음 장에서 논의할 후기 모형에도 적용이 된다. 후기 모형들이 주로 동일한 시간변동패턴 가정을 완화하기 위하여 개발되었기 때문이다. 따라서 CSS를 제외한 전기 모형은 동일한 시간변동 패턴을 가정하였고 CSS와 후기 모형은 동일한 시간변동패턴가정을 완화한 특성을 지닌다.

모형설정의 제약의 강도로 비교하면 BC92가 가장 강하며 LS가 가장 느슨하다. 전혀 다른 형태를 가정한 CSS는 다른 모형들과 비교할 수 없다. CSS도 제6장에서 다룰 Ahn, Lee and Schmidt(2007)와 비교가 가능하고 이를 통해서 CSS의 설정을 검정할 수 있다. $u_{it}=\theta_t u_i$ 를 가정한 KUM, BC92, LS 중에서 BC92는 $\theta_t(\eta)=\exp(-\eta(t-T))$ 를 설정하여 지수함수에서 시간의 1차함수형태를 가정한다. 반면 KUM은

$\theta_t(\eta)=[1+\exp(\eta_1 t+\eta_2 t^2)]^{-1}$ 로 역함수이지만 지수함수에서 시간의 2차 함수형태를 가정한다. $t=T$ 에서 $\theta_t(\eta)=1$ 이 되도록 정규화(normalization)한 BC의 함수와 같이 KUM도 정규화하고 역함수를 제거하면 KUM의 설정이 BC92의 설정을 특수한 형태로 내포하기 때문에 KUM의 설정이 더 일반적이라고 볼 수 있다. LS는 동일한 $u_{it}=\theta_t u_i$ 에서 θ_t에 대하여 아무런 형태를 가정하지 않고 있으므로 가장 일반적인 설정을 갖고 있다. LS는 $\theta_{t=1}=1$로 정규화를 설정하고 있다. 따라서 θ_t만 비교하면 BC는 1개의 모수, KUM은 2개의 모수, LS는 (T−1)개의 모수를 추정해야 한다.

모형 간 설정의 차이에 대한 이해는 응용연구자에게는 매우 중요하다. 실증분석의 대상이 되는 산업에 따라 일부 설정은 매우 비현실적인 가정이 될 수 있기 때문이다. 예를 들어, 프로리그가 있는 팀 스포츠 산업을 생각해보자. 미국 메이저리그의 개별 구단 효율성의 시간변동에 관심을 갖는 연구를 하자. 스포츠 구단이라는 기업의 생산함수를 생각하면 투입요소는 선수, 보다 정확히는 선수들의 기량이며, 산출물은 승수이다. 즉 승률과 구단 소속 선수들의 기량 간의 관계가 생산함수이다. 일반 제조업과 대비되는 스포츠산업의 특성 중 하나는 산출물이 joint-product이라는 점이다. 개별기업이 홀로 산출물을 생산할 수 없고 다른 경쟁기업이 있어야 경기를 할 수 있고 승리라는 산출물을 생산할 수 있다. 따라서 산출물인 승률은 구단마다 제각기 다르지만 산업 전체의 평균 산출물은 0.5로 매 시즌마다 동일하다. 모든 경기에서 한 팀은 승리하고 다른 한 팀은 패배하기 때문이다. 따라서 산업평균 효율성도 시간불변이다. 투입요소의 산업평균이 불변7이라면 산업평균 산출물과 투입요소의 양이 매년 동일하기 때문에 산업평균 효율성도 변화가 없다. 그러나 개별구단의 효율성은 다르다. 어떤 구단은 전 시즌에 비해 이번 시즌에 더 효율적인 운영을 했을 수도 있고, 반대로 다른 구단은 효율성이 지난 시즌에 비해서 나빠졌을 수도 있다.

이러한 점을 반영하여 각 구단의 효율성의 시간변화를 추정하길 원한다면 위의 4개 모형 중 CSS가 가장 적합하다. 동일한 시간변동 패턴을 가정한 모형인 BC92, KUM, LS는 모든 기업의 효율성이 동일한 패턴으로 움직였다고 가정하므로 결국 추정하는 효율성의 변동패턴은 산업평균 효율성의 변동패턴과 동일하다. 위에서 언급하였듯이 스포츠 산업의 평균효율성은 시간불변이므로 이들 모형을 사용하면 개별 기업의 효율성도 시간불변으로 추정되는 문제를 야기한다. 따라서 스포츠 구단의 효율성의 시간변동에 관심을 갖는 연구라면 동일한 시간변동패턴을 가정하지 않은 모형을 사용해야 한다. 자세한 논의는 Lee(2006, 2010, 2014)를 참조.

실제로 제4장의 실증분석에서 사용하였던 미국 메이저리그 야구 30개 구단의 2000~2010년 기간 패널자료를 이용하여 식 (4−14)의 생산함수를 추정하여 구한 효율성 추정치를 <그림 5−1>에 정리하였다.

7 프로스포츠에서 투입요소인 선수 기량의 리그 전체 평균은 시간변동(time variation)이 매우 작을 뿐 아니라 승률이라는 산출물이 상대적 개념으로 표현된 것이므로 투입요소도 상대적 개념으로 표현한다면, 즉 선수의 상대적 기량으로 표현한다면 리그 평균 투입량은 불변이다. 예를 들어, 야구에서 타자의 기량을 측정하는 OPS(출루율+장타율)라는 변수의 리그평균은 시즌별로 변동 폭이 적으며, 투입요소로 상대적 지표인 (OPS/리그평균OPS)를 사용한다면 리그평균은 항상 1로 시간불변이다.

〈그림 5-1〉 MLB 구단 효율성 추정치 비교

BC92

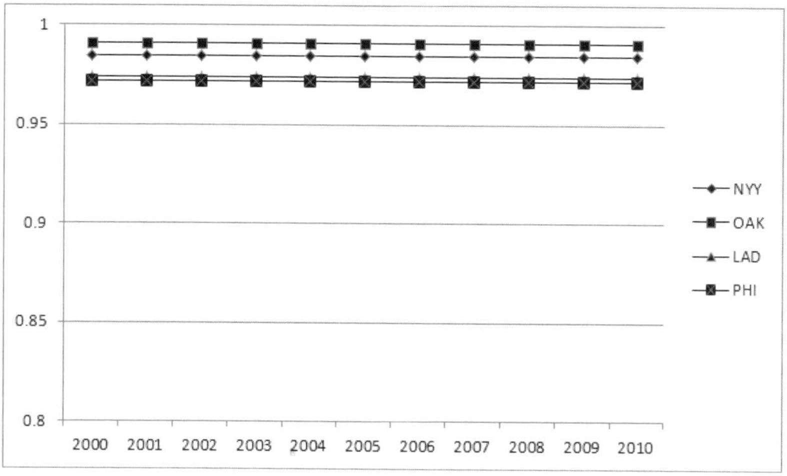

CSS

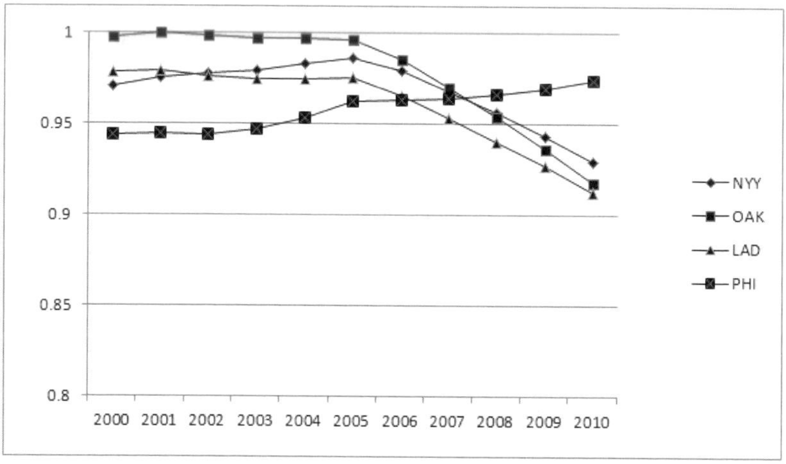

동일한 시간변동패턴을 가정한 모형인 BC92와 그렇지 않은 CSS를 이용한 효율성 추정치가 있다. 30개 구단 중 뉴욕 양키즈(NYY), 오클랜드 As(OAK), LA 다저스(LAD), 필라델피아 필리스(PHI)의 효율성 추정치를 비교하였다. 예상한 대로 BC92가 추정한 4개 구단의 효율성은 구단 간 차이만 있을 뿐 시간에 따른 변화는 전혀 없는 것으로 추정되었다. 시간불변인 산업 평균효율성을 추정하고 모든 개별구단의 효율성도 동일하게 변한다고 가정했기 때문이다. 반면 CSS는 구단마다 제각각 다른 변동패턴을 보인다. OAK는 2000년대 초반에는 4개 팀 중 가장 효율적이었지만 후반부에 올수록 효율성이 급격히 악화되어 효율성 순위가 3위로 변하였다. 그러나 CSS에서도 30개 팀의 평균을 구하면, 즉 산업 평균효율성을 구하면 시간불변으로 나타날 것이다. 30개 전체의 평균을 구해야 하지만 <그림 5-1>을 통하여 4개 구단의 평균만 보아도 시간불변인 형태를 볼 수 있다.

이와 같이 응용연구자는 분석하고자 하는 산업의 특성에 따라 적합한 계량 모형을 선택해야 한다. 또 다른 예로 항공산업을 생각해보자. 항공산업은 기업 간 효율성의 변동성이 매우 크며 그에 따라 기업의 수익성도 크게 영향을 받는다. 그래서 한때 유명하였던 항공사가 한순간에 도산하거나 다른 기업에 합병되는 경우를 흔히 볼 수 있다. 이는 기업 간 효율성의 변동성이 클 뿐 아니라 효율성의 시간에 따른 변동성도 매우 큼을 의미한다. 만약 효율성의 상승 또는 감소가 빈번하다면 효율성의 시간변동이 단조증가 또는 단조감소한다고 가정하는 BC92는 이런 산업을 분석하는데 적합하지 못하다. 일정한

함수형태를 가정하는 KUM, CSS도 효율성이 급변하는 산업을 분석하는데 부적합할 수 있다. 이 경우 효율성의 변동패턴에 어떤 제약도 부여하지 않은 LS가 적합한 모형이다.

<그림 5-2>는 Lee(2006)에 있는 LS모형을 이용한 기업의 효율성 추정치를 보여준 그림을 옮겨놓은 것이다. 인도네시아 쌀농가 패널자료를 이용하여 생산함수를 추정하고 총 171개 농가 중 3개 농가를 선택하여 효율성 변동을 그린 것이다. 이 추정결과에 2기에는 효율성이 감소하였다가 3기에 급격히 효율성이 증가하였고 4기부터 6기까지는 조금씩 효율성이 감소하였음을 나타낸다. 즉 BC92, KUM, CSS와 달리 LS는 효율성의 등락을 제대로 추정해주는 장점이 있다. 따라서 위에서 논의한 항공산업의 특성이 옳다면 LS가 적합한 모형이다.

〈그림 5-2〉 LS모형의 효율성 추정치 (source: Lee, 2006)

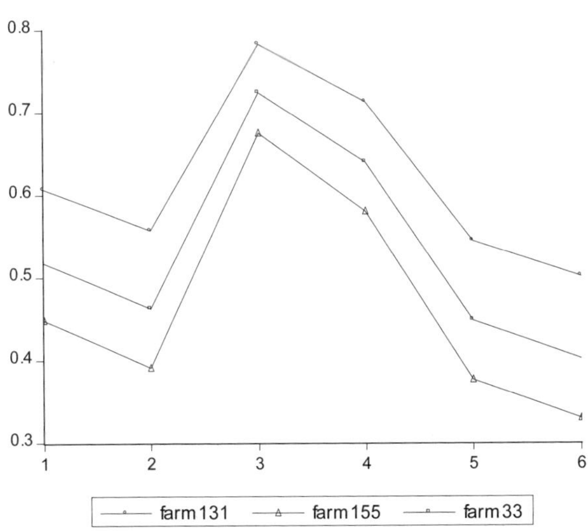

제1절에서 효율성의 분포를 가정하여 최우법에 의해 생산함수 및 효율성을 추정하는 모형을 논의하고, 제2절에서 전통적 패널자료모형을 응용할 수 있는 확률적 변경모형, 즉 효율성의 확률분포를 가정하지 않는 모형을 논의한다. 제3절에서는 STATA 및 FRONTIER4.1을 이용해 2절에서 논의한 SFM을 이용하는 방법을 소개하며, 제4절에서 실제 표본자료를 이용한 실증분석결과를 모형별로 비교한다. 마지막으로 제5절에서는 각 모형을 활용할 수 있는 GAUSS프로그램을 설명한다.

1. 효율성의 분포가정을 통한 모형

이에 속하는 SFM은 패널자료를 활용함에도 불구하고 횡단면-SFM처럼 비효율성의 확률분포를 가정하고 있다. 따라서 비효율성과 생산요소 간의 상관관계가 존재하지 않는다는 가정도 필요로 한다. 따라서 제3장에서 논의한 모형들을 패널자료의 형태로 확장한 것이다. 이에 속하는 모형은 KUM과 BC92가 있다. 두 모형은 $u_{it} = \theta_t u_i$ 를 설정하고 있으므로 공히 효율성의 시간변동패턴이 동일하다는 가정을 부여하고 있다. 또한 공통적으로 θ_t를 확률변수로 간주하지 않고 모수의 함수형태로 설정하였으며, u_i를 반-정규분포 또는 잘린-정규분포를 가정함으로써 최우추정법을 제시하였다. 유일한 차이는 θ_t의 함수형태에 있다. 앞에서 설명하였듯이 BC92는 $\theta_t(\eta) = \exp(-\eta(t-T))$, KUM은

$\theta_t(\eta)=[1+\exp(\eta_1 t+\eta_2 t^2)]^{-1}$ 을 설정하였다. 따라서 $\theta_t=\theta_t(\eta)$ 와 같이 임의의 함수를 설정하면 두 모형은 동일하다. 응용연구자에 따라 다른 함수형태를 설정하고 동일한 방법으로 실증분석을 할 수 있다.

기본 회귀모형은 다음과 같다.

$$y_{it}=\alpha+x_{it}\beta-u_{it}+v_{it}=\alpha+x_{it}\beta-\theta_t(\eta)u_i+v_{it}, \qquad (5-1)$$

제3장과 제4장에서 살펴본 바와 같이 생산함수 및 개별기업의 효율성을 추정하기 위해서는 우도함수와 비효율성의 조건부기댓값을 알아야 한다. 그렇게 하기 위해서는 오차항에 대한 확률분포 가정에서부터 출발한다. v_i는 정규분포를 이루며 u_i는 잘린-정규분포를 이룬다고 가정하고 ε_i의 확률밀도함수를 도출하면 식 (5-2)와 같다.

$$f_\varepsilon(\varepsilon_i)=\frac{\sigma_{i*}}{(\sqrt{2\pi})^T\sigma_u\sigma_v^T(1-\Phi(-\mu/\sigma_u))}\exp(-\frac{\varepsilon_i'\varepsilon_i}{2\sigma_v^2}-\frac{\mu^2}{2\sigma_u^2}+\frac{\mu_{i*}^2}{2\sigma_*^2})[1-\Phi(-\frac{\mu_{i*}}{\sigma_*})]$$

(5-2)

여기서 $\mu_{i*}=\dfrac{\mu\sigma_v^2-\varepsilon_i'\theta\sigma_u^2}{\sigma_v^2+\theta'\theta\sigma_u^2}$, $\sigma_*^2=\dfrac{\sigma_u^2\sigma_v^2}{\sigma_v^2+\theta'\theta\sigma_u^2}$, $\theta=(\theta_1,\theta_2,......,\theta_T)'$. 또한 로그우도함수는 식 (5-3)과 같이 도출된다.

$$l(\beta,\sigma_v,\sigma_u,\mu,\eta)=N[-\frac{\mu^2}{2\sigma_u^2}-\frac{1}{2}\ln(2\pi)-\ln(\sigma_u)-N\ln(\sigma_v)-\ln(1-F(-\frac{\mu}{\sigma_u}))]$$
$$+\sum_{i=1}^{N}[\ln(\sigma_{i*})-\frac{\varepsilon_i'\varepsilon_i}{2\sigma_v^2}+\frac{\mu_{i*}^2}{2\sigma_{i*}^2}+\ln(1-F(-\frac{\mu_{i*}}{\sigma_{i*}}))]$$

(5-3)

마지막으로 JLMS의 조건부기댓값은 식 (5-4)에 정리하였다.

$$E[u_i \mid \varepsilon_i] = \frac{\sigma_{i*}}{[1-\Phi(-\frac{\mu_{i*}}{\sigma_{i*}})]}\phi(-\frac{\mu_{i*}}{\sigma_{i*}}) + \mu_{i*} \qquad (5-4)$$

ε_i의 확률밀도함수, 우도함수 및 조건부기댓값 도출과정은 [부록 5]에 정리하였다. 위 식들은 KUM과 BC92의 특정한 함수형태뿐 아니라 어떠한 형태의 함수도 포함할 수 있도록 일반적인 함수로 표현하였다. 즉 $\theta = (\theta_1, \theta_2, ..., \theta_T)'$ 에 응용연구자 별로 원하는 함수 형태를 부여하면 동일한 우도함수식을 통하여 회귀분석을 할 수 있다.

만약 u_i가 반-정규분포를 이룬다고 가정하면 식 (5-2)에서 (5-4)는 아래와 같이 간략한 형태로 변환된다.

$$f_\varepsilon(\varepsilon_i) = \frac{2\sigma_{i*}}{(\sqrt{2\pi})^T \sigma_u \sigma_v^T}\exp(-\frac{\varepsilon_i^{'}\varepsilon_i}{2\sigma_v^2} + \frac{\mu_{i*}^2}{2\sigma_{i*}^2})[1-\Phi(-\frac{\mu_{i*}}{\sigma_{i*}})] \qquad (5-2)'$$

여기서 $\mu_{i*} = \frac{-\varepsilon_i^{'}\theta\sigma_u^2}{\sigma_v^2 + \theta'\theta\sigma_u^2}$, $\sigma_*^2 = \frac{\sigma_u^2\sigma_v^2}{\sigma_v^2 + \theta'\theta\sigma_u^2}$.

$$l(\beta, \sigma_v, \sigma_u, \theta) = N[\frac{1}{2}\ln\frac{2}{\pi} - \ln(\sigma_u) - N\ln(\sigma_v)] + \sum_{i=1}^{N}[\ln(\sigma_{i*}) - \frac{\varepsilon_i^{'}\varepsilon_i}{2\sigma_v^2} + \frac{\mu_{i*}^2}{2\sigma_*^2} + \ln(1-F(-\frac{\mu_{i*}}{\sigma_*}))] \qquad (5-3)'$$

$$E[u_i \mid \varepsilon_i] = \frac{\sigma_{i*}}{[1-\Phi(-\frac{\mu_{i*}}{\sigma_*})]}\phi(-\frac{\mu_{i*}}{\sigma_*}) + \mu_{i*} \qquad (5-4)'$$

식 (5−4)와 (5−4)′의 표현은 동일하지만 μ_{i*}, σ_*^2 가 차이가 나기 때문에 다르다.

BC92와 KUM의 $\theta_t(\eta)$ 의 함수형태를 간략히 논의하면, 우선 BC92는 비효율성의 시간에 따른 단조증가 또는 단조감소를 가정한다. η 가 양의 값을 갖는다면 $\theta_t(\eta)=\exp(-\eta(t-T))$의 지수 안의 값이 양이 되며 시간이 지날수록 $(t-T)$의 절댓값이 작아지므로 비효율성 u_{it}가 점차적으로 감소한다. 따라서 효율성은 점진적으로 증가함을 의미한다. 반대로 η가 음의 값을 갖는다면 $\theta_t(\eta)$의 지수 안의 값이 음이 되며 시간이 지날수록 $(t-T)$의 절댓값이 작아지므로 비효율성 u_{it}가 점차적으로 커진다. 그러나 KUM은 $\theta_t(\eta)=[1+\exp(\eta_1 t+\eta_2 t^2)]^{-1}$를 설정함으로써 시간변동패턴의 단조성 (monotonocity)를 가정하지 않는다. 즉 η_1과 η_2의 부호에 따라 단조성을 가질 수도 있고 그렇지 않을 수도 있다.

2. 전통적 패널자료 모형의 적용

CSS와 LS는 Schmidt and Sickles(1984)에서 완화된 제약, 즉 비효율성의 확률분포 및 비효율성과 투입요소의 상관관계가 없다는 가정을 부여하지 않으면서 비효율성의 시간변동을 허용하는 모형을 개발하였다. 이들 모형은 고정효과모형과 확률효과모형으로 추정이 가능하지만 비효율성과 투입요소의 상관관계를 허용하는 고정효과 모형을 활용하는 확률변경모형만 논의한다. 기본 회귀방정식은 다음과 같다.

$$y_{it}=\alpha_t+x_{it}\beta+v_{it}-u_{it}=x_{it}\beta+\alpha_{it}+v_{it} \tag{5-5}$$

여기서 $\alpha_{it} = \alpha_t - u_{it}$. CSS는 $\alpha_{it} = W_t'\alpha_i$를 설정하였다. 즉, W_t = [1, t, t^2]이면 $\alpha_{it} = \alpha_{i0} + \alpha_{i1}t + \alpha_{i2}t^2$가 된다. 한편 LS는 $\alpha_{it} = \theta_t'\alpha_i$를 설정하였다. $\theta = (\theta_1, \theta_2, ..., \theta_T)'$이며 정규화조건으로 θ_1=1을 가정 하였다. SS와 마찬가지로 오차항 v_{it}는 강외생성(strict exogeneity)을 만족한다.

먼저 CSS의 추정방법을 논의하면 다음과 같다. 일반적인 개별효과 모형의 고정효과처리(fixed effect treatment)에 의하면 Within 추정량은 평균과 차이(mean difference)를 취한 회귀식에서 구한 최소이승추정량이 된다. 이는 앞 장에서 살펴보았다. 그러나 CSS모형에서는 3개의 개별 효과($\alpha_{i0}, \alpha_{i1}, \alpha_{i2}$)가 있으며, 시간 또는 시간의 제곱값을 갖는 계수가 있다. 따라서 CSS는 시간 및 시간제곱의 가중평균과의 차이(weighted mean difference), 즉 within transformation한 후에 OLS추정량을 구하는 방법을 제시하였다. 즉, CSS의 Within 추정량 $\hat{\beta}_{CSS}$는 식 (5−6)에서 OLS추정량을 구하는 것과 동일하다.

$$M_W y_i = M_W x_i \beta + M_W v_i, \tag{5−6}$$

여기서 $M_W = I_T - P_W$, $P_W = W(W'W)^{-1}W'$. Idempotant행렬인 M_W는 W를 제거해준다. 따라서 $\hat{\beta}_{CSS} = (\sum_{i=1}^{N} x_i' M_W x_i)^{-1}(\sum_{i=1}^{N} x_i' M_W y_i)$이며 3개 개별 효과의 추정량은 다음과 같은 가중평균 공식으로 구할 수 있다. $\hat{\alpha}_i = (W'W)^{-1}W'(y_i - x_i\hat{\beta}_{CSS})$이며 $\hat{\alpha}_i = (\hat{\alpha}_{i0}, \hat{\alpha}_{i1}, \hat{\alpha}_{i2})'$.

LS모형의 Within추정법도 기본적으로는 SS, CSS 등과 동일하다. 즉 $M_\theta = I_T - P_\theta$ ($P_\theta = \theta(\theta'\theta)^{-1}\theta'$)를 회귀 식에 곱해주면 θ로 가중평균한

값과의 차이로 이루어진 회귀식이 된다.

$$M_\theta y_i = M_\theta x_i\beta + M_\theta v_i, \tag{5-7}$$

LS 모형의 Within추정은 SSE$_{LS}$= $\sum_i (y_i - x_i\beta)' M_\theta (y_i - x_i\beta)$ 을 최소화하는 추정량을 구한다. 그러나 SS, CSS와는 달리 Idempotant행렬인 M_θ가 알려진 행렬이 아니라 모수 θ를 내포하고 있다.[8] 따라서 닫힌 형식의 해(closed form solution)를 구할 수 없음을 예상할 수 있다. LS는 식 (5−7)에 OLS추정량 공식을 아래와 같이 도출하였다.

$$\hat\beta_{LS} = (\sum_{i=1}^{N} x_i' M_{\hat\theta_{LS}} x_i)^{-1} (\sum_{i=1}^{N} x_i' M_{\hat\theta_{LS}} y_i) \tag{5-8}$$

$\hat\theta_{LS} = \sum_i (y_i - x_i\hat\beta_{LS})(y_i - x_i\hat\beta_{LS})'$ 의 최대 eigenvalue에 상응한 eigenvector. (5−9)

식 (5−8)에 의하면 추정량 $\hat\beta_{LS}$가 $\hat\theta_{LS}$의 함수로 표시되며, 식 (5−9)에 의하면 추정량 $\hat\theta_{LS}$가 $\hat\beta_{LS}$의 함수로 표시된다. 따라서 $\hat\beta_{LS}$에 대한 임의의 최초값(예를 들어 SS의 추정치)으로 식 (5−9)를 이용하여 $\hat\theta_{LS}$를 구하고 이 값을 식 (5−8)에 대입하여 $\hat\beta_{LS}$를 구한다. 이와 같은 과정을 수렴할 때까지 지속하면 된다. 개별효과 추정치는 $\hat\alpha_i = (\hat\theta_{LS}'\hat\theta_{LS})^{-1}\hat\theta_{LS}'(y_i - x_i\hat\beta_{LS})$에 의하여 구할 수 있다. 한편 LS는 모수추정치 $(\hat\beta_{LS}, \hat\theta_{\bullet LS})$의 분산행렬을 식 (5−10)으로 도출하였다.

8 SS에서 Within전환을 시켜주는 행렬인 M_T은 1로 구성된 벡터 i_T의 함수이며, CSS에서 전환 행렬 M_W은 W_t = [1, t, t^2]의 함수이므로 두 행렬 모두 정해진 값을 갖는다.

$$\sqrt{N}[(\hat{\beta}_{LS}', \hat{\theta}_{\bullet LS}')' - (\beta', \theta_{\bullet}')' \rightarrow N(0, A^{-1}BA^{-1}) \qquad (5-10)$$

여기서 $\theta_{\bullet} = (\theta_2, \theta_3, ..., \theta_T)'$이며 A는 SSE_{LS}의 Hessian행렬, B는 SSE_{LS}의 score의 cross-product이다. 일반적인 패널자료모형에서 A와 B가 동일하여 $A^{-1}BA^{-1} = A^{-1}$이 되나 이 모형에서는 그렇지 않다.

앞에서 언급하였듯이 LS는 KUM, BC92와는 달리 효율성의 시간변동 패턴에 어떤 제약도 부여하지 않았다. 따라서 LS을 이용하여 KUM 및 BC92의 설정, 즉 $\theta_t(\eta) = \exp(-\eta(t-T))$, $\theta_t(\eta) = \exp(-\eta(t-T))$를 검정할 수 있다. LS는 식 (5-11)과 같이 최소카이스퀘어통계량(minimum Chi-squared statistic)을 도출하였다. 귀무가설을 $\theta = \theta(\eta)$ 로 설정하면 BC92모형을 검정하고 싶으면 $\theta_t(\eta) = \exp(-\eta(t-T))$을 대입하면 된다. 단, LS에서 정규화를 위해 설정한 $\theta_{t=1} = 1$ 에 일치시키기 위해 $\theta_t(\eta) = \exp(\eta(t-1))$ 또는 $\theta_t(\eta) = \exp(-\eta(t-T))/\exp(-\eta(1-T))$로 설정하면 된다. 만약 KUM모형을 검정하고 싶으면 $\theta(\eta) = [1 + \exp(\eta_1 + \eta_2)]/[1 + \exp(\eta_1 t + \eta_2 t^2)]$로 귀무가설을 설정하면 된다.

$$MCS = \min_{\eta}[\hat{\theta}_{LS} - \theta(\eta)]'\hat{V}^{-1}[\hat{\theta}_{LS} - \theta(\eta)] \qquad (5-11)$$

여기서 $\hat{V}$은 $\hat{\theta}_{\bullet LS}$의 분산행렬이다. 한편 Ahn, Lee and Schmidt(2001)은 LS의 Within추정법을 GMM(generalized method of moments)으로 설명하면서 모멘트 조건(moments condition)에 따라 효율성이 높은 GMM 추정방법을 제시하였다.

$\hat{\alpha}_i$에서부터 개별기업의 비효율성을 분리하는 비효율성 추정법은 기본적으로 SS의 max operator방법과 동일하다. CSS와 LS는 각각 식

(5−12), (5−13)로 상수항을 추출한다.

$$\hat{\alpha}_t = \max_i W_t \hat{\alpha}_i \qquad (5-12)$$

$$\hat{\alpha}_t = \max_i \hat{\theta}_t \hat{\alpha}_i \qquad (5-13)$$

그리고 두 모형은 각각 $\hat{u}_{it} = \hat{\alpha}_t - W_t \hat{\alpha}_i$, 또는 $\hat{u}_{it} = \hat{\alpha}_t - \hat{\theta}_t \hat{\alpha}_i$를 이용하여 개별기업의 비효율성을 추정한다.

앞에서 언급하였듯이 이들 효율성의 시간변동을 고려한 모형(KUM, BC92, LS, CSS)을 비효율성의 확률분포가정 여부로 구분하기보다는 이들이 설정한 비효율성의 시간변동패턴의 차이로 구분하는 것이 적절하다. 양의 값을 갖는 반−정규분포 또는 잘린−정규분포를 가정한 KUM과 BC92를 확률분포가정 없이 고정효과처리를 통해서 추정이 가능할 뿐 아니라, 반대로 LS가 설정한 $u_{it} = \theta_t u_i$에서 u_i의 확률분포를 가정한다면 전통적 패널모형방법을 이용하였던 LS 모형을 최우법을 통해서 추정할 수 있기 때문이다. LS 모형에 최우법을 이용하는 과정을 간략히 설명하면, 먼저 u_i의 반−정규분포를 가정한다면 KUM, BC92와 마찬가지로 식 (5−3)의 우도함수를 이용하여 추정하면 된다. 이 경우 $\theta_{t=1} = 1$의 정규화를 고려하면 추정해야 할 모수는 $(\theta_2, \theta_3, ..., \theta_T)$와 생산함수에 있는 β, 그리고 σ_u^2와 σ_v^2로 총 (T+K+1)개가 있다. 비선형함수 형태인 우도함수를 극대화하는 (T+K+1)개의 추정치를 구하는 수리적 최적화 과정이 얼마나 효과적으로 이루어질지 다소 의문점이 있으나 이론적으로 가능한 일이다. BC92, KUM의 설정을 효율성에 대한 확률분포 가정 없이 추정하는 방법은 Han, Orea and

Schmidt(2005), Ahn, Lee and Schmidt(2007)에서 자세히 논하였다. 다양한 모멘트 조건(moment conditions)에 기반한 GMM 추정방법을 제시하였다. 그리고 LS와 같은 방법으로 축약최소이승법(concentrated ordinary least squared, CLS)으로 구할 수 있다.

3. 확률적 생산변경모형(패널자료, 효율성 시간변동)의 프로그램

STATA를 이용하여 이들 모형을 추정하기 위해서는 STATA의 메뉴에서 'Panel Model'을 클릭하고 들어가면 나타나는 'Frontier Model'을 선택하면 실행할 수 있다. 제4장에서 언급하였듯이 STATA가 제공하는 패널자료를 이용한 확률적 변경모형은 비효율성의 확률분포를 가정하고 MLE에 의하여 생산함수를 추정하는 모형뿐이다. 즉 효율성의 시간변동을 허용한 모형은 "time-varying decay model"이며 이는 Battese and Coelli(1992)이다. 그러나 BDIA를 이용하면 Battese and Coelli(1992)와 Kumbhakar(1990)의 MLE방법뿐 아니라 Cornwell, Schmidt and Sickles(1990), Lee and Schmidt(1993), Greene(2005) 등 고정효과처리를 이용한 추정방법을 사용할 수 있다. STATA의 command에서 "help sfpanel"를 입력하여 설명을 참조하거나 Belotti, Daidone, Ilardi and Atella(2012)를 참조하면 자세한 이용법을 알 수 있으며, 모듈을 실행하기 위해서는 STATA의 command에서 "net install sfpanel, all from"(http://www.econometrics.it/stata)을 입력하면 된다.

Coelli가 만든 FRONTIER4.1의 경우 BC92가 제공되고 있다. 3장에서 언급한 대로 이 프로그램은 http://frontier.r-forge.r-project.org/front41.html에서 다운로드할 수 있다.

4. 실증분석의 예

Lee and Schmidt(1993)에서 사용한 인도네시아 쌀농사 패널자료[9]를 이용하여 위에서 소개한 다양한 모형을 이용하여 생산함수를 추정하였다. 171개 농가의 6개 농번기의 생산활동을 관찰한 패널자료이다. 토지, 노동력, 비료사용량 등 5개 투입요소와 쌀 산출량 간에 Cobb−Douglas 생산함수를 가정한 회귀방적식을 아래와 같이 설정하였다.

$$\ln y_{it} = \alpha + \beta_1 \ln X1_{it} + \ldots + \beta_5 \ln X5_{it} - u_{it} + v_{it}, \qquad (5-14)$$

식 (5−14)를 추정하기 위하여 Battese and Coelli(1992), Kumbhakar (1990), Cornwell, Schmidt and Sickles(1990), Lee and Schmidt(1993) 등 4개 모형을 추정하였다. BC92와 KUM은 공통적으로 $u_{it} = \theta_t u_i$ 를 가정하였으며, 이 중 θ_t 에 대해서는 BC92는 $\theta_t(\eta) = \exp(-\eta(t-T))$, KUM은 $\theta_t(\eta) = [1 + \exp(\eta_1 t + \eta_2 t^2)]^{-1}$ 를 가정하였다. 그리고 FRONTIER4.1, STATA

9 이 패널자료는 Erwidodo(1990)가 처음 사용하였으며 이후 Lee and Schmidt(1993), Horrace and Schmidt(1996), Ahn, Lee and Schmidt(2007) 등 많은 연구에서 이용한 표본자료이다.

등 프로그램에서 MLE을 제공하고 있으므로 여기서는 u_i를 고정효과처럼 처리하는 추정방법을 이용하였다. 즉 본 실증분석에서는 위 4개 모형을 모두 고정효과모형으로 추정하였다. 본문에서 논의한 대로 θ_t에 대한 각 모형별 설정을 그대로 놓고 u_i를 확률변수로 가정하는 대신 전통적 패널자료모형에서처럼 고정된 것으로 가정하여 고정효과모형으로 추정하였다. 본 실증분석뿐 아니라 다음 절의 프로그램 설명에서도 모두 고정효과모형으로 추정한 결과를 도출하였다.

<표 5-1>은 OLS를 포함한 4개 모형의 생산함수 추정결과이다. 여기서 BC92와 KUM은 GMM으로 추정하였고, LS는 Within추정치인 CLS로 추정하였으며, CSS는 Within추정치이다. 생산함수 추정치는 다소 간에 차이가 있으나 4개 모형 모두 유사하게 나타났다. 효율성의 시간변동패턴을 나타내는 모수의 추정치는 다음과 같다. BC92의 $\theta_t(\eta)=\exp(-\eta(t-T))$ 에서 η 는 양의 값을 갖는 것으로 나타나 효율성이 단조증가함을 의미한다. 다만 추정치가 0에 근접하여 효율성의 시간에 따른 변동이 작은 것으로 추정하였다. KUM의 $\theta_t(\eta)=[1+\exp(\eta_1 t+\eta_2 t^2)]^{-1}$ 에서 η_1, η_2 는 각각 양과 음의 값으로 추정되어서 평균효율성이 증가하다 감소한 것으로 나타났다. 특정한 함수형태를 가정하지 않는 LS에서는 θ_t가 4기까지 지속적으로 감소하였으며 5기, 6기는 1보다 더 크게 추정되었다. 따라서 평균효율성은 4기까지 향상되다가 5~6기에 악화된 것으로 추정하여 정도의 차이는 있지만 평균효율성의 추세는 KUM과 동일하게 추정하였다. CSS는 추정치가 많아서 표에는 나타내지 못하였다.

<표 5-1> 모형별 생산함수 추정결과

	OLS	BC92	KUM	CSS	LS
const	5.023 (26.27)				4.964 (25.45)
β_1	0.169 (6.46)	0.093 (3.35)	0.102 (3.77)	0.145 (3.20)	0.109 (4.21)
β_2	0.142 (8.32)	0.100 (4.72)	0.107 (5.35)	0.107 (2.72)	0.103 (5.98)
β_3	0.062 (6.26)	0.040 (3.13)	0.058 (4.78)	0.068 (3.16)	0.052 (4.93)
β_4	0.212 (7.43)	0.220 (7.26)	0.224 (7.54)	0.295 (6.72)	0.223 (7.74)
β_5	0.464 (15.16)	0.501 (14.65)	0.497 (14.93)	0.379 (6.78)	0.481 (15.66)
η_1		0.004 (3.58)	0.075 (10.15)		
η_2			−0.011 (−10.24)		
θ_2					0.968 (−0.45)
θ_3					0.436 (−6.30)
θ_4					0.268 (−7.08)
θ_5					1.241 (2.81)
θ_6					1.181 (2.15)
R^2	0.876			0.945	0.930

The numbers in () are t−values. The t−value for θ_t is for the hypothesis of $\theta_t = 1$.

<표 5-2>는 4개 모형의 효율성 추정치 간에 상관계수를 보여준다.

4개 모형의 효율성 추정치의 상관계수가 모두 양의 값을 갖지만 0.7보다 낮은 값도 많았다. BC92와 KUM 간의 상관계수는 0.988로 매우 높게 나타났다. 이는 두 모형의 설정이 유사하며 효율성의 변동이 크지 않았기 때문으로 보인다. 그러나 LS는 다른 3개 모형과의 상관계수가 모두 0.6보다 낮게 나타났다. 이는 <그림 5-3>에 보이는 바와 같이 효율성의 시간변동패턴에 제약을 가하지 않는 LS모형의 특성 때문으로 보인다. 즉 LS는 3~4기에 효율성의 향상을 경험하고 5기에 급속히 하락했다가 6기에 다소 회복하는 것으로 추정한 반면, 단조성을 강조하는 BC32, 시간의 2차방정식 형태에 유사한 CSS, KUM의 설정으로는 이러한 변동을 도출할 수 없기 때문이다.

<그림 5-4>는 4개 모형으로 추정한 개별 농가의 효율성추정치를 보여준다. 앞에서 언급하였듯이 CSS을 제외한 3개 모형은 동일한 효율성변동패턴을 가정하고 있다. 따라서 농가 13, 126, 169의 효율성 변동을 보여주는 <그림 5-4>에 이러한 특성이 그대로 나타난다. CSS만 3개 농가의 효율성변동패턴이 서로 상이하게 나타났으며 다른 모형에서는 모두 동일한 패턴을 보인다. 즉 CSS의 추정결과에 의하면 농가 169는 4기까지 효율성수준이 향상되다 5~6기에 감소하였으며, 농가 126은 3기까지 효율성이 악화되다 그 이후 효율성의 향상을 경험한 것으로 나타났다. 따라서 연구의 목적이 개별기업의 효율성 변동을 분석하는 데 있다면 4개 모형 중에서는 CSS만 적절한 모형이다. 그러나 개별기업의 효율성보다는 평균효율성의 변동을 분석하는 데 있다면 다른 3개 모형을 실증분석에 이용할 수 있다. 이 경우 연구의 목적이

연도별 효율성의 변동보다 전반적인 효율성의 변동추세에 관심이 있다면 BC92, KUM을 이용할 수 있으나, 연도별 효율성의 변동을 분석한다면 LS가 더 적절한 모형이다.

〈표 5-2〉 효율성 추정시의 상관계수

	BC	KUM	CSS	LS
BC	1	0.988	0.684	0.568
KUM		1	0.711	0.596
CSS			1	0.579

〈그림 5-3〉 모형별 평균효율성 추정치

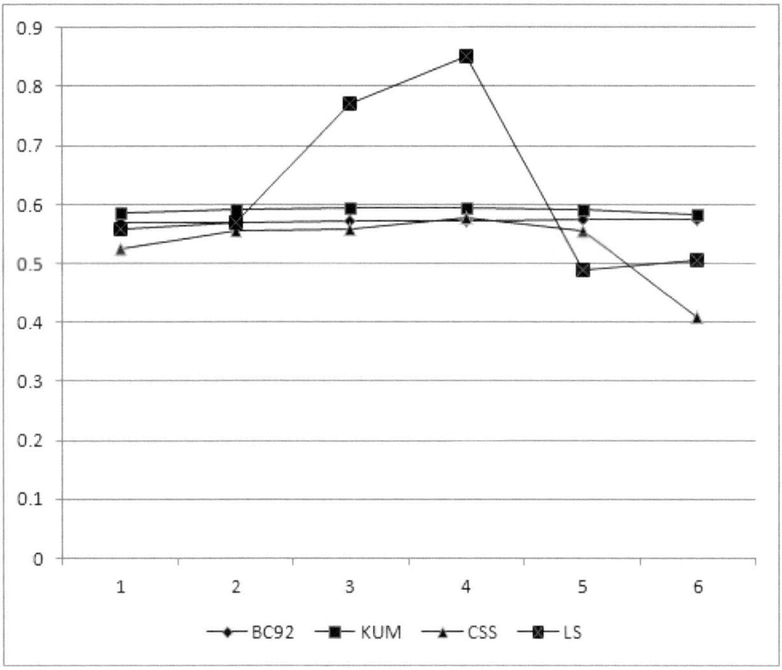

〈그림 5-4〉 모형별 개별 농가 효율성 추정치

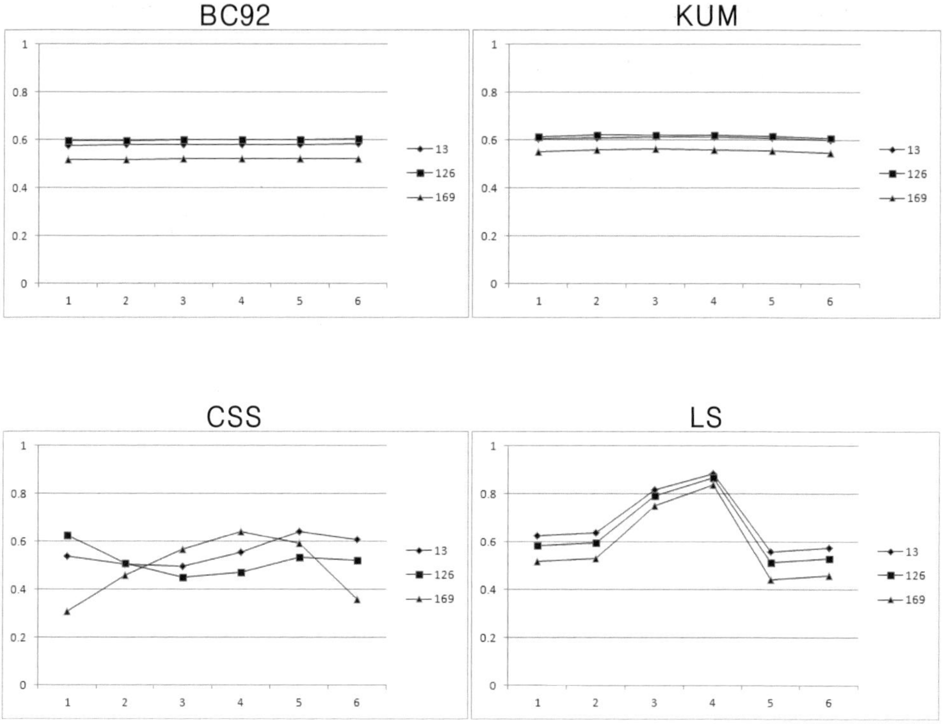

5. 프로그램 코드 설명

1) Battese and Coelli(1992)모형의 프로그램

4절의 실증분석에서 이용한 BC92 모형의 GAUSS 코드(Ch5_BC92)를 정리하였다. 즉 패널자료를 이용하며 효율성 변동의 단조성을 가정한 모형으로 MLE 추정치를 제공하는 FRONTIER4.1, STATA과 달리 GMM 에 의한 추정치를 구해준다.

이 프로그램을 응용연구자가 사용하는 데 필요한 구체적인 설명은 다음과 같다. 아래에 언급하지 않은 부분은 응용연구자들이 수정할 필요가 없는 부분이다.

(1) line 22~24에서 횡단면자료와 시계열 자료의 수를 지정해준다.

(2) line 27에서 data file을 지정한다. 이때 data file에 있는 변수의 수를 지정해준다. 이 예에서 data file은 'leedata2.txt'이며 그 파일에 포함된 변수의 수(coulmn 수)는 16이다.

(3) line 35~45에서 산출물 변수(y)와 생산요소 변수(x)를 지정해준다. 만약 시간불변이면서 GMM추정에서 도구로 사용할 변수(z)가 있다면 여기서 지정한다. 이 예에서는 10~14 column에 있는 변수를 선택하였다.

(4) line 143~149에서 도구변수를 지정해준다. 이 예에서는 두 가지 경우를 지정하였다. line 146에는 상수항과 모든 생산요소를 도수변수로 지정하였다. line 41에서 지정한 zz는 코멘트문으로 묶어서 현재 예에서는 도구변수에서 제외하였다. 도구변수로 사용하길 원하면 코멘트문을 제거하면 된다. line 149에는 다른 도구변수의 예가 명시되어 있다. 현재 이는 코멘트문에 포함되어 비활성화되어 있다. 시계열이 긴 경우 도구의 수가 증가하므로 이 예에서는 생산요소의 평균, t=1, t=6의 생산요소만 사용하였다. 이에 대해서는 연구자가 자유롭게 선택할 수 있다.

(5) line 153~154에서는 초깃값이 부여되어 있다. line 153에는 생산함수의 계수에 대한 초깃값, line 154에는 $\theta_t(\eta)=\exp(-\eta(t-T))$에 있는 η의 초깃값을 설정한다.

(6) line 252~266은 비효율성으로 인한 산출량의 손실을 로그취한 값, 즉 u의 추정치와 효율성 추정치의 출력에 대한 명령문이다. 이 예에서는 T=6에 맞추어져 있다. 만약 시계열의 기간이 다르다면 line 254, line 261을 수정한다.

또한 프로그램의 Output 형태를 프로그램 뒤에 정리하였다. 반-정규분포 모형을 이용한 Output을 예로 제시하였다. 생산함수, 비효율성 분포와 확률오차항에 모수를 추정해주며 개별기업의 비효율성의 추정치와 이를 이용하여 구한 효율성백분율이 함께 제시된다.

한편 KUM의 프로그램은 BC92와 매우 유사하므로 설명을 생략한다. Ch5_BC92의 사용방법과 동일하며 line만 다소 차이가 있으므로 적절한 line을 찾아서 명령어를 입력하여 사용하면 된다.

Ch5_BC92

```
1  /*
2  ** PROGRAM FOR Stochastic Frontier Model OF PANEL DATA WITH TIME-VARYING
   EFFICIENCY
3                                  Battese and Coelli(1992)
4  **
5  **                 WRITTEN BY YOUNG HOON LEE
6  ** LEE MODIFIED THE PROGRAM FOR AHN, LEE AND SCHMIDT(2007) MADE BY SEUNG
   CHAN AHN
7  **
```

```
*/
/*
**   GMM Program for BC Model with fixed effects : one factor model
**   Compute J-statistics and Standard errors
*/

new ;

Output file = bc.out reset ;


@ MODEL: y_{it} = x_{it} + THETA_t*a_{i} + e_{it} @
@ Three variables in x_{it} and two in a_{i} @

nn = 171;
tt = 6;
    NT = nN*tT;


load dat[nt,16] = leedata2.txt;

/*
** Estimation Program Begins Here
*/

@ Read Data @

y  = dat[.,15] ;
    x1 = dat[.,1] ;
    x2 = dat[.,2] ;
```

```
    x3  =  dat[.,3] ;
    x4  =  dat[.,4] ;
    x5  =  dat[.,5] ;
    z   =  dat[.,10:14] ; @ time-invariant instruments @

@ Define dependent variable and Regressors @

      x   =  x1~x2~x3~x4~x5;

library optmum;
#include optmum.ext;
optset ;

_opgtol  =  1e-4;
_opstmth  =  "bfgs,half";
__Output  =  1 ;

@ BC factor @
@ bc_th and bc_h are orthogonal @

proc bc_th(b) ;
local rtrend, h;
rtrend   =  seqa(tt,-1,tt) ;
h  =  exp(b*rtrend) ;
h  =  (-h[1:tt-1]/h[tt])|(-1);
retp(h) ;
endp     ;

proc bc_h(b) ;
local rtrend, h;
```

```
rtrend   =  seqa(tt,-1,tt) ;
h  =  exp(b*rtrend) ;
h  =  eye(tt-1)|(-h[1:tt-1]'/h[tt])          ;
retp(h) ;
endp     ;

@ creating sigma matrix @

proc sig_u(b);
local u,i,sig;
u  =  y  -  x*b;
sig  =  u[1:tt]*u[1:tt]';
i  =  2; do while i <= nn;
sig  =  sig  +  u[1+(i-1)*tt:i*tt]*u[1+(i-1)*tt:i*tt]';
i  =  i  +  1; endo;
retp(sig/nn);
endp ;

@ Arranging data cross-sectionally @

@ Creating nn-row matrix of [x_i1, ... , x_iT] from a single regressor @
proc xam(b)   ;
local i, bb;

     bb  =  b[1:tt]';
     i   =  2;
     do while i <= nn                    ;
     bb  =  bb|(b[1+(i-1)*tt:i*tt])' ;
     i  =  i  +  1;
     endo;
```

```
retp( bb ) ;
endp          ;

@ Creating nn-row matrix of time invariant regressors @
proc zam(b);
local i, bb;
     bb = b[1,.] ;
     i  = 2;
     do while i <= nn            ;
     bb = bb|b[1+(i-1)*tt,.]   ;
     i  = i + 1;
     endo;
retp( bb );
endp         ;

@ choosing the j'th observation for each variable @

proc xamm(b,j);
local i, bb;
     bb = b[j,.] ;
     i  = 2     ;
     do while i <= nn;
     bb = bb|b[j+(i-1)*tt,.];
     i = i + 1; endo;
retp(bb) ;
endp       ;

@ creating instruments from all time-varying regressors @

     allxx = xam(x[.,1]);
```

```
    i = 2; do while i <= cOLS(x);
    allxx = allxx~xam(x[.,i])    ;
    i = i + 1; endo ;
@ creating instruments from means of time-varying regressors @
    meamx = meanc(xam(x[.,1])') ;
    i = 2; do while i <= cOLS(x);
    meanx = meanc(xam(x[.,i])') ;
    i = i + 1; endo ;
@ creating instruments from time-invariant regressors @
    zz  = zam(z) ;
@ Instrumental Variables used for GMM : Set instruments here @
   @ using all time-varying regressors and time invariant regressors @
    ww = ones(nn,1)~allxx@~zz@ ;
   @ using means of time-varying regressors and x_i1 and x_i5
   ww = ones(nn,1)~meanx~xamm(x,1)~xamm(x,6)~zz ; @
@ initial beta and kumbhakar parameters :  SET INITIAL VALUE HERE  @
ini_beta = invpd(x'x)*(x'y);
ini_bc_b = 0.1 ;
@ initial weighting matrix @
```

```
ini_w = eye(tt-1) .*. invpd(ww'ww/nn);

@ second-step weighting matrix @

proc two_wei(b)                    ;
local beta, bc_b,u,sig,wei     ;
beta    = b[1:rows(b)-1]            ;
bc_b    = b[rows(b)]                 ;
sig     = sig_u(beta)               ;
wei     = invpd( (bc_h(bc_b)'sig*bc_h(bc_b)) .*. (ww'ww/nn) );
retp (wei) ;
endp          ;

@ define moment functions @

proc mom(b);
local u, i, beta, bc_b, m ;
beta    = b[1:rows(b)-1] ;
bc_b    = b[rows(b)]        ;
u         = y - x*beta;
m         = (bc_h(bc_b)'u[1:tt]) .*. ww[1,.]' ;
i = 2 ; do while i <= nn ;
m         = m + ( (bc_h(bc_b)'u[1+(i-1)*tt:i*tt]) .*. ww[i,.]' );
i = i + 1; endo ;
retp(m/nn);
endp ;

@ Begin GMM @

wei1 = ini_w ;
```

```
proc f1(b) ;
retp( mom(b)'wei1*mom(b) );
endp;

@ starting values @

b0 = ini_beta|ini_bc_b ;

{b,func,grad,retcode} = optmum(&f1,b0) ;

initb = b ;
wei2 = two_wei(initb);

proc f2(b) ;
retp( mom(b)'two_wei(b)*mom(b) );
endp;

{b,func,grad,retcode} = optmum(&f2,initb) ;

gra = gradp(&mom,b) ;
cov = invpd(nn*gra'two_wei(b)*gra) ;
se = sqrt(diag(cov)) ;
tst = b./se ;
han = nn*func ;
df = rows(mom(b))-rows(b);

format /rd 12,4 ;
 ;
GMM RESULTS FOR BC MODEL ;
```

```
 The last parameter is a in BC theta ;
 ;
          coeff.          std. err.          t-st   ;
b~se~tst          ;



 theta estimates ;
bc_th(b[rows(b)])';

format /rd 8,4 ;
 ;
J TEST, DF, P-Val = han  df  cdfchic(han,df) ;

/* computing efficiencies */

theta = bc_th(b[rows(b)]) ;
beta  = b[1:rows(b)-1]      ;

/* computing efficiencies */

u        = y - x*beta       ;
ttheta = eye(nn).*.theta;
alpha  = (eye(nn) .*. invpd(theta'theta))*(ttheta'u);
e        = ttheta*alpha     ;
e        = xam(e);

          MAXALt=MAXC(e);
    UU=MAXALt-e';
    TECHEF = EXP(-UU);
    MEANTE=MEANC(TECHEF');
```

```


-----------------------------------------------------------------;
 ;
"Firm id          LS uu          " ;
"-----------------------------------------------------------------";
      "            T  =        1          2          3          4          5          6";
"-----------------------------------------------------------------";
      firmid  =  seqa(1,1,nN) ;
firmid~uu' ;

estimated efficiencies measures;
"-----------------------------------------------------------------";
      "            T  =        1          2          3          4          5          6";
-----------------------------------------------------------------;
firmid~techef';
-----------------------------------------------------------------;
 "mean efficiency    =  " meante' ;
-----------------------------------------------------------------;
Output off ;
```

〈표 5-3〉 BC92 모형 Output file

```
================================
   iteration:   21
   algorithm:  BFGS          step method:  HALF
   function:   1.75861       step length:   1.12712      backsteps:   1
--------------------------------------------
   param.           param. value            relative grad.
     1                0.1018                  0.0000
```

2	0.0993	0.0000
3	0.0488	0.0000
4	0.2231	0.0001
5	0.4977	0.0000
6	0.0019	0.0005

GMM RESULTS for BC MODEL
The last parameter is a in BC theta

coeff.	std. err.	t−st
0.1018	0.0277	3.6702
0.0993	0.0212	4.6923
0.0488	0.0126	3.8748
0.2230	0.0304	7.3446
0.4977	0.0342	14.5359
0.0019	0.0010	1.8298

theta estimates
−1.0095 −1.0076 −1.0057 −1.0038 −1.0019 −1.0000

J TEST, DF, P−Val = 300.7227 149.0000 0.0000

Firm id LS uu

T =	1	2	3	4	5	6
1.0000	0.5314	0.5304	0.5294	0.5284	0.5274	0.5264
2.0000	0.5269	0.5259	0.5249	0.5239	0.5230	0.5220
3.0000	0.4252	0.4244	0.4236	0.4228	0.4220	0.4212
170.0000	0.6344	0.6332	0.6321	0.6309	0.6297	0.6285

```
171.0000  0.5333   0.5323   0.5313   0.5303   0.5293   0.5283
estimated efficiencies measures
----------------------------------------------------------------
     T =    1        2        3        4        5        6
----------------------------------------------------------------
1.0000    0.5878   0.5884   0.5890   0.5895   0.5901   0.5907
2.0000    0.5904   0.5910   0.5916   0.5922   0.5928   0.5933

170.0000  0.5302   0.5309   0.5315   0.5321   0.5328   0.5334
171.0000  0.5867   0.5873   0.5878   0.5884   0.5890   0.5896
----------------------------------------------------------------
mean efficiency = 0.5789  0.5795  0.5801  0.5806  0.5812  0.5818
----------------------------------------------------------------
```

2) Cornwell, Schmidt and Sickles(1984)모형의 프로그램

Cornwell, Schmidt and Sickles(1984)모형에 대한 GAUSS를 이용한 프로그램명은 [Ch5_CSS]이다. 이 프로그램은 고정효과모형을 이용한 생산함수추정이다. 여기서 확률오차항이 이분산 또는 자기상관이 있는 경우에도 일치성이 있는 분산의 추정치를 구하였다. 프로그램의 후반부에는 생산함수 추정결과를 이용하여 구한 개별기업의 비효율성 및 효율성 추정치를 계산한다. 이 프로그램을 응용연구자가 사용하기 위해서는 앞부분에 산출물변수와 생산요소변수만 지정해주면 된다. 이에 필요한 설명은 다음과 같다.

(1) line 26~29에서 자료의 크기와 변수의 수를 정해준다.

(2) line 33에서 data file을 지정한다.

(3) line 37~40에서 산출물변수와 생산요소 변수를 지정해준다.

생산요소 중 시간불변인 변수가 있다면 이는 line 39의 zz에 지정해 주어야 한다. 즉 생산요소 중 시간변동변수는 xx에 시간불변 변수는 zz에 지정한다.

(4) line 42~44에서 산출물변수와 생산요소변수의 이름을 지정해 준다.

(5) line 156~166은 비효율성으로 인한 산출량의 손실을 로그취한 값, 즉 u의 추정치와 효율성 추정치의 출력에 대한 명령문이다. 이 예에서는 T=6에 맞추어져 있다. 만약 시계열의 기간이 다르다면 line 157, line 162를 수정한다.

또한 프로그램의 Output형태를 프로그램 뒤에 정리하였다. 생산함수에 대한 Within추정치가 있으며 계수추정치의 분산은 이분산/자기상관 조정된 추정치가 함께 도출된다. 마지막으로 개별기업의 비효율성의 추정치와 이를 이용하여 구한 효율성백분율이 함께 제시된다.

Ch5_CSS

```
1  /*
2  **            PROGRAM FOR Stochastic Frontier Model OF PANEL DATA WITH
   TIME-VARYING EFFICIENCY
3                      Cornwell, Schmidt and Sickles(1984)
4  **
5  **            WRITTEN BY YOUNG HOON LEE
6  **     LEE MODIFIED THE PANEL DATA MODEL MADE BY SEUNG CHAN AHN
7  **
8  */
```

```
/*
**   Within    Estimators: HETERO-CONSISTENT VARIANCE ESTIMATORS INCLUDED
**   */

new  ;

@ Open an Output file  @

Output file = CSS.out reset ;

@ Formatting Output file  @

format /rd 12,4 ;

@   # of observations and # of variables @

     n=171 ;
     t = 6 ;
     nvar = 16    ;
     nobs = n*t ;

@   Read Data    @

     load dat[nobs,nvar] = leedata2.txt ;

@   Define Dep. Var., Time-varying Reg. and Time-invariant Reg. @

     yy     = dat[.,15]  ; @ dependent var. @
     xx     = dat[.,1:5] ; @ time-varying indep. @
```

```
zz       = ones(rows(yy),1); @ time-invariant indep. @
     ww       = xx~zz   ;

vny     = {"Output"};
vnx     = {"X1","X2","X3","X4","X5"};
                    vnz      = {"cons"};

@ ********************************************************************** @


     clear dat ;

let mask[1,4] = 0 1 1 1;
let fmt[4,3] =
     "-*.*s" 8 8
     "*.*lf" 10 4
     "*.*lf" 10 4
     "*.*lf" 10 4;

@   Define k and g @

     k   = cOLS(xx)   ;
     g   = cOLS(zz)   ;

@ Creating W matrix that W*alpha= alpha_1+t*alpha_2+t^2*alpha3   @

     trd=seqa(1,1,t);
     trd2=trd^2;
     Ot= ones(t,1) ;
     W  = Ot~trd~trd2 ;
```

```
@ Creating mean difference @

    Ot= ones(t,1) ;
    It  = eye(t) ;
    In  = eye(n) ;
    IInt = eye(nobs) ;
    Ont = In.*.Ot ;
    Pt = W*invpd(W'W)*W' ;
    Mt = It - Pt ;
    PP = In.*.Pt ;
    MM = IInt - PP ;

    mX = MM*xx ;
    my = MM*yy ;
    pX = PP*xx ;
    py = PP*yy ;
    pW = PP*ww ;


@ ****************** CSS Within Estimation ******************** @

    wb   = invpd(mX'mX)*(mX'my) ;

    we   = my - mX*wb         ;
    ws2  = (we'we)/(n*t-n-k)    ;
    wc   = ws2*inv(mX'mX)  ;
    ws   = sqrt(diag(wc)) ;
wr2 = 1 - (we'we)/(yy'yy-rows(yy)*meanc(yy)^2);

```

```
CSS Within Estimation Result ;
------------------------- ;
 dependent variable:  $vny ;
;
variable        coeff.  std. err.    t-st   ;
yyprin = printfm(vnx~wb~ws~(wb./ws),mask,fmt);
 ;
R-Square = wr2;
;

@       Within with Hetero/Auto consistent variance          @

bb = zeros(n*t,cOLS(mX)) ;
     j  = 1 ;
     do while j <= n ;
          bb[(j-1)*t+1:j*t,.]
               = we[(j-1)*t+1:j*t]*we[(j-1)*t+1:j*t]'
                    *mX[(j-1)*t+1:j*t,.] ;

          j = j + 1 ;
     endo ;
     bb = mX'bb ;

wcov = invpd(mX'mX)*bb*invpd(mX'mX)   ;
wsh = sqrt(diag(wcov)) ;

"CSS Within Estimation Results (HETERO/AUTO ADJUSTED)" ;
"-------------------------" ;
" dependent variable: " $vny ;
```

```
"";
"variable       coeff.  std. err.    t-st " ;
yyprin  =  printfm(vnx~wb~wsh~(wb./wsh),mask,fmt);
"" ;


@   **************** calculation of technical efficiency    ************** @

     L=1;J=1;        ALP1=ZEROS(3,1); ALP  =  ZEROS(N,3) ;
          ALPHA=ZEROS(NOBS,1);
          ALPHA1=ZEROS(N,T);
     do until J > nobs;
        e  =  yy[J:J+T-1,.]-xx[J:J+T-1,.]*WB ;
             alp1  =  invpd(W'W)*W'e ;
             ALPHA[J:J+t-1,.]=W*alp1 ;
             alp[L,.]  =  alp1' ;
             alpha1[L,.]  =  alpha[J:J+t-1,.]' ;
             j=j+T; L=L+1;
     endo;

     MAXAlp=MAXC(alpha1);
     UU=ONES(N,1).*.MAXALP'-  ALPHA1 ;
     TECHEF=EXP(-UU);
     MEANTE=MEANC(TECHEF);

     "-------------------------" ;
"";
"Firm id        CSS uu         " ;
     "          T  =       1        2         3         4        5         6";
     firmid  =  seqa(1,1,N) ;
```

```
firmid~uu ;
"" ;
   "Firm id          CSS Efficiency%      " ;
   "        T =      1      2      3      4      5      6";

firmid~techef ;
"" ;
   "mean efficiency        =      " meante' ;

Output OFF
```

〈표 5-4〉 CSS 모형 Output file

```
CSS Within Estimation Result
----------------------------------------
dependent variable:        Output

variable      coeff.      std. err.     t-st
X1            0.1454      0.0288        5.0524
X2            0.1068      0.0223        4.7946
X3            0.0679      0.0138        4.9047
X4            0.2945      0.0338        8.7016
X5            0.3787      0.0365       10.3643

R-Square =          0.9468

CSS Within Estimation Results (HETERO/AUTO ADJUSTED)
----------------------------------------
dependent variable:        Output
```

variable	coeff.	std. err.	t−st
X1	0.1454	0.0454	3.2008
X2	0.1068	0.0393	2.7203
X3	0.0679	0.0215	3.1566
X4	0.2945	0.0438	6.7207
X5	0.3787	0.0558	6.7817

Firm id	CSS uu					
T =	1	2	3	4	5	6
1.0000	0.8357	0.8376	0.8087	0.6477	0.4627	0.4806
2.0000	0.2116	0.6428	0.8776	0.8144	0.5617	0.3461
3.0000	0.7381	0.5089	0.4014	0.3139	0.3550	0.7511
170.0000	0.8634	0.5184	0.4206	0.4685	0.7705	1.5532
171.0000	0.9174	0.7904	0.6983	0.5396	0.4226	0.5740

Firm id	CSS Efficiency%					
T =	1	2	3	4	5	6
1.0000	0.4336	0.4328	0.4454	0.5233	0.6296	0.6184
2.0000	0.8093	0.5258	0.4158	0.4429	0.5702	0.7075
169.0000	0.3076	0.4599	0.5679	0.6408	0.5930	0.3588
170.0000	0.4217	0.5955	0.6567	0.6260	0.4628	0.2116
171.0000	0.3996	0.4537	0.4974	0.5830	0.6553	0.5633

mean efficiency = 0.5261 0.5561 0.5575 0.5767 0.5556 0.4091

3) Lee and Schmidt(1993)모형의 프로그램

4절의 실증분석에서 이용한 LS모형의 GAUSS코드(Ch5_LS)를 정리하였다. 생산함수의 OLS추정치, 시간불변모형인 SS의 추정치, 그리고 LS의 추정치를 구해준다. LS모형은 고정효과모형으로 CLS추정치를 구해준다. 이 프로그램을 응용연구자가 사용하는 데 필요한 구체적인 설명은 다음과 같다. 아래에 언급하지 않은 부분은 응용연구자들이 수정할 필요가 없는 부분이다.

(1) line 22~25에서 횡단면자료와 시계열 자료의 수 및 변수의 수를 지정해준다.

(2) line 29에서 data file을 지정한다.

(3) line 33~40에서 산출물 변수(y)와 생산요소 변수(x)를 지정하며 이들 변수의 이름도 지정한다. 생산요소 중 시간불변인 변수가 있다면 이는 line 35의 zz에 지정해주어야 한다. 즉 생산요소 중 시간변동변수는 xx에 시간불변변수는 zz에 지정한다.

(4) line 115에서 생산함수 계수의 초깃값을 지정한다.

(5) line 116~117에서는 수렴에 기준이 되는 tolerance를 지정한다.

(6) line 194~210은 비효율성으로 인한 산출량의 손실을 로그취한 값, 즉 u의 추정치와 효율성 추정치의 출력에 대한 명령문이다. 이 예에서는 T=6에 맞추어져 있다. 만약 시계열의 기간이 다르다면 line 196, line 204를 수정한다.

또한 프로그램의 Output 형태를 프로그램 뒤에 정리하였다. 생산함수의 OLS추정치, SS모형의 Within추정치가 LS모형의 추정치와 함께 도출되며 생산함수, 비효율성 분포와 확률오차항에 모수를 추정해주며 개별기업의 비효율성의 추정치와 이를 이용하여 구한 효율성백분율이 함께 제시된다.

Ch5_LS

```
/*
**      PROGRAM FOR Stochastic Frontier Model OF PANEL DATA WITH TIME-VARYING EFFICIENCY
                                  Lee and Schmidt (1993)
**
**                           WRITTEN BY YOUNG HOON LEE
**
**
*/

new  ;

@ open an Output file  @

Output file = LS.out reset ;

@ Formatting Output file  @

format /rd 12,4 ;

@   Provide # of observations and # of variables @

    n=171 ;
    t = 6 ;
```

```
      nvar  =  16    ;
      nobs  =  n*t  ;  nt=nobs;
@    Read Data    @
      load dat[nobs,nvar]  =  leedata2.txt  ;
@    Define Dep. Var., Time-varying Reg. and Time-invariant Reg. @
      yy       =  dat[.,15]   ; @ dependent var. @
      xx       =  dat[.,1:5]  ; @ time-varying indep. @
zz      =  ones(rows(yy),1);  @ time-invariant indep. @
      ww       =  xx~zz   ;
vny     =  {"Output"};
vnx     =  {"X1","X2","X3","X4","X5"};
      vnz      =  {"cons"};
@ ****************************************************************** @
      clear dat ;
let mask[1,4]  =  0 1 1 1;
let fmt[4,3]  =
      "-*.*s" 8 8
      "*.*lf" 10 4
      "*.*lf" 10 4
```

```
    "*.*lf" 10 4;

@   Define k and g @

    k   = cOLS(xx)   ;
    g   = cOLS(zz)   ;


@ Creating weighted mean difference @

    Ot=  ones(t,1) ;
    It   = eye(t) ;
    In   = eye(n) ;
    IInt  = eye(nobs) ;
    Ont  = In.*.Ot ;
    Pt  =(Ot*(Ot'))/T;
    Mt=It-Pt;

@    OLS Estimation       @

    ow  = xx~zz ;
    OLSB  = INVPD(OW'OW)*(OW'YY) ;
    OLSE  = YY - OW*OLSB ;
    OLSS2  =(OLSE'OLSE)/(ROWS(OW) - COLS(OW) ) ;
    OLSVAR  = OLSS2*INVPD(OW'OW) ;
    OLSSE  = SQRT(DIAG(OLSVAR) ) ;
    OLSR2  = 1- (OLSE'OLSE) / (YY'YY - ROWS(YY)*MEANC(YY)^2 ) ;

    "OLS Estimation Results ";
    "------------------------"  ;
```

```
      "  dependent variable:  " $vny ;
      "";
      "variable   coeff. stderr.    t-st " ;
      yyprin = printfm( (vnx|vnz)~OLSb~OLSse~(OLSb./OLSse), mask, fmt ) ;
      "" ;
      "R-square = " OLSr2 ;

@     Simple Within Estimation: Schmidt and Sickles(1984)       @

      idemP=eye(n).*.Pt;
      idemM=eye(n).*.Mt;
      sw = invpd(xx'idemM*xx)*(xx'idemM*yy);
      SWE = YY - XX*SW ;
      SWS2 =(SWE'idemM*SWE)/(ROWS(XX) - COLS(XX) ) ;
      SWVAR = SWS2*INVPD(xx'idemM*xx) ;
      SWSE = SQRT(DIAG(SWVAR) ) ;
      SWR2 = 1- (SWE'idemM*SWE) / (YY'YY - ROWS(YY)*MEANC(YY)^2 ) ;

      "Simple Within Estimation Results ";
      "------------------------"  ;
      "  dependent variable:  " $vny ;
      "";
      "variable   coeff. stderr.    t-st " ;
      yyprin = printfm( (vnx)~sw~swse~(sw./swse), mask, fmt ) ;
      "" ;
      "R-square = " swr2 ;


"";
      @ *********  Within ESTIMATION OF LEE-SCHMIDT MODEL ******** @
```

```
WB  =  OLSB;
TOL = 100*ONES(K + G + 1,1);  TWSSE = TOL;
DO  UNTIL  ABS(TOL)  <  0.000000001;
    J = 1;      WRES = ZEROS(T,T);
        do  until  J  >  NOBS  ;
       WRES = WRES   +   (YY[J:J + T − 1,.] − (WW[J:J + T − 1,.])*WB)*
                                              (YY[J:J + T − 1,.] − (WW[J:J + T − 1,.])*WB)';
        J = J + T;
  ENDO;

    {wlam,wk}   =   eigrs2(wres);
    wwgt = 1/wk[1,t];
    wkS = wwgt*wk[.,t];
    WP = (WKS*WKS')/(WKS'WKS);
    WM = It − WP;
            WPP   =   In.*.WP  ;
            WMM   =   IInt  −  WPP  ;
            mx   =   WMM*WW  ;
            my   =   WMM*yy  ;

            WB   =   invpd(mx'mx)*(mx'my)  ;
            we   =   my  −mx*wb  ;
            wsse   =   we'we  ;
            tol   =   (WB|WSSE) − TWSSE;
            TWSSE = (WB|WSSE);
ENDO;

 ws2   =   wsse/(N*t − n − k − g)  ;

```

```

@ ***************** calculation of covariance: A(-1)B(A-1) ************** @

        Qx = ( mx'mx) ;
        e = yy - ww*wb ;
        alpha = ( In.*.( wks/(WKS'WKS) ) )'e ;
        Qa = alpha'alpha ;
        i= 1 ; j=1 ;
        Qxa = zeros(k+G,T) ;
        do until i > NOBS ;
            Qxa = Qxa + mx[i:i+t-1,.]'alpha[J,.] ;
            i=i+t;  j=j+1 ;
        endo;
        A11 = Qx/N ;
        A12 = Qxa[.,2:t]/n ;
        A22 = Qa* ( EYE(T-1)-WKS[2:T,1]*WKS[2:T,1]'/(WKS'WKS) )/n;
        AA1  = A11~A12 ; AA2 = (A12')~A22 ;
        AA   = AA1|AA2 ;

        B22 = A22+(wS2/(WKS'WKS))*(EYE(T-1)-WKS[2:T,1]*WKS[2:T,1]'/(WKS'WKS));
        BB2 = (A12')~B22 ;
        BB = AA1|BB2 ;

        WC = WS2*INVPD(AA)*BB*INVPD(AA)/N ;
        ws = sqrt( diag(wc) )  ;
    wr2 = 1 - (wsse)/(yy'yy-rows(yy)*meanc(yy)^2);
        WB=WB|WKS[2:T,.] ;
        Wt = wb[1:k+g,.]./ws[1:k+g,.] ;
        wt = wt|( (wb[k+g+1:k+g+t-1,.]-1)./ws[k+g+1:k+g+t-1,.] ) ;

```

```
        "Within Estimation Result" ;
        "-------------------------" ;
        " dependent variable: " $vny ;
        "";
        "variable      coeff.  std. err.    t-st " ;
        avn = {"X1", "X2", "X3", "x4", "x5", "constant","theta2", "theta3", "theta4", "theta5", "theta6" };
        yyprin  =  printfm((avn)~wb~ws~wt,mask,fmt);
        "" ;
        "R-Square  =" wr2;



  @************ CALCULATION OF TECHNICAL INEFFICIENCY************@


        alp  =  alpha*wks' ;
    MAXALt = MAXC(ALP);
    UU = MAXALt' - ALP;
    TECHEF = EXP(-UU);
    MEANTE = MEANC(TECHEF);
    "-------------------------" ;
"";
"Firm id        LS uu         " ;
"---------------------------------------------------";
    "         T  =       1        2        3        4        5        6";
"---------------------------------------------------";
    firmid  =  seqa(1,1,N) ;
firmid~uu ;
"" ;
"---------------------------------------------------";
    "Firm id             LS Efficiency%      " ;
```

```
"-------------------------------------------------------";
   "        T =     1      2       3       4       5       6";
"-------------------------------------------------------";
firmid~techef ;
"" ;
"-------------------------------------------------------";
   "mean efficiency  =  " meante' ;
"-------------------------------------------------------";
   Output OFF
```

〈표 5-5〉 LS 모형 Output file

```
OLS Estimation Results
----------------------------------------
dependent variable:        Output

variable       coeff.      stderr.     t-st
X1             0.1690      0.0261       6.4624
X2             0.1417      0.0170       8.3189
X3             0.0617      0.0099       6.2639
X4             0.2119      0.0285       7.4303
X5             0.4643      0.0306      15.1633
cons           5.0231      0.1912      26.2691

R-square =          0.8759
Simple Within Estimation Results
----------------------------------------
dependent variable:        Output

variable       coeff.      stderr.     t-st
```

```
X1              0.1152      0.0275      4.1956
X2              0.1027      0.0193      5.3107
X3              0.1016      0.0112      9.0647
X4              0.2574      0.0298      8.6387
X5              0.4429      0.0326     13.6050

R-square  =  0.9071

Within Estimation Result
------------------------------------------------------
dependent variable:          Output

variable        coeff.      std. err.     t-st
X1              0.1094      0.0260        4.2122
X2              0.1026      0.0171        5.9846
X3              0.0521      0.0106        4.9285
x4              0.2232      0.0288        7.7374
x5              0.4810      0.0307       15.6571
constant        4.9635      0.1950       25.4520
theta2          0.9681      0.0715       -0.4463
theta3          0.4359      0.0896       -6.2951
theta4          0.2675      0.1034       -7.0824
theta5          1.2407      0.0885        2.7183
theta6          1.1811      0.0842        2.1502

R-Square  =          0.9300
------------------------------------------------------
Firm id         LS uu
------------------------------------------------------
    T  =    1         2         3         4         5         6
------------------------------------------------------
```

1.0000	0.4910	0.4753	0.2140	0.1314	0.6092	0.5799
2.0000	0.4270	0.4133	0.1861	0.1142	0.5297	0.5043
3.0000	0.4773	0.4621	0.2080	0.1277	0.5922	0.5637
170.0000	0.7802	0.7553	0.3401	0.2087	0.9680	0.9215
171.0000	0.5206	0.5040	0.2269	0.1393	0.6459	0.6149

Firm id LS Efficiency%

T =	1	2	3	4	5	6
1.0000	0.6120	0.6217	0.8073	0.8769	0.5438	0.5599
2.0000	0.6525	0.6614	0.8302	0.8920	0.5888	0.6039
169.0000	0.5192	0.5302	0.7515	0.8391	0.4434	0.4611
170.0000	0.4583	0.4699	0.7117	0.8116	0.3799	0.3979
171.0000	0.5942	0.6041	0.7970	0.8700	0.5242	0.5407
mean efficiency =	0.5583	0.5684	0.7713	0.8518	0.4885	0.5048

부록 5: 시간변동 패널자료 SFM의 Likelihood function 및 조건부기댓값 도출

회귀방정식 (5−1)에서 비효율성의 오차항, $\theta_t(\eta)u_i$에서 u_i에 대해 Stevenson(1980)과 동일한 잘린−정규분포를 가정하여 우도함수를 도출하고자 한다. BC의 설정을 취하면 아래와 같이 정리할 수 있다.

$$y_{it} = x_{it}^{'}\beta + v_{it} - u_{it}$$

$$v_{it} \sim N(0, \sigma_v^2)$$

$$u_i \sim f_u(u) = \frac{1}{1 - F(-\mu/\sigma)} \frac{1}{\sqrt{2\pi}\sigma_u} \exp(-\frac{(u-\mu)^2}{2\sigma_u^2}), \quad u_i \geq 0$$

$$u_{it} = \theta_t(\eta)u_i, \quad \theta_t(\eta) = \exp(-\eta(t-T))$$

확률변수 v_{it}와 u_{it}는 서로 독립이기 때문에 결합확률함수는 각각의 확률밀도함수의 곱으로 표시할 수 있다.

$$f_{u,v}(u_i, v_i) = \frac{1}{(2\pi)^{\frac{T+1}{2}} \sigma_u \sigma_v^T (1 - F(-\mu/\sigma_u))} \exp(-\frac{v_i{}'v_i}{2\sigma_v^2} - \frac{(u_i-\mu)^2}{2\sigma_u^2}) \tag{1}$$

그리고 $\varepsilon_{it} = v_{it} - \theta_t u_i$라고 하고, $\varepsilon_i = v_i - \theta u_i$라고 하자. 여기서 $\theta = [\theta_1, \theta_2, \cdots, \theta_T]'$이며 변수 변환의 Jacobian이 1이므로, u_i와 ε_i의 결합확률밀도함수는 다음과 같이 쓸 수 있다.

$$f_{u,\varepsilon}(u_i,\varepsilon_i)=\frac{1}{(2\pi)^{\frac{T+1}{2}}\sigma_u\sigma_v^T(1-F(-\mu/\sigma_u))}\exp(-\frac{(\varepsilon_i+\theta u_i)'(\varepsilon_i+\theta u_i)}{2\sigma_v^2}-\frac{(u_i-\mu)^2}{2\sigma_u^2})$$

$$=\frac{1}{(2\pi)^{\frac{T+1}{2}}\sigma_u\sigma_v^T(1-F(-\mu/\sigma_u))}\exp(-\frac{\varepsilon_i'\varepsilon_i+2\varepsilon_i'\theta u_i+\theta'\theta u_i^2}{2\sigma_v^2}-\frac{(u_i-\mu)^2}{2\sigma_u^2})$$

(2)

여기서 $\varepsilon_{it}=v_{it}-u_{it}=v_{it}-\theta_t u_i$ and $\varepsilon_i=v_i-\theta u_i$. 식 (2)에서 지수 안에 있는 분수를 분리하여 자세히 보면 다음과 같다.

$$(-\frac{\varepsilon_i'\varepsilon_i+2\varepsilon_i'\theta u_i+\theta'\theta u_i^2}{2\sigma_v^2}-\frac{(u_i-\mu)^2}{2\sigma_u^2})$$

$$=-\frac{\varepsilon_i'\varepsilon_i}{2\sigma_v^2}-\frac{\mu^2}{2\sigma_u^2}-\frac{(\sigma_v^2+\sigma_u^2\theta'\theta)u_i^2+2(\varepsilon_i'\theta\sigma_u^2-\mu\sigma_v^2)u_i}{2\sigma_u^2\sigma_v^2}$$

$$=-\frac{\varepsilon_i'\varepsilon_i}{2\sigma_v^2}-\frac{\mu^2}{2\sigma_u^2}-\frac{(\sigma_v^2+\sigma_u^2\theta'\theta)\{u_i^2+2\frac{(\varepsilon_i'\theta\sigma_u^2-\mu\sigma_v^2)}{(\sigma_v^2+\sigma_u^2\theta'\theta)}u_i\}}{2\sigma_u^2\sigma_v^2}$$

$$=-\frac{\varepsilon_i'\varepsilon_i}{2\sigma_v^2}-\frac{\mu^2}{2\sigma_u^2}-\frac{(\sigma_v^2+\sigma_u^2\theta'\theta)[u_i^2+2\frac{(\varepsilon_i'\theta\sigma_u^2-\mu\sigma_v^2)}{(\sigma_v^2+\sigma_u^2\theta'\theta)}u_i+\{\frac{(\varepsilon_i'\theta\sigma_u^2-\mu\sigma_v^2)}{(\sigma_v^2+\sigma_u^2\theta'\theta)}\}^2-\{\frac{(\varepsilon_i'\theta\sigma_u^2-\mu\sigma_v^2)}{(\sigma_v^2+\sigma_u^2\theta'\theta)}\}^2]}{2\sigma_u^2\sigma_v^2}$$

$$=-\frac{\varepsilon_i'\varepsilon_i}{2\sigma_v^2}-\frac{\mu^2}{2\sigma_u^2}-\frac{(\sigma_v^2+\sigma_u^2\theta'\theta)(u_i+\frac{(\varepsilon_i'\theta\sigma_u^2-\mu\sigma_v^2)}{(\sigma_v^2+\sigma_u^2\theta'\theta)})^2-\frac{(\varepsilon_i'\theta\sigma_u^2-\mu\sigma_v^2)^2}{(\sigma_v^2+\sigma_u^2\theta'\theta)}}{2\sigma_u^2\sigma_v^2}$$

$$= -\frac{\varepsilon_i^{'}\varepsilon_i}{2\sigma_v^2} - \frac{\mu^2}{2\sigma_u^2} - \frac{(\sigma_v^2 + \sigma_u^2\theta^{'}\theta)(u_i + \frac{(\varepsilon_i^{'}\theta\sigma_u^2 - \mu\sigma_v^2)}{(\sigma_v^2 + \sigma_u^2\theta^{'}\theta)})^2}{2\sigma_u^2\sigma_v^2} + \frac{\frac{(\varepsilon_i^{'}\theta\sigma_u^2 - \mu\sigma_v^2)^2}{(\sigma_v^2 + \sigma_u^2\theta^{'}\theta)}}{2\sigma_u^2\sigma_v^2}$$

$$= -\frac{\varepsilon_i^{'}\varepsilon_i}{2\sigma_v^2} - \frac{\mu^2}{2\sigma_u^2} + \frac{\mu_{i*}^2}{2\sigma_*^2} - \frac{(u_i + \frac{(\varepsilon_i^{'}\theta\sigma_u^2 - \mu\sigma_v^2)}{(\sigma_v^2 + \sigma_u^2\theta^{'}\theta)})^2}{2\frac{\sigma_u^2\sigma_v^2}{(\sigma_v^2 + \sigma_u^2\theta^{'}\theta)}}$$

$$= -\frac{\varepsilon_i^{'}\varepsilon_i}{2\sigma_v^2} - \frac{\mu^2}{2\sigma_u^2} + \frac{\mu_{i*}^2}{2\sigma_*^2} - \frac{(u_i - \mu_{i*})^2}{2\sigma_{i*}^2} \qquad (3)$$

여기서 $\mu_{i*} = \dfrac{\mu\sigma_v^2 - \varepsilon_i^{'}\theta\sigma_u^2}{\sigma_v^2 + \theta^{'}\theta\sigma_u^2}$, $\sigma_*^2 = \dfrac{\sigma_u^2\sigma_v^2}{\sigma_v^2 + \theta^{'}\theta\sigma_u^2}$

식 (3)을 식 (2)에 대입하여 ε_{it}의 한계확률함수를 구하면 다음과 같다.

$$f_\varepsilon(\varepsilon_i) = \int_0^\infty f_{u,\varepsilon}(u_i, \varepsilon_i)du_i$$

$$= \int_0^\infty \frac{1}{(2\pi)^{\frac{T+1}{2}}\sigma_u\sigma_v^T(1 - F(-\mu/\sigma_u))}\exp(-\frac{\varepsilon_i^{'}\varepsilon_i + 2\varepsilon_i^{'}\theta u_i + \theta^{'}\theta u_i^2}{2\sigma_v^2} - \frac{(u_i - \mu)^2}{2\sigma_u^2})du_i$$

$$= \int_0^\infty \frac{1}{(2\pi)^{\frac{T+1}{2}}\sigma_u\sigma_v^T(1 - F(-\mu/\sigma_u))}\exp(-\frac{\varepsilon_i^{'}\varepsilon_i}{2\sigma_v^2} - \frac{\mu^2}{2\sigma_u^2} + \frac{\mu_{i*}^2}{2\sigma_*^2} - \frac{(u_i - \mu_{i*})^2}{2\sigma_*^2})du_i$$

$$= \frac{1}{(\sqrt{2\pi})^T\sigma_u\sigma_v^T(1 - F(-\mu/\sigma_u))}\exp(-\frac{\varepsilon_i^{'}\varepsilon_i}{2\sigma_v^2} - \frac{\mu^2}{2\sigma_u^2} + \frac{\mu_{i*}^2}{2\sigma_*^2})\int_0^\infty \frac{1}{\sqrt{2\pi}}\exp(-\frac{(u_i - \mu_{i*})^2}{2\sigma_*^2})du_i$$

$$= \frac{\sigma_{i*}}{(\sqrt{2\pi})^T\sigma_u\sigma_v^T(1 - F(-\mu/\sigma_u))}\exp(-\frac{\varepsilon_i^{'}\varepsilon_i}{2\sigma_v^2} - \frac{\mu^2}{2\sigma_u^2} + \frac{\mu_{i*}^2}{2\sigma_*^2})\int_0^\infty \frac{1}{\sqrt{2\pi}\sigma_*}\exp(-\frac{(u_i - \mu_{i*})^2}{2\sigma_*^2})du_i$$

$$= \frac{\sigma_{i*}}{(\sqrt{2\pi})^T \sigma_u \sigma_v^T (1-F(-\mu/\sigma_u))} \exp(-\frac{\varepsilon_i^{'}\varepsilon_i}{2\sigma_v^2} - \frac{\mu^2}{2\sigma_u^2} + \frac{\mu_{i*}^2}{2\sigma_*^2}) \int_{-\frac{\mu_{i*}}{\sigma_*}}^{\infty} \frac{1}{\sqrt{2\pi}} \exp(-\frac{z_i^2}{2}) dz_i$$

$$= \frac{\sigma_{i*}}{(\sqrt{2\pi})^T \sigma_u \sigma_v^T (1-F(-\mu/\sigma_u))} \exp(-\frac{\varepsilon_i^{'}\varepsilon_i}{2\sigma_v^2} - \frac{\mu^2}{2\sigma_u^2} + \frac{\mu_{i*}^2}{2\sigma_*^2})[1-F(-\frac{\mu_{i*}}{\sigma_*})]$$

따라서 우도함수는 다음과 같다.

$$\begin{aligned}
l(\beta, \sigma_v, \sigma_u, \mu, \eta) &= \sum_{i=1}^{N} \ln(f_\varepsilon(\varepsilon_i)) \\
&= -\frac{N}{2}\ln(2\pi) - N\ln(\sigma_u) - NT\ln(\sigma_v) - N\ln(1-F(-\frac{\mu}{\sigma_u})) \\
&\quad + \sum_{i=1}^{N}[\ln(\sigma_{i*}) - \frac{\varepsilon_i^{'}\varepsilon_i}{2\sigma_v^2} - \frac{\mu^2}{2\sigma_u^2} + \frac{\mu_{i*}^2}{2\sigma_*^2} + \ln(1-F(-\frac{\mu_{i*}}{\sigma_*}))] \\
&= N[-\frac{\mu^2}{2\sigma_u^2} - \frac{1}{2}\ln(2\pi) - \ln(\sigma_u) - N\ln(\sigma_v) - \ln(1-F(-\frac{\mu}{\sigma_u}))] \\
&\quad + \sum_{i=1}^{N}[\ln(\sigma_*) - \frac{\varepsilon_i^{'}\varepsilon_i}{2\sigma_v^2} + \frac{\mu_{i*}^2}{2\sigma_*^2} + \ln(1-F(-\frac{\mu_{i*}}{\sigma_*}))]
\end{aligned}$$

조건부기댓값을 도출하기 위하여 조건부 확률함수를 구해야 한다.

$$\begin{aligned}
f_{u|\varepsilon}(u_i \mid \varepsilon_i) &= \frac{f_{u,\varepsilon}(u_i, \varepsilon_i)}{f_\varepsilon(\varepsilon_i)} \\
&= \frac{\frac{1}{(2\pi)^{\frac{T+1}{2}} \sigma_u \sigma_v^T (1-F(-\mu/\sigma_u))} \exp(-\frac{\varepsilon_i^{'}\varepsilon_i}{2\sigma_v^2} - \frac{\mu^2}{2\sigma_u^2} + \frac{\mu_{i*}^2}{2\sigma_*^2} - \frac{(u_i-\mu_{i*})^2}{2\sigma_*^2})}{\frac{\sigma_{i*}}{(\sqrt{2\pi})^T \sigma_u \sigma_v^T (1-F(-\mu/\sigma_u))} \exp(-\frac{\varepsilon_i^{'}\varepsilon_i}{2\sigma_v^2} - \frac{\mu^2}{2\sigma_u^2} + \frac{\mu_{i*}^2}{2\sigma_*^2})[1-F(-\frac{\mu_{i*}}{\sigma_*})]} \\
&= \frac{1}{\sqrt{2\pi}\sigma_*[1-F(-\frac{\mu_{i*}}{\sigma_*})]} \exp(-\frac{(u_i-\mu_{i*})^2}{2\sigma_*^2})
\end{aligned}$$

따라서,

$$
\begin{aligned}
E[u_i \mid \varepsilon_i] &= \int_0^{\infty} u_i f_{u|\varepsilon}(u_i \mid \varepsilon_i) du_i \\
&= \int_0^{\infty} u_i \frac{1}{\sqrt{2\pi}\sigma_*[1-F(-\frac{\mu_{i*}}{\sigma_*})]} \exp(-\frac{(u_i-\mu_{i*})^2}{2\sigma_*^2}) du_i \\
&= \frac{1}{[1-F(-\frac{\mu_{i*}}{\sigma_*})]} \int_{-\frac{\mu_{i*}}{\sigma_{i*}}}^{\infty} (\sigma_* z_i + \mu_{i*}) \frac{1}{\sqrt{2\pi}} \exp(-\frac{z_i^2}{2}) dz_i \\
&= \frac{\sigma_*}{[1-F(-\frac{\mu_{i*}}{\sigma_*})]} \phi(-\frac{\mu_{i*}}{\sigma_*}) + \mu_{i*}
\end{aligned}
$$

제6장

패널자료를 이용한 효율성 추정모형: 효율성 시간변동 II

이 장에서는 개별기업 효율성의 시간변동을 허용한 패널자료(panel data)를 활용한 확률변경모형 중 2000년 이후에 발표한 후기모형을 논의한다. 후기모형은 모두 효율성의 동일한 시간변동 패턴(identical temporal pattern of technical efficiency)을 완화시키는 데 초점을 맞추었다. N개 기업과 T개 시계열, 즉 NT개 관찰치로 구성된 패널자료에서 모든 기업 효율성의 시간변동을 추정하려면 NT개의 추정치를 구해야 한다. 따라서 전기모형은 모수의 수를 줄이기 위하여 효율성의 시간변동 패턴에 제약을 부여한 설정을 하였다. 고정효과모형의 관점에서 효율성과 관련한 모수를 비교하면 BC92는 η 1개, u_i가 N개로 총 (N+1)개, KUM은 η_1, η_2가 2개, u_i가 N개로 총 (N+2)개, LS는 $\theta_{t=1}$을 제외한 θ가 (T−1)개, u_i가 N개로 총 (N+T−1)개, CSS는 u_{1i}, u_{2i}, u_{3i}가 3N개이다. CSS에 비해 상대적으로 모수의 수가 적은 BC92, KUM,

LS는 대신 동일한 시간변동패턴을 가정하는 제약이 필요하였다.

후기모형은 Cuesta(2000), Lee(2006, 2010), Ahn, Lee and Schmidt (2007, ALS07) 등이 있다. Cuesta(2000)는 비효율성의 확률분포를 가정하고 MLE에 의해 생산함수를 추정하고 JLMS의 조건부기댓값을 도출하여 비효율성의 추정량으로 사용한 방법을 제시하였다. 그러나 제5장에서 논의한 것처럼 u_i를 고정효과처럼 간주해도 추정이 가능하기 때문에 효율성의 시간변동패턴에 대한 설정을 비교하는 것이 모형 비교에 적절한 방법이다. Cuesta(2000)는 BC92의 설정을 이용하면서 개별기업별로 서로 다른 시간변동패턴을 부여한 모형이다. 즉 $\theta_t(\eta_i)=\exp(-\eta_i(t-T)),\ i=1,\ldots,N$ 와 같이 시간변동패턴의 함수를 설정하였다. 따라서 개별기업의 효율성은 단조증가 또는 단조감소한다는 제약이 있지만 η_i의 값에 따라 기업별로 효율성의 시간에 따른 변동패턴이 다를 수 있다.

Cuesta(2000)가 BC92의 제약을 완화한 모형이라면 Lee(2006)는 LS의 제약을 완화한 모형이다. LS의 설정인 $u_{it}=\theta_t u_i$ (또는 $\alpha_{it}=\theta_t\alpha_i$)의 특성은 효율성의 시간변동에 특정 패턴을 가정하지 않는 신축성과 모든 기업이 동일한 시간변동패턴이라는 제약을 지닌 것이다. Lee(2006, GrLS)[10]는 자유로운 시간변동패턴을 허용하는 장점은 유지하면서 동일한 시간변동패턴을 완화하였다. 즉 표본 내 기업을 G개의 그룹으로 분리하여 동일한 그룹에 속하는 기업은 동일한 시간변동패턴을 갖지만 다른

10 이 모형은 group-specific efficiency를 LS모형에 적용하였기에 이 책에서는 GrLS로 축약하여 부른다.

그룹에 속한 기업과는 서로 다른 시간변동패턴을 갖도록 허용하였다. 즉 $u_{it}=\theta_{gt}u_i$, $g=1,...,G$를 설정하였다. 예를 들어 표본 내에 여러 산업에 속한 기업이 있다고 하자. 산업별로 효율성의 변동패턴을 비교하는 연구를 한다면 이 모형을 적용할 수 있다. 이 모형을 이용하면 동일한 산업에 속한 기업의 효율성 시간변동패턴은 동일하지만 다른 산업에 속한 기업과는 다르므로 산업 간 효율성 비교가 가능하기 때문이다.

Lee(2010, GrBC)[11]는 Lee(2006)의 그룹 간 효율성 변동패턴 설정을 그대로 이용하면서 LS 대신 BC92의 설정을 적용한 모형이다. 즉, $u_{it}=\theta_{gt}u_i$, $\theta_{gt}=\exp(-\eta_g(t-T))$, $g=1,...,G$를 설정했다. 이 모형은 정확하게 BC92와 Cuesta(2000)의 중간형태의 모형이다. BC92가 $u_{it}=\theta_{it}u_i$에서 $\theta_{it}=\theta_t$를 가정하였고, Lee(2010)는 $\theta_{it}=\theta_{gt}$를 가정하였으며, Cuesta는 다른 제약을 가하지 않았기 때문이다. 그러나 Cuesta에서 효율성의 시간변동을 나타내는 모수 θ_{it}가 N개이므로 T가 작고 N이 큰 패널자료에서는 일치성을 보장받기 어렵다. 특히 비효율성의 확률분포를 가정하고 MLE로 추정하면 수리적 최적화 과정에서 global maximum값을 얻기가 수월하지 않을 수 있다. 반면 Lee(2010)는 모수 θ_{it}가 G개이며 G는 유한한 수로 가정했으므로 N이 큰 패널자료에서는 일치성을 보장받을 수 있다. 즉 응용연구자가 개별기업의 효율성 변동패턴에 관심을 갖기보다는 특정 그룹 간 효율성의 변동패턴을

11 이 모형은 group-specific efficiency를 BC형에 적용하였기에 이 책에서는 GrBC로 축약하여 부른다.

비교하는 데 관심이 있다면 적합한 모형이다.

마지막으로 ALS07은 효율성의 시간변동패턴에 특정한 제약을 부여하지 않으면서 동일한 시간변동패턴의 가정을 완화하려고 시도하였다. 그들이 선택한 방법은 생산함수에 다중요인모형(multi-factor model)을 접목하는 것이었다. 다중요인모형은 재무학(finance) 분야에서 일반적으로 사용되는 모형으로 한 변수(예를 들어 주가)의 움직임은 공통요인(common factor)에 영향을 받는데 개별 주식별로 공통요인에 반응정도가 다를 수 있다는 점을 고려한 모형이다. 서로 다른 반응정도는 factor loading으로 표현한다. 그리고 표본기간 중에 다수의 공통요인이 발생할 수 있다는 점을 고려하면 다중요인모형이 된다. 이를 간략히 식으로 나타내면, $X_{it} = \sum_j F_{jt} B_{ji}$ (F_j는 j번째 공통요인, B_j는 j번째 factor loading)와 같다. ALS07은 기업의 비효율성도 다중요인 구조(multi-factor structure)에 의해 설명될 수 있다고 가정하였다 ($u_{it} = \theta_{1t}\alpha_{1i} + \theta_{2t}\alpha_{2i} + \ldots + \theta_{pt}\alpha_{pi}$). 이는 모든 기업의 효율성에 영향을 주는 공통요인(θ_{jt})이 존재하고, 이 공통요인에 기업들의 효율성은 서로 다르게 반응하는데 이를 factor loading(α_{ji})으로 추정할 수 있다는 설정이다. 또한 공통요인은 여러 개가 존재할 수 있도록 모형을 설정하였다. 예를 들어, IT의 발전이 모든 기업의 효율성에 영향을 주는 공통요인으로 개별기업의 특성에 따라 반응이 다를 수 있다는 것이다. 그리고 IT뿐 아니라 금융위기, 유럽경제위기 등 다수의 공통요인이 존재할 수 있음을 허용한 모형이다. ALS07은 공통요인이 몇 개 존재하는지를 추정할 수 있는 방법을 함께 제시하였다.

이상에서 소개한 효율성의 시간변동을 추정하는 패널자료를 이용한 SFM 중에서 후기 4개 모형을 제약의 강도에 따라 비교해보자. GrBC는 Cuesta의 설정에 동일 그룹에 속한 기업은 동일한 시간변동패턴을 갖는다는 제약을 부여한 것이므로 제약이 더 강한 모형이다. 따라서 제약의 강도 순으로 비교하면 BC92, GrBC, Cuesta이므로 Cuesta의 설정을 이용하여 GrBC나 BC92의 설정을 검정할 수 있다. GrLS는 LS에서 서로 다른 그룹에 속한 기업들은 다른 시간변동패턴을 가질 수 있도록 제약을 완화하였다. 또한 GrLS는 시간변동패턴의 특정함수를 가정한 GrBC 모형을 내포한다. 마지막으로 ALS07의 관점에서 다른 모형을 비교해보자. 공통요인의 수가 1개($p=1$)이면 이 모형은 LS와 동일해진다. 그러나 ALS07과 GrLS는 서로 비교할 수 없다. 두 모형 중 어느 한 모형이 다른 모형의 설정을 내포하지 못하기 때문이다. 전기 4개 모형을 비교할 때 BC92, KUM, LS 사이에 제약의 정도를 비교할 수 있었으나 CSS는 비교가 불가능하였다. 그러나 ALS07을 이용하면 CSS모형의 설정의 적합성을 검정할 수 있다. $p=3$일 때 $\theta_{1t}=1,\ \theta_{2t}=t,\ \theta_{3t}=t^2$이면 ALS07이 CSS와 동일해지기 때문이다.

위의 4개 모형을 모수의 수를 비교하면서 응용연구자에게 주는 시사점을 논의하자. 비효율성의 확률분포를 가정하지 않고 고정된 것으로 간주한다면 Cuesta는 η가 N개, u_i가 N개로 총 2N개, GrBC은 η가 G개, u_i가 N개로 총 (G+N)개, GrLS는 $\theta_{t=1}$을 제외한 θ가 G(T−1)개, u_i가 N개로 총 (GT−G+N)개, ALS07은 θ가 p(T−1)개, u_i가 pN개로 총 p(T−1+N)개이다. 효율성의 시간변동패턴과 관련한 모수의 수만 비교하면, Cuesta는 η가 N개, GrBC은 η가 G개, GrLS는 θ가 G(T−1)개,[12] ALS07은 θ가 p(T−1)개이다. 따라서 Cuesta는 N이 크고 T가 작은 패널자료에는 적합하지 않으며, 반대로 N이 작고 T가 큰 패널자료에는 GrLS, ALS07가 적합하지 않다. GrBC의 효율성의 시간변동패턴과 관련한 모수의 수 G는 T 또는 N과 무관하므로 NT가 큰 패널자료이면 일치추정량을 얻을 수 있다.

응용연구에서 이용할 모형의 선택은 표본 패널자료의 관찰치 수뿐 아니라 분석하는 표본에 속한 기업의 특성과 각 계량모형 설정의 적합성도 함께 고려해야 한다. 이에 대하여는 앞에서도 약간 논의했지만 실증분석을 다루는 절에서 다시 논의한다. 제1절에서 효율성의 분포를 가정하여 최우법에 의해 생산함수 및 효율성을 추정하는 SFM을 논의하고, 제2절에서 전통적 패널자료모형을 응용할 수 있는 SFM, 즉 효율성의 확률분포를 가정하지 않는 모형을 논의한다. 제3절에서는 실제 표본자료를 이용한 실증분석결과를 모형별로 비교하며 제4절에서는 각 모형을 활용할 수 있는 GAUSS프로그램을 설명한다.

1. 효율성의 분포가정을 통한 모형

Cuesta(2000)도 BC92, KUM과 마찬가지로 패널자료를 활용함에도

12 그룹의 수 G는 유한(finite)하다.

불구하고 횡단면-SFM처럼 비효율성의 확률분포를 가정하고 있다. 비효율성을 확률변수로 가정하므로 생산함수의 일치추정량을 위해서는 비효율성과 투입요소 간의 상관관계가 없다는 가정이 필요하다. Cuesta의 기본 회귀모형은 다음과 같다.

$$y_{it} = \alpha + x_{it}\beta - u_{it} + v_{it} = \alpha + x_{it}\beta - \theta_{it}(\eta_i)u_i + v_{it}, \qquad (6-1)$$

Cuesta는 BC92의 설정을 이용하면서 개별기업별로 효율성의 시간변동패턴이 다를 수 있도록 설정을 변형시켰다. 즉 BC92의 $\theta_t(\eta)=\exp(-\eta(t-T))$에서 모든 기업이 동일한 η를 갖는다는 가정을 완화시켜 $\theta_t(\eta_i)=\exp(-\eta_i(t-T))$의 설정을 하였다. 그리고 u_i의 잘린-정규분포를 가정함으로써 우도함수를 도출하였다. 그러나 제3장에서 횡단면자료를 이용한 SFM을 살펴본 것처럼 u_i에 대해서 다른 확률분포를 가정하여도 동일한 방법을 이용하여 각 확률분포에 맞는 우도함수를 도출할 수 있다. 또한 효율성의 시간변동함수를 BC92의 형태가 아닌 다른 함수를 가정하여도 동일한 방법으로 우도함수를 도출할 수 있다. 예를 들어 KUM의 함수식을 이용한다면 $\theta_t(\eta_i)=[1+\exp(\eta_{1i}t+\eta_{2i}t^2)]^{-1}$가 된다.

제5장에서 살펴본 바와 같이 생산함수 및 개별기업의 효율성을 추정하기 위해서는 우도함수와 비효율성의 조건부기댓값을 알아야 한다. 그렇게 하기 위해서는 오차항에 대한 확률분포 가정에서부터 출발한다. v_i는 정규분포를 이루며 u_i는 잘린-정규분포를 이룬다고 가정하고 ε_i의 확률밀도함수를 도출하면 식 (6-2)와 같다.

$$f_{\varepsilon}(\varepsilon_i) = \frac{\sigma_{i*}}{(\sqrt{2\pi})^T \sigma_u \sigma_v^T (1-\Phi(-\mu/\sigma_u))} \exp(-\frac{\varepsilon_i^{'}\varepsilon_i}{2\sigma_v^2} - \frac{\mu^2}{2\sigma_u^2} + \frac{\mu_{i*}^2}{2\sigma_{i*}^2})[1-\Phi(-\frac{\mu_{i*}}{\sigma_{i*}})]$$

(6−2)

여기서 $\mu_{i*} = \frac{\mu\sigma_v^2 - \varepsilon_i^{'}\theta_i\sigma_u^2}{\sigma_v^2 + \theta_i{'}\theta_i\sigma_u^2}$, $\sigma_{i*}^2 = \frac{\sigma_u^2\sigma_v^2}{\sigma_v^2 + \theta_i{'}\theta_i\sigma_u^2}$, $\theta_{it} = \theta_{it}(\eta_i) = \exp(-\eta_i(t-T))$.

또한 로그우도함수는 식 (6−3)과 같이 도출된다.13

$$l(\beta, \sigma_v, \sigma_u, \mu, \eta) = N[-\frac{\mu^2}{2\sigma_u^2} - \frac{1}{2}\ln(2\pi) - \ln(\sigma_u) - N\ln(\sigma_v) - \ln(1-F(-\frac{\mu}{\sigma_u}))]$$
$$+\sum_{i=1}^{N}[\ln(\sigma_{i*}) - \frac{\varepsilon_i^{'}\varepsilon_i}{2\sigma_v^2} + \frac{\mu_{i*}^2}{2\sigma_{i*}^2} + \ln(1-F(-\frac{\mu_{i*}}{\sigma_{i*}}))]$$

(6−3)

마지막으로 JLMS의 조건부기댓값은 식 (6−4)에 정리하였다.

$$E[u_i \mid \varepsilon_i] = \frac{\sigma_{i*}}{[1-\Phi(-\frac{\mu_{i*}}{\sigma_{i*}})]}\phi(-\frac{\mu_{i*}}{\sigma_{i*}}) + \mu_{i*}$$

(6−4)

식 (6−2)~(6−4)는 제5장의 식 (5−2)~(5−4)와 동일한 형태를 지님을 알 수 있다. 단, 식 (5−2)~(5−4)에서 포함되어 있는 σ_*^2가 식 (6−2)~(6−4)에서는 σ_{i*}^2으로 개별기업별로 다르게 표현되었으며 μ_{i*}, σ_{i*}^2 안에 있는 $\theta_{it} = \theta_{it}(\eta_i) = \exp(-\eta_i(t-T))$가 제5장에서는 $\theta_t = \theta_t(\eta) = \exp(-\eta(t-T))$이었다는 차이가 있다. 확률밀도함수, 우도함수 및 조건부기댓값 도출과정은 [부록 6−1]에 정리하였다.

만약 u_i가 반−정규분포를 이룬다고 가정하면 식 (6−2)에서 (6−4)는

13 Cuesta(2000)의 우도함수 및 ε_i의 확률밀도함수에는 오타가 있으니 참조할 것.

아래와 같이 간략한 형태로 변환된다.

$$f_{\varepsilon}(\varepsilon_i) = \frac{2\sigma_{i*}}{(\sqrt{2\pi})^T \sigma_u \sigma_v^T} \exp(-\frac{\varepsilon_i^{'}\varepsilon_i}{2\sigma_v^2} + \frac{\mu_{i*}^2}{2\sigma_{i*}^2})[1-\Phi(-\frac{\mu_{i*}}{\sigma_{i*}})] \qquad (6-2)'$$

여기서 $\mu_{i*} = \frac{-\varepsilon_i^{'}\theta_i\sigma_u^2}{\sigma_v^2 + \theta_i{}'\theta_i\sigma_u^2}$, $\sigma_{i*}^2 = \frac{\sigma_u^2\sigma_v^2}{\sigma_v^2 + \theta_i{}'\theta_i\sigma_u^2}$.

$$\begin{aligned} l(\beta,\sigma_v,\sigma_u,\theta) = & N[\frac{1}{2}\ln\frac{2}{\pi} - \ln(\sigma_u) - N\ln(\sigma_v)] \\ & + \sum_{i=1}^{N}[\ln(\sigma_{i*}) - \frac{\varepsilon_i^{'}\varepsilon_i}{2\sigma_v^2} + \frac{\mu_{i*}^2}{2\sigma_{i*}^2} + \ln(1-F(-\frac{\mu_{i*}}{\sigma_{i*}}))] \end{aligned} \qquad (6-3)'$$

$$E[u_i \mid \varepsilon_i] = \frac{\sigma_{i*}}{[1-\Phi(-\frac{\mu_{i*}}{\sigma_{i*}})]}\phi(-\frac{\mu_{i*}}{\sigma_{i*}}) + \mu_{i*} \qquad (6-4)'$$

2. 전통적 패널자료 모형의 적용

이 절에서 논의할 GrLS, GrBC, ALS07은 모두 SS, CSS, LS처럼 비효율성의 확률분포를 가정하지 않으며 비효율성과 생산요소의 상관관계가 없다는 가정도 부여하지 않으면서 비효율성의 시간변동을 허용하는 모형들이다. 이들은 효율성의 시간변동패턴이 모든 기업에 동일하다는 가정도 하지 않는다. 기본 회귀방정식은 (6−5)의 경우 제5장의 식 (5−5)와 동일하다.

$$y_{it} = \alpha_t + x_{it}\beta + v_{it} - u_{it} = x_{it}\beta + \alpha_{it} + v_{it} \qquad (6-5)$$

여기서 $\alpha_{it} = \alpha_t - u_{it}$. CSS는 $\alpha_{it} = W_t{}'\alpha_i$, LS는 $\alpha_{it} = \theta_t\alpha_i$를 설정하였던

것처럼 GrLS도 $\alpha_{it}=\theta_{gt}\alpha_i$ 라는 설정을 하였다.[14] 여기서 $\theta_g=(\theta_{g1},\theta_{g2},......,\theta_{gT})'$ 이며 정규화조건으로 $\theta_{g1}=1$을 가정하였다. 오차항 v_{it}는 강외생성(strict exogeneity)을 만족한다.

GrLS는 LS처럼 α_i의 고정효과처리를 통하여 Within추정량을 제시하였다.[15] 즉 $M_g=I_T-P_g,\ g=1,2,...,G$, $(P_g=\theta_g(\theta_g'\theta_g)^{-1}\theta_g')$을 이용하여 회귀방정식을 Within transformation한 후에 OLS추정량을 구하는 방법이다.

$$M_g y_i = M_g x_i\beta + M_g v_i,\quad i=1,2,...,N,\quad g=1,2,...,G, \tag{6-6}$$

그룹의 수 G는 유한하며, 각 그룹에 속한 기업의 수 N_g는 크다고 가정하면 LS에서 설정한 일치추정량 조건에 상응하므로 GrLS도 일치추정량을 도출할 수 있다. Within추정량은 식 (6-6)에 대한 잔차의 제곱 [$SSE_{GrLS}=\sum_i(y_i-x_i\beta)'M_g(y_i-x_i\beta)=(y-X\beta)'\bar{M}(y-X\beta)$]을 최소화하는 추정량을 구한다. 여기서 $\bar{M}$는 NT×NT행렬로 $\bar{M}=diag(M_1,...,M_1,M_2,...,M_2,...,M_G,...,M_G)$이다. SSE_{GrLS}를 β와 θ_g로 미분하여 해를 도출하면 다음의 식 (6-7), (6-8)과 같다.

$$\hat{\beta}_{GrLS}=(\sum_i X_i'\hat{M}_g X_i)^{-1}(\sum_i X_i'\hat{M}_g y_i) \tag{6-7}$$

$\hat{\theta}_g=\sum_{i\in G_g}(y_i-X_i\hat{\beta}_{GrLS})(y_i-X_i\hat{\beta}_{GrLS})'$의 g번째 eigenvalue에

14 여기서 기업 i는 그룹 g에 속해 있다.

15 α_i가 확률변수이어도 회귀식의 독립변수와 상관관계가 있다고 가정하면 고정효과인 것처럼 간주하고 Within추정량을 구할 수 있다.

상응한 eigenvector. (6−8)

두 식 모두 closed form solution이 아니므로 LS와 동일하게 반복법을 이용하여 추정치를 구한다. $\hat{\beta}_{GrLS}$에 대한 임의의 최초값(예를 들어 SS의 추정치)으로 식 (6−8)을 이용하여 모든 g에 대한 $\hat{\theta}_g$를 구하고 이 값을 식 (6−7)에 대입하여 $\hat{\beta}_{GrLS}$를 구하는 과정을 반복하여 수렴할 때까지 지속하면 된다. 개별효과 추정치는 $\hat{\alpha}_i = (\hat{\theta}_g'\hat{\theta}_g)^{-1}\hat{\theta}_g'(y_i - x_i\hat{\beta}_{GrLS})$에 의하여 구할 수 있다. 여기서 기업 i는 그룹 g에 속한다.

GrLS는 N→∞이면 $\hat{\beta}_{GrLS}$이 일치추정량이며 N_g→∞와 T가 고정되었으면 $\hat{\theta}_g$가 일치추정량이 됨을 보였으며 추정치의 분산행렬을 도출하였다.

$$\sqrt{N}\,[(\hat{\beta}_{GrLS}',\hat{\theta}_{.1}',\ldots,\hat{\theta}_{.G}')' - (\beta',\theta_{.1}',\ldots,\theta_{.G}')' \;\rightarrow\; N(0, A^{-1}BA^{-1}) \quad (6-9)$$

여기서 $\theta_{\bullet g} = (\theta_{g2}, \theta_{g3}, \ldots, \theta_{gT})'$이며 A는 SSE_{GrLS}의 Hessian행렬, B는 SSE_{GrLS}의 score의 cross−product이다. 행렬 A와 B의 구체적인 값은 [부록 6−2]에 기술하였다.

GrLS를 이용하기 위해서는 사전적으로 그룹에 대한 정보가 있어야 한다. 모형이 동일한 그룹에 속한 기업들은 효율성의 변동패턴이 동일하다고 가정하기 때문에 이를 충족할 만한 사전 정보(*prior information*)가 필요하다. 예를 들어, 표본에 포함된 기업이 3개 산업에 속하였다면 각 산업을 그룹으로 가정할 수 있을 것이다. 동일한 산업에 속한 기업의 효율성의 변동은 유사할 가능성이 다른 산업에 속한 기업보다 높기 때문이다. 이 모형을 실증분석에 응용한 Kim and

Lee(2006)는 동아시아 국가의 효율성 변동패턴에 초점을 둔 연구였다. Penn World Table을 이용하여 49개국을 3개 그룹으로 분리하여 실증분석을 했는데, 동아시아 국가, 서구 선진국, 기타 국가로 구분하여 3개 그룹으로 설정하였다. 그들은 한국, 대만, 홍콩, 싱가포르 등 동아시아 국가들은 대부분 수출주도형 경제성장을 하였으며 일본을 제외하고는 모두 신흥경제성장 국가이기에 동일한 그룹으로 묶었으며, 서구 선진국은 모두 경제가 성숙단계에 있는 국가들로 효율성변동에서 유사성을 지닐 것으로 간주하였다. Lee(2006)는 비록 사전적으로 그룹을 구분하지만 각 그룹 간에 효율성의 변동패턴이 동일한지의 여부를 검정하는 검정방법을 제시하였다. 따라서 사전 정보를 이용하여 비교적 세분화된 그룹을 정하고 그가 제시한 검정방법을 통하여 일부 그룹이 통합될 수 있는지 여부를 검정하여 최종적인 그룹화를 완성할 수 있다. Gallant(1985)에 근거하여 구한 일반화된 우도비율검정(the generalized likelihood ratio test)을 도출하였다.

$$LR = \frac{SSE_R - SSE_U}{\hat{\sigma}^2} \qquad (6-10)$$

여기서 $SSE_U = SSE_{GrLS}$ 이며 SSE_R는 귀무가설의 제약을 부여한 모형의 SSE_{GrLS} 이다. 예를 들어, LS모형의 설정을 검정한다고 하자. 이 경우 귀무가설은 $H_0 : \theta_1 = \theta_2 = \ldots = \theta_G$ 이므로 $SSE_R = SSE_{LS}$ 이다. g번째 그룹과 h번째 그룹의 효율성 변동패턴이 동일한지의 여부를 검정한다면 두 개 그룹을 통합16하여 GrLS를 적용한 모형이 제약모형이 된다.

이제 GrBC모형을 논의하자. 이미 GrLS, BC92, Cuesta를 논의하였으므로 GrBC에 대해서는 설명이 없어도 어떤 모형일지 짐작할 수 있으므로 간략히 논의한다. 기본모형 (6−5)에서 GrBC는 $\alpha_{it}=\theta_{gt}'\alpha_i$와 $\theta_{gt}=\exp(-\eta_g(t-T))$를 설정한 후에 GrLS처럼 Within transformation을 한 회귀식의 잔차의 제곱항을 최소화하는 추정량을 도출하였다. $SSE_{GrBC}=\sum_i(y_i-x_i\beta)'M_{GrBCg}(y_i-x_i\beta)$인데 여기서 $M_{GrBCg}=1-P_{GrBCg}$이며 $P_{GrBCg}=\theta(\eta_g)[\theta(\eta_g)'\theta(\eta_g)]^{-1}\theta(\eta_g)'$이다. 따라서 각 모수로 미분한 일계조건은 다음과 같다.

$$\frac{\partial SSE_{GrBC}}{\partial\beta}=-2\sum_{i=1}^{N}X_i'M_g(y_i-X_i\beta)=0,\ i\in \text{Group } g \tag{6−11}$$

$$\frac{\partial SSE_{GrBC}}{\partial\eta_g}=-\frac{2}{\theta(\eta_g)'\theta(\eta_g)}[\textstyle\sum_{i\in G_g}e_i'\theta(\eta_g)e_i-\sum_{i\in G_g}e_i'P_{GrBCg}e_i\theta(\eta_g)]\dfrac{d\theta(\eta_g)}{d\eta_g}=0 \tag{6−12}$$

여기서 $e_i=y_i-X_i\beta$. GrLS에서는 닫힌 해는 아니지만 식 (6−7), (6−8)과 같이 해가 도출되었지만 GrBC에서는 생산함수의 계수추정량만 해를 도출하고 $\hat{\eta}_g$에 대한 해는 도출할 수 없다.

$$\hat{\beta}_{GrBC}=(\sum_i X_i'\hat{M}_{GrBCg}X_i)^{-1}(\sum_i X_i'\hat{M}_{GrBCg}y_i) \tag{6−13}$$

따라서 GrLS에서 β의 초깃값으로 시작하여 식 (6−7)과 (6−8)을 반복함으로써 추정치를 구하는 방법에 약간의 수정이 필요하다. 반복과정에서 식 (6−8)을 이용하여 $\hat{\theta}_g$를 구하는 단계를 GrBC에서는

---

16 총 G개 그룹에서 두 개 그룹을 통합하였으므로 총 그룹의 수는 (G−1)개임.

$SSE_{GrBC}(\eta_g) = \sum_i (y_i - x_i\hat{\beta}_{GrBC})' M_{GrBCg}(y_i - x_i\hat{\beta}_{GrBC})$를 최소화하는 $\hat{\eta}_g$를 구하는 수리적 최소화 과정으로 대체한다. $SSE_{GrBC} = \sum_i (y_i - x_i\beta)' M_{GrBCg}(y_i - x_i\beta)$에 초깃값 또는 식 (6−7)로 구한 $\hat{\beta}_{GrBC}$ 값을 대입한 $SSE_{GrBC}(\eta_1, \eta_2, ..., \eta_G)$은 η만의 함수이다.

이들 추정량의 일치성이 성립하기 위한 조건은 GrLS와 동일하게 $\hat{\beta}_{GrBC}$는 NT→∞, $\hat{\eta}_g$는 N_gT→∞이다. 한편 추정치의 분산행렬을 아래와 같이 도출하였다.

$$\sqrt{N}[(\hat{\beta}_{GrBC}', \hat{\eta}_1, ..., \hat{\eta}_G)' - (\beta', \eta_1, ..., \eta_G) \rightarrow N(0, A^{-1}BA^{-1}) \quad (6-14)$$

A와 B에 대한 정의는 [부록 6−3]에 있다. GrBC도 GrLS처럼 사전적으로 그룹에 대한 정보가 있어야 한다. 이에 대한 내용, 특히 그룹을 설정하는 데 필요한 가설검정은 GrLS에서 논의한 검정방법을 그대로 적용하면 되므로 여기서는 논의를 생략한다.

마지막으로 ALS07에 대하여 논의하자. 기본모형 (6−5)에서 GrLS와 GrBC가 $\alpha_{it} = \theta_{gt}\alpha_i$를 설정했다면 ALS07은 $\alpha_{it} = \theta_{1t}\alpha_{1i} + \theta_{2t}\alpha_{2i} + ... + \theta_{pt}\alpha_{pi}$의 설정, 즉 효율성변동이 요인구조를 띤다고 가정하였다. 이 모형에서 우선 관심을 가져야 할 모수는 공통요인의 수(p)이다. 공통요인이 1이면 $\alpha_{it} = \theta_{1t}\alpha_{1i}$이 되어 ALS07은 LS와 동일하게 된다. 따라서 모든 기업의 효율성의 시간변동패턴도 동일함을 의미한다. BC92, KUM, LS가 동일패턴을 가정한 데 반해 ALS07은 공통요인 수의 추정을 통해서 동일패턴을 가지는지 여부를 검정할 수 있다. 따라서 ALS07은 p에 대한 추정법을 소개하였다. p_0가 옳은 공통요인의 수(true number of common factors)라고 하자. 그리고 p는 추정치이다. 만약 $p < p_0$ 이면, 생산함수와 공통요인의 추정량은 일치성을 지니지 못하며, 반대로 $p > p_0$ 이면 생산함수의 추정량은 일치성을 지니지만 공통요인의 추정량은 일치성이 없다. 따라서 공통요인의 수를 정확하게 추정하지 못한다면 효율성을 일치성이 있게 추정할 수 없다.

ALS07의 식 (6−5)에서 투입요소는 모두 시간변동(time−varying) 변수이다.[17] $\alpha_{it} = \theta_{1t}\alpha_{1i} + \theta_{2t}\alpha_{2i} + \ldots + \theta_{pt}\alpha_{pi} = F_t\alpha_i$ 로 표현하면 $F_t = (\theta_{1t}, \theta_{2t}, \ldots, \theta_{pt})$ 이고 F는 $T \times p$ 행렬이며 $\alpha_i = (\alpha_{1i}, \alpha_{2i}, \ldots, \alpha_{pi})'$ 이다. 식별을 위해 정규화가 필요한데 ALS07은 $F = (F_1', F_2')'$ 에서 F_1은 $(\mathrm{T}-p) \times p$이며 F_2는 $p \times p$인데, 이 중 $F_2 = -I_p$ 를 가정하였다. 만약 $p=1$이라면 이 정규화 가정은 $\theta_T = -1$과 동일하다. 한편 GMM추정방법을 제시한 ALS07은 $z_i = (x_{i1}', x_{i2}', \ldots, x_{iT}', f_i')'$ 를 도구변수 벡터로 정의하였다. 여기서 f_i는 기업의 특성을 나타내는 시간불변 변수이다. z_i는 당연히 오차항 v_i와 상관관계가 없어야 한다. 도구변수의 수가 많으면 너무 많은 모멘트 조건을 사용하게 되는데 GMM추정량의 소표본 특성이 바람직하지 못한 경우가 많다. 따라서 ALS07은 z_i의 부분집합인 $q \times 1$ 벡터 w_i를 도구로 사용하였다.[18] 단 기본적인 조건은 도구 수는 공동요인의 수보다

---

17 ALS07의 시간불변(time−invariant) 변수는 투입요소로 포함할 수 없다. 그 변수의 계수추정치가 식별(identification)되지 않기 때문이다.

18 예를 들어, $w_i = (x_{i1}', \bar{x}_i', x_{iT}', f_i')'$ 와 같이 z_i의 일부 또는 축약형만 사용.

커야 하며($q>p$), 시계열자료의 관찰치가 공동요인의 수보다 많아야 (T>p) 한다. 모형과 관련한 구체적인 가정은 Ahn, Lee and Schmidt (2007, 2013)를 참조하길 바란다.

추정방법은 다음과 같다. SS, LS, GrLS 등 전통적 패널자료 모형의 고정효과처리를 통한 추정을 하는 모형과 마찬가지로 ALS07도 Within transformation을 수행하는 행렬이 필요하다. 즉 $T\times(T-p)$인 $H=(H_1', H_2')'$가 전환행렬인데, H_1의 크기는 $(T-p)\times(T-p)$이다. 자연히 H_2의 크기는 $p\times(T-p)$이다. H는 전환행렬이므로 생산함수식 (6−5)에 곱했을 때 α_i가 제거되어야 한다. 즉, H는 $H'F=0_{(T-p)\times p}$를 만족한다. ALS07은 식별조건으로 $H_1=I_{T-p}$를 부여하였으며 자연히 $H_2'=F_1$이 성립한다.[19] Within전환식은 아래와 같다.

$$H'y_i = H'x_i\beta + H'v_i,\quad i=1,2,\ldots,N, \tag{6−15}$$

H는 LS의 idempotent행렬인 M_θ와 같은 역할을 한다. 즉 생산함수식에서 α_i를 제거하면서 공통요인인 F는 내포하고 있기 때문이다. 전환식 (6−15)는 LS처럼 최소이승 추정량으로 추정이 가능하지만 ALS07은 다음의 식 (6−16)의 모멘트조건(moment condition)을 이용한 GMM추정방법을 이용하였다.

$$E\left(H'u(\beta)\otimes w_i\right)=0_{(T-p)q\times 1} \tag{6−16}$$

19 $H'F=F_1-H_2'=0_{(T-p)\times p}$이기 때문이다.

여기서 $u_i(\beta) = y_i - X_i\beta$ 이다.

GMM추정량은 $p = p_0$조건이 선행되어야 한다. ALS07은 p를 추정하는 방법으로 Hansen(1982)의 과잉식별조건검정(over-identifying restriction test)을 이용한 sequential method를 제시하였다. 만약 $p = p_0$이면 Hansen의 J-검정통계량은 자유도가 $[(T-p)(q-p)-k]$인 x^2분포를 가지며, $p < p_0$이면 J-통계량이 무한대로 값을 갖는다. 이 특성을 활용하여 sequential method를 도출하였는데 우선 귀무가설을 $H_0: p_0 = 0$으로 설정하고, 대립가설 $H_a: p_0 > 0$으로 검정을 한다. 대립가설이 사실이라면 J-통계량은 무한대로 크므로 귀무가설은 기각될 것이다. 만약 귀무가설이 기각되었다면 다음 단계에선 귀무가설을 $H_0: p_0 = 1$과 대립가설 $H_a: p_0 > 1$을 설정한다. 이와 같은 단계를 귀무가설이 기각되지 않을 때까지 실행한다. 이외에도 Ahn and Horenstein(2013)이 제시한 eigenvalue ratio검정법을 이용해도 된다.

GrLS, GrBC, ALS07 등 3개 모형에서 추정한 $\hat{\alpha}_{it}$로부터 개별기업의 비효율성을 분리하는 비효율성 추정법은 기본적으로 SS의 max operator방법과 동일하다. GrLS, GrBC, ALS07는 각각 식 (6-17), (6-18), (6-19)로 상수항을 추출한 후 차분을 통하여 비효율성을 추정한다.

$$\hat{\alpha}_t = \max_i \hat{\theta}_{gt}\hat{\alpha}_i, \quad \hat{u}_{it} = \hat{\alpha}_t - \hat{\alpha}_{it} = \hat{\alpha}_t - \hat{\theta}_{gt}\hat{\alpha}_i \tag{6-17}$$

$$\hat{\alpha}_t = \max_i \hat{\theta}_{it}(\eta_g)\hat{\alpha}_i, \quad \hat{u}_{it} = \hat{\alpha}_t - \hat{\alpha}_{it} = \hat{\alpha}_t - \hat{\theta}_{it}(\eta_g)\hat{\alpha}_i \tag{6-18}$$

$$\hat{\alpha}_t = \max_i \hat{F}_t\hat{\alpha}_i, \quad \hat{u}_{it} = \hat{\alpha}_t - \hat{\alpha}_{it} = \hat{\alpha}_t - \hat{F}_t\hat{\alpha}_i \tag{6-19}$$

그리고 세 모형 모두 비효율성 추정치 $\hat{u}_{it}$에 지수를 취함으로써 기술적 효율성 추정치를 계산할 수 있다.

$$TE_{it} = \exp(-\hat{u}_{tt}) \tag{6-20}$$

3. 실증분석의 예

이 절에서는 다양한 SFM을 응용연구에서 어떻게 적절히 사용할 수 있는지 논의한다. 이 장에서 논의한 효율성의 시간변동을 고려한 모형, 즉 Cuesta, GrLS, GrBC, ALS07뿐 아니라 제5장에서 논의한 BC92, KUM, LS, CSS를 포함한 모든 모형을 종합적으로 논의한다. 각 모형의 효율성 변동패턴에 대한 설정의 특성을 비교하고, 대표본 특성이 적용되기에 필요한 표본 크기의 조건 등을 실증연구의 목적과 비교하면서 응용연구자가 이용하기에 적합한 모형을 논의한다. 논의 방법은 기존에 발표한 실증분석 연구를 검토하면서 모형을 비교하는 방법과 특정 표본 패널자료를 대상으로 이에 적합한 모형을 논의하는 방법을 취한다.

첫 번째 논의할 실증분석연구는 ASEAN 5개국의 효율성변동을 비교분석한 논문 Lee and Cheng(2011)이다. 이들은 Economists Intelligence Unit의 데이터베이스에서 싱가포르, 태국, 말레이시아, 인도네시아, 필리핀 5개국의 1981~2003년 패널자료를 이용하여 총요소생산성의 변동을 비교하였다. SFM을 이용하여 총요소생산성을 분석한다면 생산성을 기술 진보와 효율성 개선으로 분리하여 추정할 수 있다는 장점이 있다. 이 절에서는 위에서 논의한 4개 모형에 관심이 있으므로 총요소생산성 분리에 관한 자세한 논의는 생략한다. Lee and Cheng (2011)은 각 국가별 효율성의 변동패턴을 비교하려는 목적으로 패널 자료를 수집하였다. 표본은 N이 작고 T가 상대적으로 큰 패널자료이다. 따라서 N이 크고 T가 작은 표본을 요구하는 GrLS와 ALS07을 이용하기에 적합하지 못하다. 개별 국가별 비교를 원하므로 그룹별 효율성의 시간변동을 추정하는 GrBC도 적합하지 못하다. 또한 BC92, KUM, LS처럼 각 국가의 효율성 변동패턴을 동일하게 가정하는 모형도 적합하지 못하다. 따라서 남은 모형은 CSS와 Cuesta모형이며 Lee and Cheng(2011)는 Cuesta모형을 이용하였다. Cuesta는 N이 작고 T가 큰 패널자료에 적합한 모형이며 개별기업 또는 국가의 효율성변동을 추정할 수 있으므로 이 연구에 적합하다.[20]

Lee and Cheng(2011)은 식 (6−21)과 같이 초월대수생산함수를 설정하여 MLE방법으로 생산함수를 추정하였다.

$$\ln y_{it} = \beta_0 + \sum_j \beta_j \ln x_{jit} + \beta_t t + (1/2)\sum_j \sum_l \beta_{jl} \ln x_{lit} \ln x_{jit}$$

$$+ (1/2)\beta_{tt} t^2 + \sum_j \beta_{jt} \ln x_{jit} t + v_{it} - u_{it}, \qquad j = L, K \tag{6-21}$$

20 Cuesta(2000)는 모형을 설명하고 이를 이용한 실증분석의 예를 제시하였다. 실증분석은 스페인의 낙농업의 효율성에 관한 것이었다. 표본은 82개 낙농업 농장에 대한 1987~1991년 기간 관찰치로 구성된 패널자료이다. 즉, N=82, T=5로 Cuesta모형에 적합하지 않는 표본이다. 대표본 특성에 대한 신중한 판단을 하지 않았기 때문으로 추측한다.

Lee and Cheng(2011)에 제시된 실증분석결과의 일부를 다음의 표와 그림에 정리하였다. <표 6-1>은 초월대수생산함수를 제5장에서 논의한 BC92모형의 MLE추정결과와 비교하면서 Cuesta모형의 추정결과를 보여준다. BC92에서는 η가 0.124로 양의 값을 가지며 통계적으로 유의적인 것으로 나타났다. 즉 ASEAN 5개국 평균효율성은 1981~2003년 기간 중 향상되어온 것을 의미한다. 그러나 Cuesta는 각 국가별 효율성의 변동을 추정할 수 있다. 각 국가별 η 중 2개 국가는 양의 값을 가지며 3개 국가는 음의 값을 갖는 것으로 추정되었다. 1개 국가를 제외한 나머지 국가의 η는 모두 통계적으로 유의한 것으로 나타났다. <그림 6-1>에 그려진 각 국가의 효율성변동을 비교하면 싱가포르가 효율성이 가장 높았으나 1990년대 후반부터 효율성이 약간 감소하는 것으로 보이며 필리핀, 말레이시아의 효율성이 표본기간 중 감소하였다. 1981년에 태국의 효율성은 5개국 중 최하위였으나 2003년에는 세 번째로 높아졌다. 이러한 추정결과는 효율성의 동일한 시간변동을 가정한 BC92에서는 나올 수 없다. 이 가정 때문에 BC92모형에서는 모든 기업의 1981년 효율성 순위가 2003년에도 동일하게 나타나기 때문이다.

<표 6-1> ASEAN 생산함수 추정결과

	OLS		BC92		Cuesta	
variable	coefficient	t−value	coefficient	t−value	coefficient	t−value
constant	2.768	10.14	2.671	6.17	1.971	11.33
lnL	−0.424	−4.71	−0.408	−3.77	0.942	2.61
lnK	0.110	0.72	0.213	0.98	0.274	2.74
Time	0.062	3.62	0.036	1.98	0.086	5.87
$(\ln L)^2$	0.089	5.03	0.117	5.24	−0.058	−0.80
$(\ln K)^2$	0.006	0.24	−0.001	−0.03	0.037	1.91
$time^2$	0.001	2.16	0.002	2.64	0.002	5.57
lnL·lnK	0.172	4.66	0.133	3.55	0.046	1.72
lnL·time	−0.027	−7.70	−0.027	−7.41	−0.020	−3.10
lnK·time	−0.002	−0.61	0.003	0.72	−0.022	−5.52
η_1					0.039	1.49
η_2					−0.016	−1.94
η_3					−0.029	−2.79
η_4					−0.444	−2.29
η_5					0.013	1.74
η			0.124	2.84		
lnL	51.71		54.14		128.83	

〈그림 6-1〉 ASEAN 5개국의 효율성추정치

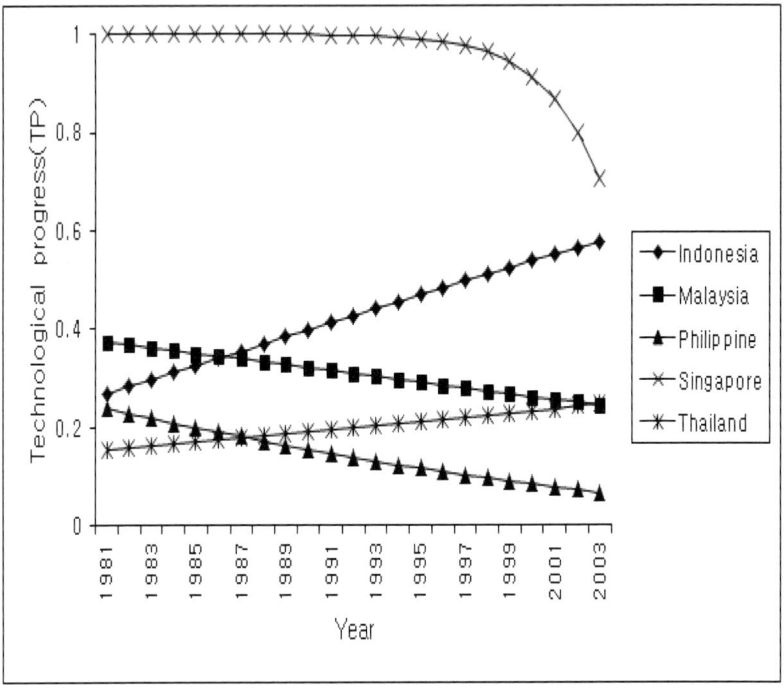

마지막으로 <표 6-2>는 생산함수 실증분석에서 일반적으로 행해지는 가설검정을 보여준다. 첫 번째는 귀무가설은 BC92의 설정, 대립가설은 Cuesta의 설정으로 검정한 것이다. 5%의 유의수준에서 기각하였으므로 BC92의 동일한 시간변동가설은 기각되었다. 두 번째 가설은 초월대수 함수의 축약인 Cobb-Douglas함수를 검정한 것인데 이도 기각되었으며 마지막으로 Hicks중립성 가설도 기각되었다.

<표 6-2> 가설검정 결과

Hypothesis	LR Statistic	Degrees of freedom	Result*
H_0: $\eta_1 = \eta_2 = \eta_3 = \eta_4 = \eta_5$	149.92	4	Reject
H_0: Cobb-Douglas Function: $\beta_1 = \beta_2 = ... = \beta_6 = 0$	110.11	5	Reject
H_0: The Hicks neutrality of TP: $\beta_{Lt} = \beta_{Kt} = 0$	46.98	2	Reject

*: 5% significance level

Chan and Lee(2010)는 중국의 지역별 효율성의 변동을 비교하는데 연구의 관심을 둔 실증분석 연구이다. 중국을 31개 지방자치단체로 분리하였으며, 이를 서부, 중부, 동부 지역으로 분류하여 비교하였다. 사용한 표본은 31개 자치단체를 1993~2003년간 관찰한 패널자료이다. 즉 N=31, T=11인 패널자료이다. Chan and Lee(2010)의 연구목적과 표본자료를 고려하면서 적합한 모형을 후기 4개 모형뿐 아니라 전기 4개 모형까지 포함하여 모형선택을 논의해보자. 첫째, 연구목적이 서부, 중부, 동부로 분리한 지역의 효율성 변동을 비교하는 데 있으므로 효율성 변동패턴이 동일하다는 가정을 부여한 모형은 적합하지 않다. 따라서 BC92, KUM, LS는 제외한다. 둘째, 개별 자치단체의 효율성을 비교하는 것이 아니라 3개 지역의 비교를 원하므로 그룹 간 효율성 변동을 비교한 GrBC와 GrLS가 적합해 보인다. 그러나 개별기업 또는 지역의 효율성 변동을 추정하는 CSS, Cuesta, ALS07도 배제할 수 없다. 개별지역의 효율성을 추정하고 이를 지역별로 평균하면 소기의 연구목적을 달성할 수 있기 때문이다. 다음으로 표본자료를 고려해보자. N=31, T=11인 패널자료는 소표본 문제가 있을 수 있으므로 가능하면 모수의 수가 적은 모형이 적합하다. 상대적으로 N이 크다는 점을 고려할 때 CSS와 Cuesta는 적합하지 않다. T에 비해 상대적으로 N이 크지만 T가 11로 작은 수는 아니기 때문에 ALS07는 $p=3$이라고 가정하면 효율성의 시간변동에 관련한 모수의 수만 고려하여도 $p(\mathrm{T}-1)=30$이나 된다. 마지막으로 GrLS는 효율성의 시간변동에 관련한 모수의 수가 G(T−1)=30, G=3인 반면 GrBC에서는 효율성의 시간변동에 관련한 모수가 3개이다. 따라서 표본자료가 소표본이라는 점을 고려할 때 GrBC가 지역별 효율성의 변동을 비교하는 실증분석에는 가장 적합해 보인다. 또한 본 실증분석의 목적이 1993~2003년 기간 중 각 연도별 효율성의 변동을 분석하기보다는 지난 11년간 효율성변동의 추세를 비교하는 데 있기 때문에 효율성 시간변동패턴의 함수를 가정한 GrBC이 적합하다. 굳이 매년도별 변동을 추정하는 GrLS가 필요하지 않다는 의미이다.

실제로 Chan and Lee(2010)는 GrBC를 이용하여 실증분석을 하였다. 이들은 표본이 소표본임을 고려하여 CRTS(constant returns to scale)을 가정한 초월대수생산함수를 설정하였다.

$$\ln\left(\frac{y_{it}}{L_{it}}\right)=\alpha_t+\beta_K\ln\left(\frac{K_{it}}{L_{it}}\right)+\beta_t t+\left(\frac{1}{2}\right)[\ln\left(\frac{K_{it}}{L_{it}}\right)]^2+\left(\frac{1}{2}\right)\beta_{tt}t^2+\beta_{Kt}\ln\left(\frac{K_{it}}{L_{it}}\right)t-u_{it}+v_{it}$$

(6−22)

그리고 다음의 표는 Chan and Lee(2010)에서 발췌해온 실증분석 결과이다. <표 6-3>은 가설검정 결과이다. GrBC는 사전 정보를 이용하여 그룹을 분류하였다는 단점을 보완하기 위하여 일부 그룹이 동일한 그룹으로 합해질 수 있는지 여부를 판단하는 검정법을 제시하였다. 첫 번째는 BC92가 귀무가설이며 3개 그룹으로 구분한 GrBC 모형이 대립가설이다. <표 6-3>은 BC92의 설정이 기각되었음을 나타낸다. 즉 중국의 3개 지역의 효율성 변동은 서로 간에 서로 다른 시간변동패턴을 보였음을 의미한다. 다른 3개 가설은 각각 지역이 다른 지역과 통합될 수 있는지 여부를 검정하기 위한 것이다. 검정결과에 의하면 동부지역과 서부지역의 효율성 변동이 유사한 패턴을 보였음을 의미한다. 이들 가설검정 결과를 기반으로 중부지역과 (서부+동부) 지역 등 2개 그룹으로 분류하여 GrBC로 추정한 생산함수를 <표 6-4>에 정리하였다. η_1은 음의 값, η_2는 양의 값으로 추정되었다. η_1의 추정치는 통계적으로 유의하지 않으나 η_2의 추정치는 통계적으로 유의하게 나타났다. 따라서 (서부+동부)지역의 평균효율성은 표본기간 중 상대적으로 개선되지 않았으나 중부지역은 효율성 개선이 있었음을 시사한다. 효율성 추정치는 max operator를 사용하여 구하였으므로 가장 효율적인 지자체인 Shanghai에 대비한 상대적 효율성이다. 만약 Shanghai의 효율성이 지속적으로 향상되었다면 상대적 효율성의 변동이 없는 것으로 추정되어도 절대적 효율성은 향상되었음을 인지해야 한다.[21] 마지막으로 <표 6-5>는 개별 지자체의 효율성

21 제3장에서 max operator를 설명하면서 상대적 효율성 추정치에 대하여 논의하였음.

추정치를 보여준다. Shanghai는 표본기간 동안 가장 효율적인 지자체였으며 Zhejiang과 Jiangsu는 표본기간 중 효율성을 점진적으로 향상시켜 1983년에 비해 2003년에 Shanghai와 효율성 격차가 줄어들었다.

〈표 6-3〉 그룹분류를 위한 가설검정

Hypothesis	LR statistic	Degrees of freedom	p-value
1. $\eta_1 = \eta_2 = \eta_3$ (BC Model)	57.517	2	0.000
2. $\eta_1 = \eta_2$ (East = Central)	46.455	1	0.000
3. $\eta_1 = \eta_3$ (East = West)	0.350	1	0.554
4. $\eta_2 = \eta_3$ (Central = West)	25.088	1	0.000

〈표 6-4〉 추월대수생산함수 추정결과

	Translog with CRTS
ln(K/L)	0.513* (21.13)
t	0.058* (14.17)
$ln(\mathrm{K/L})^2$	−0.020 (−1.53)
t^2	−0.002* (−8.26)
$ln(\mathrm{K/L})\cdot t$	−0.020* (−7.48)
η_1	−0.005 (−1.43)
η_2	0.008* (2.70)
SSE_{GrBC}	0.358

*: Significant at the 5% level

<표 6-5> 지자체별 효율성 추정치 비교

Year	1993	1995	1997	1999	2001	2003	Yearly average
Shanghai	1.000	1.000	1.000	1.000	1.000	1.000	1.000
Guangdong	0.793	0.795	0.797	0.798	0.780	0.781	0.790
Zhejiang	0.663	0.666	0.669	0.671	0.674	0.676	0.671
Jiangsu	0.674	0.677	0.680	0.682	0.685	0.687	0.681

다음은 Erwidodo(1990)가 사용한 인도네시아 쌀농가의 패널자료를 대상으로 이 표본자료에 적합한 모형을 생각해본다. 이 표본은 제5장에서 실증분석의 예를 논하는 데 사용하였던 자료이다. 이 자료는 171개 쌀농가의 6개 농번기 관찰치를 모은 패널자료이다. 인도네시아 쌀농사는 이모작을 하므로 6개 시계열은 3년의 관찰치이다. 즉 매년 우기와 건기 자료를 3년간 모은 것이다. 또한 171개 쌀농가는 6개 마을에서 수집한 자료이다. 각 마을별로 수리시설, 교통조건 등 서로 다른 특성이 있다.

이제 이 표본자료를 이용하여 농가의 효율성의 시간변동을 추정하는 실증분석 연구에 적합한 계량모형에 대하여 논하자. 이 표본은 N이 크고 T가 작으므로 모수의 수가 N과 함께 증가하는 CSS와 Cuesta는 적합하지 못하다. 서로 다른 특성을 지닌 6개 마을에서 모은 표본이라는 점을 고려하면 모든 쌀농가의 효율성 변동패턴이 동일하다는 가정은 현실에 부합하지 못할 가능성이 높다. 따라서 동일한 시간변동패턴을 가정한 BC92, KUM, LS도 실증분석에 사용하기 적합하지 못하다.

물론 현실적으로 각 농가의 효율성 변동패턴이 유사할 수도 있기 때문에 이들 모형을 절대적으로 배제할 수는 없지만 이는 검정을 통해서 알 수 있다. 이제 남은 모형은 GrLS, GrBC, ALS07이다. 동일한 마을에 있는 농가의 효율성의 변동은 유사한 형태를 지닐 가능성이 많으므로 각 마을을 개별 그룹으로 분류하여 GrBC와 GrLS에 적용할 수 있다. 또한 동일한 효율성 변동패턴을 가정하지 않는 ALS07도 응용이 가능한 모형이다. 이 3개 모형 중 GrLS와 ALS07은 N이 크고 T가 작은 표본에 적합하며, GrBC는 NT가 크면 되므로 모두 이 표본자료에 적합하다. 각 농가 또는 마을별로 우기에 효율적인 마을 또는 건기에 효율적인 마을이 존재한다면 효율성의 단조증가 또는 단조감소를 가정하는 GrBC모형보다는 효율성 변동패턴에 제약이 없는 GrLS 또는 ALS07이 더 적합할 것 같다.

실제로 Lee(2006)와 Ahn, Lee and Schmidt(2007)는 이 표본자료를 이용한 실증분석의 예를 보였다. 우선 Lee(2006)의 실증분석 결과의 일부를 보자. 다음의 <표 6-6>에서 <표 6-9>는 Lee(2006)에서 발췌하였다. Cobb-Douglas함수를 가정하고 5개 투입요소를 이용한 생산함수를 설정한 후에 6개 마을이 그룹을 형성한다고 가정하였다. <표 6-6>은 그룹을 정하기 위한 가설검정결과이다. 여섯 가지 서로 다른 가설의 검정결과를 토대로 그룹을 정하면 1, 2번 마을이 그룹1을 형성하고 3, 5, 6번 마을이 그룹2를 형성하며 네 번째 마을이 독립적인 그룹을 형성한다. 즉 3개 그룹을 형성하였다.

<표 6-6> 그룹분류를 위한 가설검정

Hypothesis	LR statistic	Degrees of freedom	P-value
1. $\theta_1 = \theta_2 = \ldots = \theta_6$	102.50	25	0.000
2. $\theta_1 = \theta_2$, $\theta_4 = \theta_5$, & $\theta_3 = \theta_6$	39.53	15	0.001
3. $\theta_1 = \theta_2$, & $\theta_3 = \theta_6$	8.20	10	0.610
4. $\theta_1 = \theta_2$, & $\theta_3 = \theta_5 = \theta_6$.	18.51	15	0.240
5. $\theta_1 = \theta_2 = \theta_4$, & $\theta_3 = \theta_5 = \theta_6$.	90.59	20	0.000
6. $\theta_1 = \theta_2 = \theta_3 = \theta_5 = \theta_6$	51.75	20	0.000

다음은 GrLS를 이용하여 GrBC의 설정을 검정할 수 있다. 또는 엄밀하게 논의하지는 않았지만 KUM의 설정에 그룹별 변동을 고려한 모형(GrKUM)도 함께 검정을 하였다. 검정통계량은 제5장에서 논의한 최소카이스퀘어검정을 이용하였다. <표 6-7>에 나타난 대로 두 가지 모형 모두 기각되었다. 따라서 효율성의 시간변동 추세가 완만하지 않고 들쑥날쑥함을 짐작할 수 있다. <표 6-8>에 각 그룹별 효율성변동의 추정치를 비교하면 θ가 농번기별로 커지고 작아짐을 알 수 있다. 예를 들어 그룹1은 T=2기에 T=1기와 비슷한 효율성을 보이다가 T=3기에 대폭 악화되었으며, T=4에는 효율성이 소폭 회복되었고, T=5, 6에는 가장 높은 효율성을 기록하였다. 즉 효율성 변동에 단조성도 없으며 완만한 함수형태를 보이지도 않음을 알 수 있다.

<표 6-7> 시간변동패턴 함수에 대한 가설검정

Hypothesis	MCS statistic	Degrees of freedom	p-value
Kumbhakar Specification*	220.86	9	0.000
BC Specification**	560.52	12	0.000

*: $H_0 : \theta_{gt} = [1 + \exp(b_g + c_g)]/[1 + \exp(b_g t + c_g t^2)]$

**: $H_0 : \theta_{gt} = \exp[-\eta_g (t - T)]/\exp[-\eta_g (1 - T)]$

<표 6-8> 효율성의 시간변동 모수 추정치

The LS Model		The Group-Specific Model					
Variable	Estimate	Group 1		Group 2		Group 3	
		Variable	Estimate	Variable	Estimate	Variable	Estimate
Θ_2	1.171 (1.48)	θ_{12}	1.005 (0.08)	Θ_{22}	1.321 (2.11)	θ_{32}	1.013 (0.08)
Θ_3	0.491 (−3.05)	θ_{13}	0.533 (−1.44)	Θ_{23}	0.637 (−3.56)	θ_{33}	0.838 (−1.14)
Θ_4	0.680 (−2.47)	θ_{14}	0.803 (−1.36)	Θ_{24}	0.560 (−3.11)	θ_{34}	0.000 (−2.06)
Θ_5	1.220 (2.51)	θ_{15}	1.219 (1.38)	Θ_{25}	1.173 (1.64)	θ_{35}	0.845 (−1.08)
Θ_6	1.385 (2.48)	θ_{16}	1.204 (1.32)	Θ_{26}	1.527 (2.93)	θ_{36}	0.841 (−0.97)

The numbers in ( ) are t-values for H_0: $\theta_{gt} = 1$.

마지막으로 ALS07모형의 실증분석 결과를 보자. 그리고 다른 모형들과의 추정결과를 비교한다. 바로 위에서 사용한 인도네시아 쌀농가 패널자료를 이용하였다. 아래의 <표 6-9>에서 <표 6-12>는 Ahn, Lee and Schmidt(2007)에서 발췌한 것이다. ALS07을 이용하는데 선행되어야 할 단계는 공통요인의 수를 추정하는 것이다. <표 6-9>는 ALS07이 제안한 sequential method의 결과를 보여준다. 제목 밑 첫째 행의 검정결과는 $w_i = z_i$, 즉 z_i의 모든 값을 도구변수로 사용한 것이며 둘째 행의 검정결과는 모멘트조건의 수를 줄이기 위하여 $w_i = [mean(x_i), x_{i1}', x_{i6}', f_i]$를 도구변수로 사용한 것이다. 검정결과는 도수변수의 차이에 상관 없이 $\hat{p} = 2$로 추정되었다. 과정을 간략히 설명하면 공통요인이 하나도 없다는 귀무가설 $H_0 : p = 0$($H_a : p > 0$)는 1%에서 기각되었으며, 공통요인이 1개라는 귀무가설 $H_0 : p = 1$ ($H_a : p > 1$)도 1%에서 기각되었다. 그러나 공통요인이 2개라는 귀무가설 $H_0 : p = 2$($H_a : p > 2$)는 기각되지 않기 때문에 공통요인의 수는 2개로 추정되었다.

〈표 6-9〉 공통요인의 수(p) 추정결과

Instruments	Test Statistic		
	H_0: p = 0	H_0: p = 1	H_0: p = 2
$[x_{i1}', x_{i2}', ..., x_{i6}', f_i]$	676.60 (0.00)	314.86 (0.00)	103.03 (0.99)
$[mean(x_i), x_{i1}', x_{i6}', f_i]$	451.02 (0.00)	243.86 (0.00)	64.57 (0.93)

The numbers in parentheses are p-values.

〈표 6-10〉 Production Function Estimation Results

Variable	SS		CSS		BC92		KUM		LS (p=1)		Two-Factor (p=2)	
	Estimate	t-value	Estimate	t-value	Estimate	t-value	Estimate	t-value	Estimate	t-value	Estimate	t-value
Seed	0.115	4.21	0.145	5.55	0.094	3.39	0.094	3.45	0.112	4.28	0.079	1.83
Urea	0.103	5.32	0.107	5.27	0.099	4.68	0.106	5.27	0.085	4.40	0.069	2.20
TSP	0.102	9.09	0.068	5.39	0.041	3.23	0.049	4.03	0.053	4.38	0.041	2.12
Labor	0.257	8.65	0.295	9.56	0.220	7.25	0.221	7.42	0.228	7.83	0.228	4.65
Land	0.443	13.63	0.379	11.39	0.503	14.72	0.506	15.19	0.488	15.13	0.552	10.25
η_1					0.003	3.00	0.069	9.57				
η_2							-0.010	-9.49				
θ_{11}									-0.988	-180.96	-0.231	-1.08
θ_{12}									-0.981	-153.45	0.664	2.13
θ_{13}									-0.953	-141.42	1.655	3.67
θ_{14}									-0.926	-149.12	0.266	0.98
θ_{15}									-1.005	-231.53		
θ_{21}											-0.753	-3.52
θ_{22}											-1.646	-5.25
θ_{23}											-2.614	-5.78
θ_{24}											-1.193	-4.37

LS(p=1)은 정규화조건으로 $\theta_{t=6}=-1$을 가정하였음.

<표 6-10>은 그룹별 효율성의 변동을 고려한 GrLS와 GrBC를 제외한 대부분 패널자료를 이용한 모형의 추정결과가 정리되어 있다. 생산함수의 추정결과는 다소간의 차이는 있으나 6개 모형이 전반적으로 비슷한 추정치를 보여주고 있다. 효율성의 시간변동과 관련한 모수 추정치를 비교하자. 우선 CSS는 3N개의 추정치가 있어서 지면 제약상 생략하였다. 그러나 다음의 <그림 6-2>에서 CSS의 개별기업 효율성 추정치는

다른 모형과 함께 비교할 것이다. BC92와 KUM을 비교하면 KUM의 η_2의 t-값이 −9.47로 $\eta_2=0$이라는 귀무가설이 기각되므로 BC92에 비해서 KUM의 효율성 변동에 대한 설명력이 높을 것을 짐작할 수 있다. ALS07 대비 다른 모형들, 즉 BC92, KUM, LS를 비교하면, 이 세 모형은 공통요인이 1개임($p=1$)을 가정한 모형이다. LS는 공통요인에 아무런 제약을 주지 않은 것이고, BC92와 KUM는 공통요인에 함수형태를 부여한 차이만 있을 따름이다. 그러나 ALS07에 의하면 $p < p_0$이면, 생산함수와 공통요인의 추정량은 일치성을 지니지 못한다. <표 6-9>에서 $p=2$로 추정되었으므로 이론적으로 BC92, KUM, LS의 추정치는 일치성이 없다.

<그림 6-2>는 ALS07을 이용하여 추정한 일부 농가의 효율성 변동을 그린 것이다. 농가별 효율성의 변동패턴이 서로 다름을 알 수 있다. 이러한 차이를 추정할 수 있다는 점이 ALS07의 장점이다. 농가168의 상대적 효율성(가장 효율적인 농가 대비 효율성)은 $t=1$에서 약 50% 수준이었으나 $t=3$에서는 80%까지 향상되었다. 그러나 $t=4$부터 효율성이 악화되어 $t=5$에는 40% 밑으로 낮아졌다가 $t=6$에 55% 수준으로 회복되었다. 농가39의 효율성 추정치를 관찰하면 $t=1$에는 상대적 효율성이 70%를 약간 밑도는 수준이었다. $t=2$부터 효율성이 악화되어 $t=3$에 35% 수준까지 낮아졌다가 $t=4$부터 효율성이 개선되어 $t=6$에는 70% 수준까지 향상되었다. 두 농가의 효율성 변동에 대한 관찰 내용을 정리하면 첫째는 농가별 효율성 변동패턴이 동일하지 않다는 점이고, 둘째는 효율성 변동패턴이 단조적이지 않고 불규칙하다는 점이다. 이로부터

시사점을 찾으면 첫째, 모든 농가의 효율성 변동패턴이 동일하다는 가정을 부여한 모형은 <그림 6-2>에서 발견한 농가별 효율성 움직임의 차이를 반영하지 못한다는 점이다. 둘째, 농가39의 움직임은 효율성 수준이 감소하다 $t=3$을 저점으로 다시 상승하였으므로 CSS의 2차방정식 형태의 설정이 적합할 수 있으나 농가168은 효율성 수준이 증가－감소－증가를 보여주므로 2차방정식 형태로 설명할 수 없는 움직임이다. 이를 확대하면 단순한 함수로 효율성의 움직임을 제대로 설명하기 쉽지 않음을 시사한다.

〈그림 6-2〉 ALS07의 개별 농가 효율성 추정치

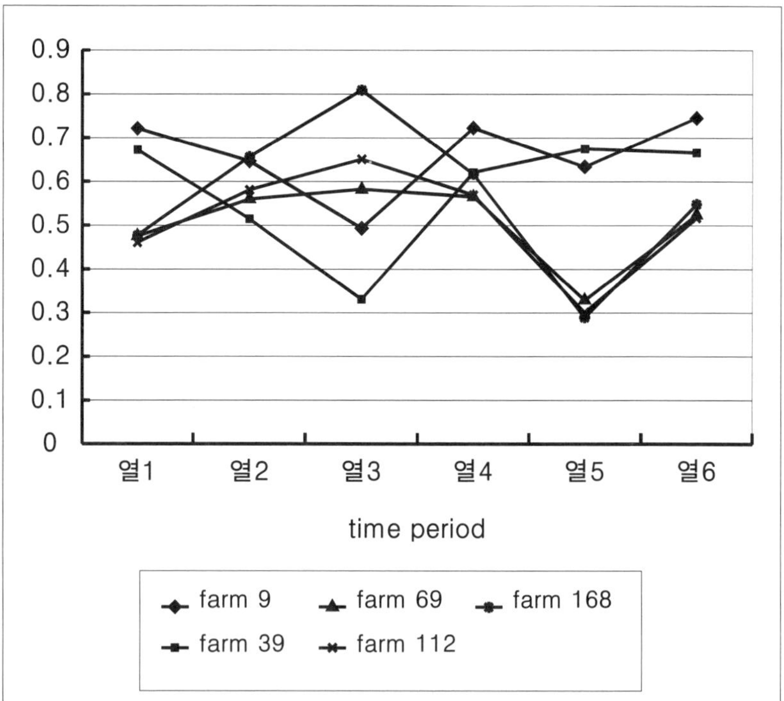

이러한 모형 간 특성을 다른 각도에서 보기 위하여 <그림 6-3>에서는 1개 농가 (농가34)의 효율성에 대한 모형별 추정결과를 비교하였다. 효율성의 시간불변을 가정한 SS의 추정치는 53% 수준으로 시간이 지나도 변동이 없다. 단조성을 가정한 BC92는 <표 6-10>에서 $\hat{\eta} = 0.003$ 으로 0에 가까운 양의 값을 갖는 것으로 추정되었던 점이 반영되어 $t=1$에는 약 49% 수준에서 $t=6$에는 49.5% 수준으로 미세하게 향상되는 것으로 나타났다. KUM은 시간의 제곱까지 고려한 지수함수 형태의 효율성 시간변동을 가정한 특성이 그대로 추정치에도 반영되어 있다. 또한 $\eta_1 = 0.069$, $\eta_2 = -0.010$ 으로 계수추정치가 크지 않기 때문에 효율성의 변동이 크지 않다. $t=1$에는 51% 수준에서 $t=3$에 52% 수준으로 증가하였다가 다시 감소하여 $t=6$에 51% 수준으로 돌아간 미세한 변동을 보였다. LS도 효율성 추정치가 초기에는 증가하였다가 $t=4$를 정점으로 다시 감소한 모습을 보인다. 다른 모형과 동일하게 효율성 변동이 미세하다. 그러나 나머지 두 모형 CSS와 ALS07의 효율성 변동은 많은 차이를 보인다. 시간의 2차방정식을 설정한 CSS는 농가34는 $t=1$에는 상대적 효율성이 65% 수준이었으나 점진적으로 감소하여 $t=3$에 42%로 낮아졌다가 $t=6$까지 비슷한 수준에서 머물렀다. 시간변동 형태에 아무런 제약을 하지 않은 ALS07의 효율성 추정치는 좀 더 자유로운 움직임을 보인다. $t=1$에 51% 수준에서 시작하여 $t=3$에 35%로 감소하였다가 $t=4$에 52%로 증가하였으며 $t=5$에 45%로 감소, $t=6$에 52%로 증가를 반복한다. 만약 이러한 움직임이 사실이라면 효율성 변동에 단순한 함수형태를 가정한 모형은 이를 추정하기 어렵다.

〈그림 6-3〉 개별 농가(farm 34) 효율성의 모형별 추정치 비교

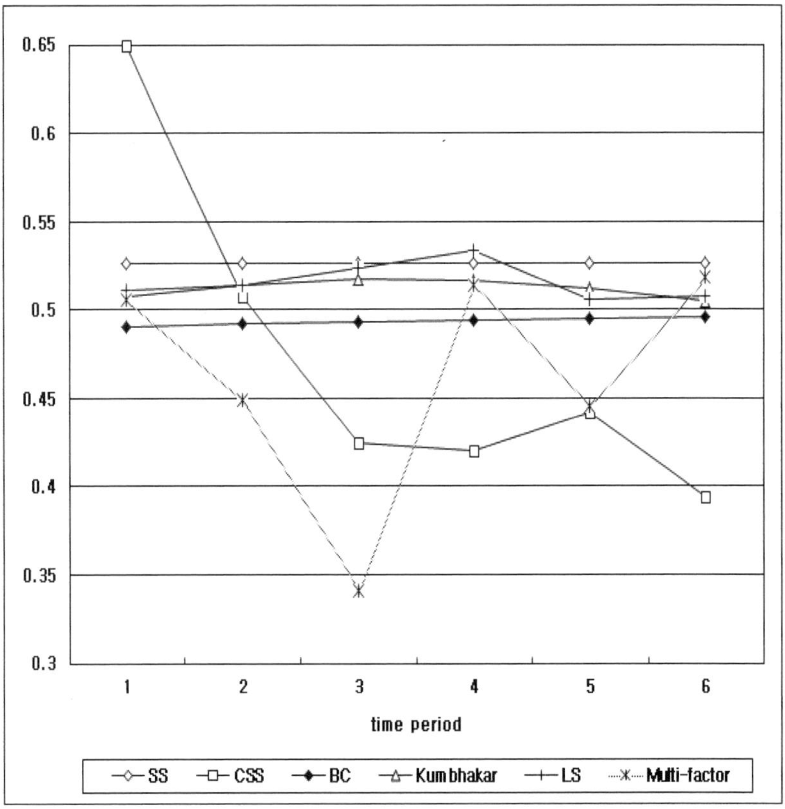

BC = BC92, Kumbhakar = KUM, Multi－factor = ALS07(p = 2)

<그림 6-3>에서 관찰한 모형별 효율성 추정치의 차이를 정리하여 응용연구자가 연구의 목적에 적합한 계량모형을 선택하는 데 도움이 되는 시사점을 도출하면 다음과 같다. 첫째, 농가34의 효율성 추정치의 평균을 구하면 6개 모형 모두 45～53% 범위 안에 평균효율성에 대해서

는 유사한 추정치를 제공하는 것으로 나타났다. 즉 기업의 효율성 시간변동에 연구의 관심이 있지 않고 기업 간 효율성의 차이를 비교하는 데 연구의 관심이 있다면 가장 제약이 강한 모형인 SS 모형을 이용하여도 무방하다. 물론 효율성의 시간변동을 가정한 모형을 이용하여도 비슷한 평균효율성 추정치를 구할 수 있다. 둘째, 농가 34의 효율성 추정치의 변동이 동일한 변동패턴을 가정한 모형(BC92, KUM, LS)에서는 비슷하게 추정되었으나, 이를 가정하지 않고 개별 농가별 효율성 변동을 추정한 모형(CSS, ALS07)에서는 효율성 변동이 매우 크게 나타났다. 이는 BC92, KUM, LS는 표본에 포함된 모든 농가의 효율성 변동 평균을 추정하기 때문으로 보인다. 즉 효율성이 증가하는 농가와 감소하는 농가가 있다면 평균효율성의 움직임은 상쇄효과로 작기 때문이다. 반면 CSS와 ALS07은 개별 농가별 효율성의 움직임을 반영할 수 있으므로 개별 농가의 효율성 추정치의 움직임이 크게 나타난다. 따라서 응용연구자는 연구의 목적이 개별기업의 효율성 변동을 분석하는 데 있지 않고 산업 전체의 효율성 변동추세에 관심이 있다면 BC, KUM. LS 등의 모형을 이용해도 되지만 표본에 포함된 기업 중 일부 기업의 효율성 변동을 세밀히 관찰하고 싶다면 CSS나 ALS07을 이용하면 된다. 이 중에서도 개별기업의 효율성 변동에 대한 전반적인 추세에 관심이 있다면 CSS를 이용할 수 있으나 매년도별 움직임을 관찰하고 싶다면 ALS07이 적합하다. 물론 표본 패널자료의 특성을 고려한 모형선택의 기준도 함께 고려해야 한다. 여기서 사용한 자료는 N=171, T=6인 패널자료이므로 N이 작고 T가 큰 패널자료에 적합한 CSS에는 맞지 않다. 반대로 N이 크고 T가 작은 패널자료에 적합한 ALS07은 인도네시아 쌀농가 패널자료를 분석하는 데 적합하다는 점도 모형선택에서 고려해야 한다.

4. 프로그램 코드 설명

이 장에서 논의한 4개 모형(Cuesta, GrLS, GrBC, ALS07) 중 Cuesta를 제외한 3개 모형을 이용할 수 있도록 각 모형별 GAUSS코드를 정리하였다. 패널자료를 이용하여 효율성의 시간변동을 추정할 수 있는 모형에 대한 프로그램이다. Cuesta는 비효율성의 확률분포를 가정하여 MLE방법에 의하여 생산함수와 효율성을 추정한 모형이다. 이를 생략한 이유는 BC92의 프로그램을 변형하거나 이 절에서 소개할 GrBC모형의 프로그램을 변형하면 Cuesta를 위한 프로그램을 완성할 수 있기 때문이다. 여기에 제시한 모든 프로그램은 인도네시아 쌀농사 data file을 사용한다.

1) Lee(2006) 모형의 프로그램(GrLS)

3절의 실증분석에서 이용한 GrLS모형의 GAUSS코드(Ch6_GrLS)를 정리하였다. 이 프로그램은 두 가지 역할을 수행한다. 첫째, 표본 내의 개별기업 grouping에 관한 검정을 수행할 수 있으며, 둘째, grouping을 확정한 후에 생산함수 및 효율성을 추정한다. 먼저 기초적인 프로그램 사용법을 사용하고, 두 번째 grouping에 관련한 검정법에 대하여 설명하며, 마지막으로 효율성 추정에 관한 프로그램 사용법을 논한다. 아래에 언급하지 않은 부분은 응용연구자들이 수정할 필요가 없는 부분이다.

(1) line 13~18에서 횡단면자료와 시계열자료의 수 및 data file에 있는 변수의 수를 지정해준다. 이 예에서 data file에 포함된 변수의 수(coulmn 수)는 16이다.

(2) line 20에서 data file을 지정한다.

(3) line 25~31에서 산출물 변수(y)와 생산요소 변수(x)를 지정해준다.

(4) line 33~68에서 개별기업이 속할 group을 지정한다. 여기서 사용하는 쌀농가 패널자료는 6개 지역에서 추출한 171개 농가로 구성되어 있다. 가장 먼저 생각할 수 있는 grouping은 각 지역을 하나의 group으로 정하는 것이다. 6개 group을 설정한 후에 밑에서 소개할 가설검정을 통하여 일부 group이 통합될 수 있는지 여부를 검정하여 grouping방법을 확정한다. 따라서 최종 group의 수는 6개보다 작거나 같다.

(4-1) line 34~49는 최초로 설정한 6개 그룹으로 정의하는 명령어이다. 이 중 각 group에 속한 농가 수를 지정하는 line 35만 수정하면 되며 다른 명령문은 수정할 필요가 없다. 단 본 data file에는 표본에 있는 농가가 각 지역순으로 정렬되어 있음을 알 수 있다. 즉 첫 번째 지역에 속한 19개 농가의 자료가 먼저 입력되었으며 두 번째 지역에서 여섯 번째 지역까지 순서대도 농가의 자료가 미리 입력되어 있다. line 51~55는 6개 group을 지정하는 명령문의 예이다.

(4−2) line 57∼63은 지역1과 지역2를 하나의 group으로 통합할 경우, 즉 5개 그룹으로 정의하는 명령어이다.

(4−3) line 65∼68은 6개 지역을 모두 통합한 경우, 즉 1개 group으로 정의하는 명령어이다. 따라서 이 grouping은 Lee and Schmidt (1993)와 동일하다.

(4−2)와 (4−3)의 예를 참조하여 명령어를 수정하여 이용하면 된다. 주의할 것은 위의 세 가지 grouping에 대한 예 중 하나만 활성화시키고 다른 두 개의 예는 코멘트 문으로 묶어서 비활성화시켜야 한다.

이제부터는 grouping에 관련한 검정법에 대하여 설명한다. 관련한 명령어는 line 323∼345에 위치하고 있다. GrLS를 이용하여 LS의 설정을 검정할 수 있다. 즉 귀무가설이 $\alpha_{it}=\theta_t\alpha_i$ 이며 대립가설이 $\alpha_{it}=\theta_{gt}\alpha_i$ 에 관한 검정에 대한 명령어는 line 320∼328이다.

(5) line 324에서 LSSSE는 LS모형으로 추정한 결과의 SSE(error sum of squares) 값으로 연구자가 지정한다. 이 값을 구하기 위해서는 제5장에서 소개한 프로그램 [ch5_LS]를 실행하여 구해도 되지만 지금 우리가 다루고 있는 프로그램에서 grouping을 line 65∼68과 같이 1개 그룹만이 존재하는 것으로 지정하고 수행하여 SSE값을 구한 후에 그 값을 입력하면 된다. line 343∼345에 있는 'end ;'를 활성화하면 검정 결과 출력과 함께 프로그램이 멈추게 된다.

두 개의 group을 통합할 수 있는지 여부를 검정하고자 한다면 line 334∼341의 명령어를 이용하면 된다.

(6) line 335에서 USSE는 제약이 없는 모형의 SSE값이다. 이 예에서

6개 지역을 기준으로 6개 group을 정의하였다면 이를 무제약 모형이라고 부른다. 이때 SSE를 값을 구하기 위해서는 line 51~68에서 line 51~55만 활성화시키고 나머지 부분은 코멘트문으로 묶어서 비활성화시킨 후 생산함수를 추정하여 구한다. 여기서 구한 SSE를 USSE에 입력한 후에 line 335~341을 활성화시킨다.

(7) line 343~345에 있는 'end ;'를 활성화하면 검정결과 출력과 함께 프로그램이 멈추게 된다.

(8) 만약 두 개 이상의 group을 통합할 수 있는지 여부를 검정하고자 한다면 line 334~341을 적절히 수정하여 사용하면 된다. 예를 들어 지역 1~3에 속한 농가를 모두 한 개의 group으로 통합할 수 있는지의 여부를 검정한다고 하자. 이 경우에 귀무가설은 $\theta_{g=1} = \theta_{g=2} = \theta_{g=3}$ 이므로 line 337에서 'DF = 1*(t−1)'을 'DF = 2*(t−1)'로 수정하며 line 59~ 63에서 grouping을 적절히 수정한다.

이제부터는 생산함수 추정 및 효율성 추정에 관한 프로그램 사용법을 논한다.

(9) 위의 검정과정을 통하여 결정한 grouping을 line 51~68에서 지정한다. 예를 들어 6개 group으로 정했다면 line 53~55를 활성화시키고 나머지는 비활성화시키며, 지역1~2를 하나의 group으로 통합하여 5개 group으로 정하였다면 line 59~63을 활성화시키고 나머지는 비활성화시킨다.

(10) line 203~210에서 초깃값이 OLS추정치로 지정되어 있으며 tolerance값이 지정되어 있다. 사용자가 원하는 값으로 수정할 수 있다.

(11) line 400~417은 효율성 추정결과를 출력하는 명령어이다. 예로 사용한 표본에서 T=6이므로 이에 맞추어져 있다. 시계열의 수가 다르다면 적절히 수정하면 된다.

Ch6_GrLS

```
1       /*
2       **  Program for Lee(2010) Model : Fixed Effect CLS of group Specific BC model
3       **  Compute test statistics for grouping, production function and efficiency
4       */
5
6       @ READING DATA @
7
8  new;
9  format /rd 12,12;
10 Output file = GrLS.out;
11 Output reset;
12
13      @  Read data file and define number of observations   @
14
15 N = 171;
16 T = 6;
17      NT=N*T;
18      q = 16 ;
```

```
load dat[NT,16] = leedata2.txt;


    /* Selecting data */

    @  Selection of input and Output variables  @

x = dat[., 1:5] ;
y = dat[.,15] ;
one = ones(NT,1);
z = @one~@x;
K=COLS(z);

    @ grouping Section: for this data, we group farms by villege @
    @ there are six villeges: 19 farms, 24, 37, 33, 22, 36 @

    N1=19; N2=24; N3=37; N4=33; N5=22; N6=36;
NT1=N1*T; NT2=N2*T; NT3=N3*T; NT4=N4*T; NT5=N5*T; NT6=N6*T;
X1=Z[1:NT1,.];
X2=Z[NT1+1:NT1+NT2,.];
X3=Z[NT1+NT2+1:NT1+NT2+NT3,.];
X4=Z[NT1+NT2+NT3+1:NT1+NT2+NT3+NT4,.];
X5=Z[NT1+NT2+NT3+NT4+1:NT1+NT2+NT3+NT4+NT5,.];
X6=Z[NT1+NT2+NT3+NT4+NT5+1:NT,.];
Y1=Y[1:NT1,.];
Y2=Y[NT1+1:NT1+NT2,.];
Y3=Y[NT1+NT2+1:NT1+NT2+NT3,.];
Y4=Y[NT1+NT2+NT3+1:NT1+NT2+NT3+NT4,.];
Y5=Y[NT1+NT2+NT3+NT4+1:NT1+NT2+NT3+NT4+NT5,.];
```

```
Y6=Y[NT1+NT2+NT3+NT4+NT5+1:NT,.];

    @   The following is an example for the six groups   @

Z=X1|X2|X3|X4|X5|X6;        Y=Y1|Y2|Y3|Y4|Y5|Y6;

nnt=(NT1~(NT1+NT2)~(NT1+NT2+NT3)~(NT1+NT2+NT3+NT4)~(NT1+NT2+NT3+NT4+NT5)~(NT1+NT2+NT3+NT4+NT5+NT6))';
    gr = rows(nnt) ;

    @   The following is an example for the five groups when group 1 and group 2 are merged @

@ N1=19+24; n2=37; n3=33; n4=22; n5=36;
NT1=N1*T; NT2=N2*T; NT3=N3*T; NT4=N4*T; NT5=N5*T;
Z=(X1|X2) |X3|X4|X5|X6;        Y=(Y1|Y2) |Y3|Y4|Y5|Y6;
nnt=(NT1~(NT1+NT2)~(NT1+NT2+NT3)~(NT1+NT2+NT3+NT4)~(NT1+NT2+NT3+NT4+NT5))';
    gr = rows(nnt) ;    @

    @   The following is an example for the one group: BC92 model @

@ nnt=NT;
    gr = rows(nnt) ;    @


" @************** OLS ESTIMATION ********************@ ";

    BOLS=INV(Z'Z)*(Z'Y);
    K=COLS(Z);

@ ******** T-STATISTIC ********** @
     SST=(Y-MEANC(Y))'(Y-MEANC(Y));
```

```
     SSE=(Y-Z*BOLS)'(Y-Z*BOLS);
     RBAR2=1-SSE*(NT-1)/(SST*(NT-K));
     R2=1-SSE/SST;
     VAR=SSE*INV(Z'Z)/NT;
     I=1; OLST=ZEROS(K,1);
     DO UNTIL I > K;
        OLST[I,1]=BOLS[I,.]/SQRT(VAR[I,I]);
        I=I+1;
     ENDO;
    "OLS: C    X "; BOLS';
    " T-VALUES OF OLS ESTIMATORS";      OLST';
    " R2 RBAR2";                                        R2 RBAR2;

    "";
" @ ************ SIMPLE Within ESTIMATION *********** @";

    Ot=ONES(T,1);     Pt =(Ot*(Ot'))/T;
    It=EYE(T);   Mt=It-Pt;
    XX=X ;   K=COLS(XX);

   I=1;
   XmX = ZEROS(K,K);       XmY = ZEROS(K,1);
   XpX = ZEROS(K,K);       XpY = ZEROS(K,1);
        DO UNTIL I > NT;
                  XmX = XmX + (XX[I:I+T-1,.])'Mt*(XX[I:I+T-1,.]);
                  XmY = XmY + (XX[I:I+T-1,.])'Mt*(Y[I:I+T-1,.]);
                  XpX = XpX + (XX[I:I+T-1,.])'Pt*(XX[I:I+T-1,.]);
                  XpY = XpY + (XX[I:I+T-1,.])'Pt*(Y[I:I+T-1,.]);
                I=I+T;
        ENDO;
```

```
    SW  =  INV(XmX)*(XmY);
    I=1;  SWSSE=0;     SBSSE=0;
         DO  UNTIL  I  >  NT;
                   SWSSE=SWSSE+(Y[I:I+T−1,.]−XX[I:I+T−1,.]*SW)'Mt
                                                 *(Y[I:I+T−1]−XX[I:I+T−1,.]*SW);
                   SBSSE=SBSSE+(Y[I:I+T−1,.]−XX[I:I+T−1,.]*SW)'Pt
                                                 *(Y[I:I+T−1]−XX[I:I+T−1,.]*SW);
                   I=I+T;
         ENDO;
     RBAR2=1−SWSSE*(NT−1)/(SST*(NT−K));
     R2=1−SWSSE/SST;

    SVAR=SwSSE*INV(XmX)/NT;

ssd=sqrt(diag(svar));
let mask1[1,4]  =   1  1  1  1;
     let  fmt1[4,3]  =
          "*.*lf"  10  0
          "*.*lf"  10  4
          "*.*lf"  10  4
          "*.*lf"  10  4  ;


avn=seqa(1,1,k);
summary=avn~(sw)~ssd~(sw./ssd);

"-------------------------------------------------------------------";
  "   Schmidt and Sickles Model                                     ";
"-------------------------------------------------------------------";
```

```
"";"VAR. Coeffs. standard errors t-values          ";
"--------------------------------------------------";
GLSPRINT =  printfm(summary,mask1,fmt1);
"--------------------------------------------------";
         "    swSSE    =    "  swSSE;
    " R2 RBAR2";          R2   RBAR2;

   @************** CALCULATION OF TECHNICAL INEFFICIENCY************@

     I=1;J=1;  ALPHA=ZEROS(N,1);       ALP=ZEROS(N,T);
     DO UNTIL I > NT;
        ALPHA[J,.]=Ot'(Y[I:I+T-1,.]-xx[I:I+T-1,.]*sw)/t;
        I=I+T;  J=J+1;
     ENDO;

     MAXAL=MAXC(ALPha);
     UU=MAXAL-ALPha;
     TECHEF=EXP(-UU);
     MEANTE=MEANC(TECHEF);
     "    AVE OF TECHNICAL EFFICIENCY"; MEANTE';
     "    TEHCNICAL EFFICIENCY";   TECHEF';


 @************** SIMPLE GLS ESTIMATION *******************@

   SW2=SWSSE/(NT-N-K);   SB2=SBSSE/(N-K);
 Q2=1-SQRT(SW2)/SQRT(SB2);@SWSSE*(N--1)/((NT-N)*SBSSE);@
   OMEGAt=(Mt+Q2*Pt)@/SW2@;
   K=COLS(Z);
         I=1;XoX  =  ZEROS(K,K);        XoY  =  ZEROS(K,1);
```

```
        DO UNTIL I > NT;
                XoX = XoX + (Z[I:I+T-1,.])'OMEGAt*(Z[I:I+T-1,.]);
                XoY = XoY + (Z[I:I+T-1,.])'OMEGAt*(Y[I:I+T-1,.]);
              I=I+T;
        ENDO;

SGLS = INV(XoX)*(XoY);
        I=1; SGSSE=0;
        DO UNTIL I > NT;
              SGSSE=SGSSE+(Y[I:I+T-1,.]-Z[I:I+T-1,.]*SGLS)'OMEGAt
                                    *(Y[I:I+T-1]-Z[I:I+T-1,.]*SGLS);
              I=I+T;
        ENDO;

 @   T-STATISTIC   @

 SGSST=SST;
 RBAR2=1-SGSSE*(NT-1)/(SGSST*(NT-K));
 R2=1-SGSSE/SGSST;
 SVAR=SGSSE*INV(XoX)/NT;
 I=1; SGT=ZEROS(K,1);
 DO UNTIL I > K;
    SGT[I,1]=SGLS[I,.]/SQRT(SVAR[I,I]);
    I=I+1;
 ENDO;

 "  SIMPLE GLS ESTIMATES:";   SGLS';
 "  SIMPLE GLS: T-VALUES";         SGT';
 "  R2   RBAR2  ";  R2 RBAR2;

```

```
"@************************END OF SIMPLE MODEL**********************@";
    @   ********** Within Estimation of Lee(2006) GrLS Model *****************   @
    @   ***************   Initial values *****************   @
   WB  =  BOLS;  K = ROWS(BOLS);
   TOL = 100*ONES(k + 1,1);
    TWSSE = 100*ONES(K + 1,1);
    WSSE = 0;
   DO UNTIL ABS(TOL) < 0.00000001;
    J = 1;  i = 1;
WRES = ZEROS(T,gr*T);
DO UNTIL i > gr;
do until j > nnt[i,.];
id1 = 1 +  (i−1)*t;  id2 = i*t;
    WRES[.,id1:id2] = WRES[.,id1:id2]                                   +
(Y[J:J + T−1,.]−z[J:J + T−1,.]*WB)*(Y[J:J + T−1,.]−z[J:J + T−1,.]*WB)';
        J = J + T;
     endo;
i = i + 1;
endo;
       J = 1;  i = 1;
wks = zeros(t,gr);  wp = zeros(t,gr*t);
DO UNTIL j > gr;
       {wlam1,wk1}  =  eigrs2(wres[.,1 + (j−1)*t:j*t]);
```

```
        wwgt1 = 1/wk1[1,t];
      wks[.,j] = wwgt1*wk1[.,t];
      WP[.,1 + (j-1)*t:j*t] = (WKS[.,j]*WKS[.,j]')/(WKS[.,j]'WKS[.,j]);
j = j + 1;
endo;

i = 1;
do until i > gr;
j = 1;
do until j>t;
if wks[j,i] < 0;   wks[j,i] = 0.0001;
eLSe;
endif;
j = j + 1;
endo;
i = i + 1;
endo;

      i = 1;  J = 1;   WXpX = ZEROS(K,K);   WXpY = ZEROS(K,1);     WSSE = 0;
do until i > gr;
      do until J > NNT[i,.];
      WXpX = WXpX  +  (z[J:J + T-1,.])'WP[.,1 + (i-1)*t:i*t]*(Z[J:J + T-1,.]);
      WXpY = WXpY  +  (Z[J:J + T-1,.])'WP[.,1 + (i-1)*t:i*t]*(Y[J:J + T-1,.]);
      WSSE = WSSE  +  (Y[J:J + T-1,.]-(Z[J:J + T-1,.])*WB)'
                              WP[.,1 + (i-1)*t:i*t]*(Y[J:J + T-1,.]-(Z[J:J + T-1,.])*WB);
      J = J + T;
endo;
i = i + 1;
      endo;
```

```
WSSE = (Y-Z*WB)'(Y-Z*WB)-WSSE;
     WXmX =z'z - WXpX;  WXmY=Z'Y - WXpY;
     WB=INV(WXmX)*(WXmY);
     TOL=(WB|WSSE)-TWSSE;
     TWSSE=(WB|WSSE);
   ENDO;


@**********************CALCULATION OF T-STATISTICS********************@

S2=WSSE/(NT-gr*(T-1)-K);
RBAR2=1-WSSE*(NT-1)/(SST*(NT-gr*(T-1)-K));
R2=1-WSSE/SST;

Qa=zeros(t-1,(t-1)*gr); Qxa=ZEROS(K,gr*(T-1)); QBa=zeros(t-1,(t-1)*gr);
I=1;  j=1;
    DO UNTIL j > gr;
    do until i > nnt[j,.];
      E=Y[I:I+T-1,.]-z[I:I+T-1,.]*Wb;
    tmp1 = wks[.,j]'wks[.,j];
    A1=wks[.,j]'E/ tmp1;
    id1=1+ (j-1)*(t-1);
                id2=j*(t-1);
    Qxa[.,id1:id2] = Qxa[.,id1:id2]+(A1/N)*( z[I+1:I+T-1,.]'
                                          - (z[I:I+T-1,.]'WKS[.,j]*WKS[2:T,j]')/ tmp1);
      tmpQ =  eye(t-1) - (WKS[2:T,j]*WKS[2:T,j]')/ tmp1;
    Qa[.,id1:id2]    =Qa[.,id1:id2]+ tmpQ* (A1^2)/N;
    QBa[.,id1:id2] = QBa[.,id1:id2]+ tmpQ*(((gr*s2)/ (n*tmp1) )+((A1^2)/N));
      I=I+T;
    endo;
```

```
        j=j+1;
            endo;

AA  =  ZEROS(K+gr*(t−1),k+gr*(t−1));
AA[1:K,1:K]=wXmX/N;
I=1;
do until i >gr;
            id1=k+i*(t−1);
id2=1+(i−1)*(t−1);
idL=k+1+(i−1)*(t−1);
idU=k+i*(t−1);
id3=1+(i−1)*(t−1);
AA[1:k,k+id2:k+i*(t−1)]=Qxa[.,id2:i*(t−1)];
AA[k+id2:k+i*(t−1),1:k]=Qxa[.,id2:i*(t−1)]';
AA[idL:idU,idL:idU]  =  Qa[.,id3:i*(t−1)];
i=i+1;
endo;

BB  =  AA;
i=1;
do until i >gr;
BB[k+1+(i−1)*(t−1):k+i*(t−1),k+1+(i−1)*(t−1):k+i*(t−1)]=QBa[.,1+(I−1)*(t−1):I*(t−1)];
i=i+1;
endo;

VAR2=s2*INV(AA)*BB*INV(AA)/N;

TWB2  =  Wb./sqrt(DIAG(var2[1:K,1:K]));
twks=zeros(gr*(t−1),1);  vwks=vec(wks[2:t,.]);
```

```
i=1;
do until i >gr*(t-1);
tWKS[i,.]=vwks[i,.]/sqrt(var2[K+i,K+i]);
i=i+1;
endo;


@ "***************HYPOTHESIS TEST: WKS1=WKS2=...=WKS6*************";"";
LSSSE=65.398146540256;
RSSE = LSSSE;  RS2=RSSE/(NT-N-gr*(t-1)-K);
    df = gr*(t-1) ;
LR=(RSSE-wSSE)/RS2;
         p_val = cdfchic(LR,df)  ;
"";"SSE LR statistic       degree of freedom       p-value1";
"------------------------------------------------------";
  wSSE LR  df  P_VAL; "";


@ "******************* HYPOTHESIS TEST: WKS1=WKS2     ****************";"";
USSE=54.886277892 ;
RSSE = wSSE;  RS2=RSSE/(NT-n-gr*(t-1)-K);
DF=1*(t-1);      LR=(RSSE-USSE)/RS2;
        p_val = cdfchic(LR,df)  ;
"";"SSE LR statistic       degree of freedom       p-value1";
"------------------------------------------------------";
  wSSE LR  df  P_VAL;  "";

    @ use end statement when testing the hypothesis of equality of theta_g
            and delete end statement when estimating efficiency              @
    @ end; @
```

```
let mask1[1,4] =  1 1 1 1;
     let fmt1[4,3] =
          "*.*lf" 10 0
          "*.*lf" 10 4
          "*.*lf" 10 4
          "*.*lf" 10 4 ;

avn=seqa(1,1,k+gr*(t-1));
summary=avn~(Wb|vwks)~sqrt(diag(var2))~(twb2|twks);

"";"VAR. Coeffs. standard errors t-values          ";
"------------------------------------------------";
GLSPRINT=  printfm(summary,mask1,fmt1);
"------------------------------------------------";
          "   wSSE   =  "  wSSE;


     @ ************** CALCULATION OF TECHNICAL INEFFICIENCY***********@


     MAXALt=MAXC(alp);
     UU=MAXALt-alp';
     TECHEF  =  EXP(-UU);
     MEANTE=MEANC(TECHEF');

     i=1 ; j=1 ; ii=1 ;
     alpha=zeros(n,1) ;
     alp=zeros(n,t) ;
     do until j > gr;
```

```
    do until i > nnt[j,.];
            e = Y[i:i+T-1,.]-Z[i:i+T-1,.]*WB ;
        alpha[ii,.]=WKS[.,j]'e/(WKS[.,j]'WKS[.,j]);
            alp[ii,.]=alpha[ii,.]*WKS[.,j]' ;
        II=II+1; I=I+T;
    endo;
    j=j+1;
    endo;
    MAXALt=MAXC(alp);
    UU=MAXALt-alp';
    TECHEF = EXP(-UU);
    MEANTE=MEANC(TECHEF');

    j=1 ; nog0=0 ;
    meanteg = zeros(t,gr) ;
    do until j > gr;
    nog1 = nnt[j,.]/t;
        teg = techef[.,1+nog0:nog1] ;
        meanteg[.,j] = meanc(teg') ;
   j=j+1;
        nog0=nog1 ;
    endo;


"--------------------------------------------------------";
    "" ;
"Firm id      GrLS    uu       " ;
"--------------------------------------------------------";
  "      T =     1        2        3        4        5        6";
"--------------------------------------------------------";
```

```
        firmid  =  seqa(1,1,n) ;
firmid~uu' ;

        "estimated  efficiencies  measures";
"------------------------------------------------";
    "        T  =      1            2            3            4            5            6";
"------------------------------------------------";
        firmid~techef';
"------------------------------------------------";
        "year    group mean efficiency         overall  mean  efficiency   " ;
        seqa(1,1,t)~meanteg~meante   ;
"------------------------------------------------";

        Output  off;
        end;
```

위의 프로그램을 실행하면 <표 6-11>과 같이 결과물이 출력된다. 이 프로그램은 기본적으로 OLS추정결과, SS모형에 대한 Within과 GLS 추정결과를 출력하며, GrLS모형에 의한 생산함수 추정결과 및 효율성 추정치를 제공한다. 효율성추정치의 연도별 평균뿐 아니라 각 group별 평균치도 제일 밑에 출력한다. 아래 출력물은 6개 group으로 설정하고 추정한 결과이다.

〈표 6-11〉 GrLS 모형 Output file

```
@********************************* OLS ESTIMATION **********************************@
OLS: C    X
0.299852368165 0.258398157556 0.018484445127 0.830637540095 -0.236925699542
 T-VALUES OF OLS ESTIMATORS
9.048037274929 12.167152501869 1.473281828518 40.036444735738 -12.233379174910
 R2 RBAR2
0.791994483811 0.791179574834

@ ************************** SIMPLE Within ESTIMATION *************************** @
------------------------------------------------------------
                    Schmidt and Sickles Model
------------------------------------------------------------
VAR.          Coeffs.    standard errors       t-values
------------------------------------------------------------
        1    0.1152     0.0274     4.2058
        2    0.1027     0.0193     5.3237
        3    0.1016     0.0112     9.0868
        4    0.2574     0.0297     8.6599
        5    0.4429     0.0325    13.6383
------------------------------------------------------------
   swSSE   =   94.147021676939
 R2 RBAR2
0.907146822731 0.906783049264
   AVE OF TECHNICAL EFFICIENCY
0.559230463245
   TEHCNICAL EFFICIENCY
0.526600652952  0.609765593539  0.678710799995  0.710229396145  1.000000000000  0.769674178302
0.645980060270  0.787771727338  0.767996576846  0.607486759965  0.512854446538  0.507623207067
0.616494308571  0.566239976366  0.596533455964  0.541507441812  0.743287970526  0.546117326715
0.626699659124  0.683955483607  0.677952223609  0.709188949297  0.611666880082  0.598862059277
0.580318230659  0.633790428182  0.673275355670  0.540264405675  0.706408447820  0.495093456834
0.673945115826  0.573068612419  0.483401591952  0.526446561931  0.585805982368  0.705542815838
0.732079423190  0.568881279659  0.619740523730  0.606040841155  0.579667324942  0.517352814013
0.525145647922  0.473358729549  0.355675750572  0.613798005569  0.503319811214  0.480977613002
0.492942989219  0.508148731738  0.487066932190  0.656283896447  0.378364102111  0.461163103007
0.461083375689  0.621008165832  0.410148504184  0.489183890170  0.594075237535  0.530257590470
```

0.495072898466 0.450775508814 0.539613531459 0.516120804142 0.407358039312 0.551505532016
0.434151042467 0.523732788445 0.539872732337 0.587565705860 0.467823915699 0.629802658098
0.614364620876 0.524549268989 0.643531251091 0.593393589873 0.482391859068 0.542971005218
0.409496684934 0.501082468281 0.556270120912 0.385185976197 0.588087214516 0.470028600561
0.422946424704 0.364043194992 0.446700531178 0.493621351081 0.433083830711 0.436682538318
0.393003834164 0.498253970369 0.541541394067 0.483199799997 0.534174679884 0.536204616794
0.588760750741 0.561734323239 0.494803036520 0.582387626989 0.527238368749 0.493059783935
0.535420812238 0.532776670389 0.467703230401 0.441229922065 0.424075135624 0.511840065291
0.432822429305 0.501178405363 0.511100133450 0.513127640512 0.430351718291 0.423991205050
0.462837394338 0.684026678402 0.386858700590 0.929545155811 0.590020977938 0.504089609213
0.595766000474 0.543771186382 0.514437409763 0.639148178692 0.584731389081 0.557395963727
0.589011521058 0.595813484828 0.595116646812 0.682610249152 0.634451471628 0.499037600832
0.496070231530 0.552353720705 0.647848690158 0.491766491077 0.541663071643 0.461727591894
0.488098414526 0.482648059552 0.580687804170 0.382992925932 0.357942122734 0.409831291520
0.373179693717 0.570957379632 0.570226578407 0.544093551664 0.514534244235 0.480098645895
0.675383970017 0.839418186117 0.705154022376 0.610607236451 0.654391516285 0.688294886511
0.646915559878 0.685565363903 0.632588481856 0.679692222650 0.593607305243 0.522036873415
0.834028355928 0.894822248894 0.536770837532 0.518074394554 0.749188908189 0.559633099856
0.527177109747 0.498351848120 0.543186995344

SIMPLE GLS ESTIMATES:

0.298560871161 0.257748727115 0.019434382644 0.831200826280 −0.236565928052

SIMPLE GLS: T−VALUES

9.002925201971 12.108977064557 1.545614866474 40.046768057922 −12.191390168521

R2 RBAR2

0.793480850240 0.792671764442

@ ****************************** end OF SIMPLE MODEL ****************************** @

**************************** HYPOTHESIS TEST: WKS1=WKS2 ****************************

SSE LR statistic degree of freedom p−value1

57.432752243680 36.357459581909 5.000000000000 0.000000805577

VAR. Coeffs. standard errors t−values

1	0.0972	0.0225	4.3250
2	0.0910	0.0159	5.7061
3	0.0230	0.0109	2.1170
4	0.2441	0.0261	9.3344

```
      5    0.4861    0.0277    17.5628
      6    1.0106    0.0145    69.5354
      7    0.9418    0.0142    66.2877
      8    0.9379    0.0141    66.7002
      9    1.0737    0.0160    67.0278
      .
     33    0.9380    0.0102    91.8386
     34    1.0255    0.0106    96.7284
     35    1.0061    0.0105    95.9669
-----------------------------------------------------------
  wSSE  =  57.432752243680
-----------------------------------------------------------
Firm id        BC uu
-----------------------------------------------------------
      T =      1          2          3          4          5          6
-----------------------------------------------------------
1 0.591808551842 0.507533715372 0.846346970053 0.555239751517 0.440608039312 0.457982811437
.
.
170 0.676832474168 0.673780774592 0.670066731905 0.634835918683 0.788497219051 0.905060328153
171 0.548071037207 0.545599896688 0.542592418020 0.514063957757 0.656452630135 0.775509294538

estimated efficiencies measures
-----------------------------------------------------------
      T =      1          2          3          4          5          6
-----------------------------------------------------------
1 0.553325661120 0.601978399605 0.428979146817 0.573934642999 0.643644940650 0.632558348883
2 0.526956054128 0.572993694395 0.409698065186 0.548242189731 0.610767769370 0.600268135959
3 0.561857160468 0.611359143679 0.435205690804 0.582230619125 0.654306902735 0.643029726996
.
.
170 0.508224258961 0.509777575639 0.511674431638 0.530022447964 0.454527337322 0.404517480574
171 0.578063799174 0.579494042489 0.581239481830 0.598060142254 0.518688053174 0.460469206819
-----------------------------------------------------------
year   group mean efficiency        overall mean efficiency

1 0.5695974 0.6935128 0.5084694 0.5605496 0.5442624 0.6010032 0.5753687
2 0.6199397 0.5441300 0.5459698 0.5054903 0.5727225 0.6023003 0.5614196
```

3 0.4406011 0.3526247 0.5301762 0.5523777 0.4570822 0.6038837 0.5057019
4 0.5893969 0.6690381 0.6132527 0.4382578 0.6181244 0.6191710 0.5865334
5 0.6645352 0.6602258 0.3624586 0.4290154 0.5447303 0.5402464 0.5115380
6 0.6530700 0.5092280 0.4167657 0.3872863 0.5903911 0.4789483 0.4857387

---

2) Lee(2010) 모형의 프로그램(GrBC)

3절의 실증분석에서 이용한 GrBC 모형의 GAUSS 코드(Ch6_GrBC)를 정리하였다. 이 프로그램도 Ch6_GrLS와 마찬가지로 표본 내의 개별 기업 grouping에 관한 검정의 수행과 생산함수 및 효율성의 추정이라는 두 가지 역할을 수행한다. 따라서 기초적인 프로그램 사용법을 사용하고, grouping에 관련한 검정법, 생산함수 및 효율성 추정에 관한 프로그램 사용법을 논한다. 아래에 언급하지 않은 부분은 응용연구자들이 수정할 필요가 없는 부분이다.

line 17~69에 대한 기초적인 프로그램 사용법은 GrLS에서 설명한 내용과 동일하므로 생략한다. grouping에 관련한 검정을 위한 명령어는 line 187~212에 위치하고 있다. 이도 Ch6_GrLS의 사용법과 동일하다.

(1) line 187~196을 이용하여 BC92 모형의 설정을 검정할 수 있다.

GrBC모형의 설정인 $\alpha_{it} = \theta_{gt}'\alpha_i$ 와 $\theta_{gt} = \exp(-\eta_g(t-T))$ 에서 $\eta_1 = \eta_2 = ... = \eta_G$ 이면 $\theta_{gt} = \theta_g = \exp(-\eta(t-T))$ 이므로 BC92와 동일해진다. line 188에서 BCSSE는 BC92모형으로 추정한 결과의 SSE(error sum of squares) 값으로 연구자가 지정한다. 이 값을 구하기 위해서는 제5장에서 소개한 프로그램 [ch5_BC92]를 실행하여 구해도 되지만 지금 우리가 다루고 있는 프로그램에서

grouping을 line 68~69와 같이 1개 그룹만이 존재하는 것으로 지정하고 수행하여 SSE값을 구한 후에 그 값을 입력한다.

(2) line 187~196의 명령어를 활성화시키고 line 199~207의 명령어를 비활성화시키며 line 210~212에 있는 'end ;'를 활성화하면 검정결과 출력과 함께 프로그램이 멈추게 된다.

두 개의 group을 통합할 수 있는지 여부를 검정하고자 한다면 line 199~207의 명령어를 이용하면 된다.

(3) line 200에서 USSE는 제약이 없는 모형의 SSE값이다. 이 예에서 6개 지역을 기준으로 6개 group을 정의하였다면 이를 무제약 모형이라고 부른다. 이때 SSE를 값을 구하기 위해서는 line 52~69에서 line 52~56만 활성화시키고 나머지 부분은 코멘트 문으로 묶어서 비활성화시킨 후 생산함수를 추정해 구한다. 이를 USSE에 입력한 후에 line 199~207을 활성화시킨다. line 187~196의 명령어는 비활성화시킨다.

(4) line 210~212에 있는 'end ;'를 활성화하면 검정결과 출력과 함께 프로그램이 멈추게 된다.

(5) 만약 두 개 이상의 group을 통합할 수 있는지 여부를 검정하고자 한다면 line 199~207을 적절히 수정하여 사용하면 된다. 예를 들어 지역1~3에 속한 농가를 모두 한 개의 group으로 통합할 수 있는지 여부를 검정한다고 하자. 이 경우 귀무가설은 $\eta_{g=1}=\eta_{g=2}=\eta_{g=3}$이므로 line 202에서 'DF=1'을 'DF=2'로 수정하며 line 60~64에서 grouping을 적절히 수정한다.

이제부터는 생산함수 추정 및 효율성 추정에 관한 프로그램 사용법을 논한다.

(6) 위의 검정과정을 통하여 결정한 grouping을 line 52~69에서 지정한다. 예를 들어 6개 group으로 정했다면 line 54~56을 활성화시키고 나머지는 비활성화시키며, 지역1~2를 하나의 group으로 통합하여 5개 group으로 정하였다면 line 60~64를 활성화시키고 나머지는 비활성화시킨다.

(7) line 91~93에서 초깃값을 지정한다. 생산함수 계수값은 SS모형의 추정치를 초깃값으로 지정하였으니 사용자가 원하는 값으로 수정할 수 있다.

(8) line 126~127에 tolerance값이 지정되어 있다. 사용자가 원하는 값으로 수정할 수 있다.

(9) line 331~344는 효율성 추정결과를 출력하는 명령어이다. 예로 사용한 표본에서 T=6이므로 이에 맞추어져 있다. 시계열의 수가 다르다면 적절히 수정하면 된다.

Ch6_GrBC

```
1    /*
2    **  Program for Lee(2010) Model : Fixed Effect CLS of group Specific BC model
3    **  Compute test statistics for grouping, production function and efficiency
4    */
5
6
7    new;
```

```
    library co;
    #include co.ext;
    coset;

Output file = Gbc.out;
Output reset;

    @ Read data file and define number of observations @

N = 171;
T = 6;
    NT=N*T;
    q = 16 ;

load dat[NT,q] = leedata2.txt;

    /* Selecting data */

    @ Selection of input and Output variables @

x = dat[., 1:5] ;
y = dat[.,15] ;
one = ones(NT,1);
z = @one~@x;
K=COLS(z);

    @ grouping Section: for this data, we group farms by villege @
    @ there are six villeges: 19 farms, 24, 37, 33, 22, 36 @

    N1=19; N2=24; N3=37; N4=33; N5=22; N6=36;
```

```
NT1=N1*T; NT2=N2*T; NT3=N3*T; NT4=N4*T; NT5=N5*T; NT6=N6*T;
X1=Z[1:NT1,.];
X2=Z[NT1+1:NT1+NT2,.];
X3=Z[NT1+NT2+1:NT1+NT2+NT3,.];
X4=Z[NT1+NT2+NT3+1:NT1+NT2+NT3+NT4,.];
X5=Z[NT1+NT2+NT3+NT4+1:NT1+NT2+NT3+NT4+NT5,.];
X6=Z[NT1+NT2+NT3+NT4+NT5+1:NT,.];
Y1=Y[1:NT1,.];
Y2=Y[NT1+1:NT1+NT2,.];
Y3=Y[NT1+NT2+1:NT1+NT2+NT3,.];
Y4=Y[NT1+NT2+NT3+1:NT1+NT2+NT3+NT4,.];
Y5=Y[NT1+NT2+NT3+NT4+1:NT1+NT2+NT3+NT4+NT5,.];
Y6=Y[NT1+NT2+NT3+NT4+NT5+1:NT,.];

    @  The following is an example for the six groups @

Z=X1|X2|X3|X4|X5|X6;      Y=Y1|Y2|Y3|Y4|Y5|Y6;
nnt=(NT1~(NT1+NT2)~(NT1+NT2+NT3)~(NT1+NT2+NT3+NT4)~(NT1+NT2+NT3+NT4+NT5)~(NT1+NT2+NT3+NT4+NT5+NT6))';
    gr = rows(nnt) ;

@ The following is an example for the five groups when group 1 and group 2 are merged @

@ N1=19+24; n2=37; n3=33; n4=22; n5=36;
NT1=N1*T; NT2=N2*T; NT3=N3*T; NT4=N4*T; NT5=N5*T;
Z=(X1|X2) |X3|X4|X5|X6;      Y=(Y1|Y2) |Y3|Y4|Y5|Y6;
nnt=(NT1~(NT1+NT2)~(NT1+NT2+NT3)~(NT1+NT2+NT3+NT4)~(NT1+NT2+NT3+NT4+NT5))';
    gr = rows(nnt) ;  @

    @  The following is an example for the one group: BC92 model @
```

```
@ nnt=NT;
    gr = rows(nnt) ;    @


  @   ************ SIMPLE Within ESTIMATION : SS Model ***********    @

    Ot=ONES(T,1);    Pt =(Ot*(Ot'))/T;
    It=EYE(T);  Mt=It-Pt;

    I=1;
   XmX = ZEROS(K,K);      XmY = ZEROS(K,1);
   XpX = ZEROS(K,K);      XpY = ZEROS(K,1);
   do until I > NT;
    XmX = XmX + (z[I:I+T-1,.])'Mt*(z[I:I+T-1,.]);
    XmY = XmY + (z[I:I+T-1,.])'Mt*(Y[I:I+T-1,.]);
    XpX = XpX + (z[I:I+T-1,.])'Pt*(z[I:I+T-1,.]);
    XpY = XpY + (z[I:I+T-1,.])'Pt*(Y[I:I+T-1,.]);
    I=I+T;
   endo;

   SW = INV(XmX)*(XmY);
    ""; " SS estimates of production function :"  sw';

    @  *************** Initial values *****************  @
bcW=sw;
eta=zeros(gr,1);


    @************** Object Function  ********************@
```

```

    proc fobj1(BMLE);
local MLE,i,j,vtime,ei, vet, idemp, idemm, temp;

vtime = seqa(0,1,T);
ei = zeros(NT,1);
ei = y−z*bcW;

i = 1;   vet = zeros(t,gr);
idemp = zeros(t, t*gr); idemM = zeros(t, t*gr);
do until i >gr;
vet[.,i] = exp(BMLE[i,.]*vtime);
idemP[.,1 + (i−1)*t:t*i]  =  (vet[.,i]*vet[.,i]')/(vet[.,i]'vet[.,i]);
idemM[.,1 + (i−1)*t:t*i]  =  eye(T)−idemP[.,1 + (i−1)*t:t*i];
i = i + 1;
endo;

I = 1; j = 1; MLE = 0;
do until j > gr;
do until i > nnt[j,.];
    MLE = MLE + (Y[I:I + T−1,.]−z[I:I + T−1,.]*bcW)'idemM[.,1 + (j−1)*t:t*j]
                                        *(Y[I:I + T−1]−z[I:I + T−1,.]*bcW);
    I = I + T;
endo;
j = j + 1;
    endo;
    retp(MLE);
    endp;

    TOL = 100*ONES(K + gr,1);   oldb = sw|zeros(gr,1);
```

```
do until ABS(TOL) < 0.0000001;

/*************Setting initial values************/
b0=eta;
bcW=bcW;

/*************Settings for constrained optimization algorithm*********/

_co_Algorithm=3; @1:BFGS 2: DFP 3: NEWTON 4:scaled BFGS 5: scaled DFP@
_co_lineSearch=2; @1:step length=1 2: STEPBT 3: Half 4: BRENT @
_co_Trust=1;
_co_TrustRadius=0.1;
__Output=1;

format /rd 10, 10;

/*************** Running Optimization and Printing the Results *************/
__title="group-specific BC fixed effects MODEL";
{BMLE,f1,g1,ret1}=co(&fobj1,b0);
eta=bMLE;

i=1;   vetp=zeros(t,gr);  der=zeros(t,gr);
idempp=zeros(t, t*gr);  idemMp=zeros(t, t*gr);
do until i >gr;
vtime=seqa(0,1,T);
vetp[.,i]=exp(BMLE[i,.]*vtime);
idemPp[.,1+(i-1)*t:t*i]  =  (vetp[.,i]*vetp[.,i]')/(vetp[.,i]'vetp[.,i]);
idemMp[.,1+(i-1)*t:t*i]  =  eye(T)-idemPp[.,1+(i-1)*t:t*i];
der[.,i]=vtime.*vetp[.,i];
i=i+1;
```

```
        endo;
        I=1; j=1;
        XmX = ZEROS(K,K);       XmY = ZEROS(K,1);
        XpX = ZEROS(K,K);       XpY = ZEROS(K,1);
            do until j > gr;
    do until i > nnt[j,.];
    XmX = XmX + (z[I:I+T-1,.])'idemMp[.,1+(j-1)*t:t*j]*(z[I:I+T-1,.]);
                    XmY = XmY + (z[I:I+T-1,.])'idemMp[.,1+(j-1)*t:t*j]*(Y[I:I+T-1,.]);
            I=I+T;
    endo;
    j=j+1;
            endo;
          bcW = INV(XmX)*(XmY);
        tol = (bcW|eta)-oldb;
            oldb=(bcW|eta);
        endo;
        j=1; i=1;   SSE=0;
        do until j > gr;
    do until i > nnt[j,.];
    SSE=SSE+(y[I:I+T-1,.]-z[I:I+T-1,.]*bcW)'idemMp[.,1+(j-1)*t:t*j]*(y[I:I+T-1,.]-z[I:I+T-1,.]*bcW);
        I=I+T;
    endo;
    j=j+1;
        endo;
        " SSE =" SSE;
```

```
@"***************HYPOTHESIS TEST: all theta_g are equal********************";"";
BCSSE = 89.31032;
RSSE = BCSSE;  RS2=RSSE/(NT-N-K-gr);
    DF = gr-1;
LR=(RSSE-SSE)/RS2;
    p_val = cdfchic(LR,df)  ;

    "";"SSE LR statistic       degree of freedom       p-value";
"-----------------------------------------------------------";
  SSE LR  df  P_VAL; "";


"*******************HYPOTHESIS TEST: theta_g=theta_l*********************";"";
USSE=92.107619099;
RSSE = SSE;  RS2=RSSE/(NT-N-K-gr);
    DF=1;
LR=(RSSE-USSE)/RS2;
        p_val = cdfchic(LR,df)  ;
"";"SSE LR statistic       degree of freedom       p-value";
"-----------------------------------------------------------";
  SSE LR  df  P_VAL;  "";
    @

    @ use end statement when testing the hypothesis of equality of theta_g
            and delete end statement when estimating efficiency              @
    @ end; @


@ ******************CALCULATION OF T-STATISTICS******************* @
```

```
S2 = SSE/(NT-gr-K);     SST = (Y-MEANC(Y))'(Y-MEANC(Y));
RBAR2 = 1-SSE*(NT-1)/(SST*(NT-gr-K));
R2 = 1-SSE/SST;

Qa = zeros(1,gr); QBa = zeros(1,gr);
Qxa = zeros(k,gr); FOCT = zeros(1, gr);


j = 1; i = 1;  ;
    do until j > gr;
do until i > nnt[j,.];
        E = Y[I:I+T-1,.]-z[I:I+T-1,.]*bcW;
A1 = vetp[.,j]'E/(vetp[.,j]'vetp[.,j]);
Qxa[.,j] = Qxa[.,j] + (A1/N)*( der[.,j]'z[I:I+T-1,.] - vetp[.,j]'z[I:I+T-1,.]*(vetp[.,j]'der[.,j]) / (vetp[.,j]'vetp[.,j])  )';
        tmpQ =  der[.,j]'der[.,j]  - ((vetp[.,j]'der[.,j])^2) / (vetp[.,j]'vetp[.,j])  ;
Qa[.,j]   = Qa[.,j] +  tmpQ* (A1^2)/N;
QBa[.,j] = QBa[.,j] +  tmpQ * ( ( (gr*s2)/ (n*vetp[.,j]'vetp[.,j]) ) + ( (A1^2)/N)  );
  I = I + T;
endo;
j = j + 1;
    endo;

AA = ZEROS(K+gr,k+gr);
AA[1:K,1:K] = XmX/N;
I = 1;
do until i >gr;
AA[1:k,k+i] = Qxa[.,i];
AA[k+i,1:k] = Qxa[.,i]';
```

```
AA[k+i,k+i]=Qa[.,i];
i=i+1;
endo;

BB = AA; Bb1 = AA;
i=1;
do until i >gr;
BB[k+i,k+i]=QBa[.,i];
i=i+1;
endo;

    VAR2=s2*INV(AA)*BB*INV(AA)/n;

TWB2 = bcW./sqrt(DIAG(var2[1:K,1:K]));
teta=zeros(gr,1); teta1=zeros(gr,1);
i=1;
do until i >gr;
teta[i,.]=eta[i,.]/sqrt(var2[K+i,K+i]);
i=i+1;
endo;

    {x,f,g,retcode}=coprt(BMLE,f1,g1,ret1);
    hess4=hessp(&fobj1,x); @ calculate hessian values at estimated parameter points @
    hess5=invpd(hess4);
    sdc=sqrt(diag(hess5));     @ calculate standard errors @


    g2=gradp(&fobj1,x);
    bhess=g*g';    @cross-product of derivative  @

```

```
      var1 = hess5*bhess*hess5;
      sdc1 = sqrt(diag(var1));

      let mask1[1,4] =   1 1 1 1;
      let fmt1[4,3] =
            "*.*lf" 10 0
           "*.*lf" 10 4
           "*.*lf" 10 4
           "*.*lf" 10 4 ;


avn = seqa(1,1,k + gr);
summary = avn~(bcW|eta)~sqrt(diag(var2))~(twb2|teta);

"";"VAR. Coeffs. standard errors t-values          ";
"------------------------------------------------------------------------------------------";
GLSPRINT =  printfm(summary,mask1,fmt1);
"------------------------------------------------------------------------------------------";
      " ";
      " TIME-VARYING FACTOR THETA_gt ";
      vetp;


      /* computing efficiencies */

      i=1 ; j=1 ; ii=1 ;
      alpha = zeros(n,1) ;
      alp = zeros(n,t) ;
      do until j > gr ;
```

```
            do until i > nnt[j,.];
        E=Y[I:I+T-1,.]-z[I:I+T-1,.]*bcW;
alpha[ii,.]=(vetp[.,j]'e )/(vetp[.,j]'vetp[.,j]) ;
                alp[ii,.] = alpha[ii,.]*vetp[.,j]' ;
I=I+T; ii=ii+1 ;
endo;
j=j+1;
        endo;

        MAXALt=MAXC(alp);
        UU=MAXALt-alp';
        TECHEF = EXP(-UU);
        MEANTE=MEANC(TECHEF');

        j=1 ; nog0=0 ;
        meanteg = zeros(t,gr) ;
        do until j > gr;
        nog1 = nnt[j,.]/t;
            teg = techef[.,1+nog0:nog1] ;
            meanteg[.,j] = meanc(teg') ;
      j=j+1;
            nog0=nog1 ;
        endo;

"----------------------------------------------------------------";
        "" ;
"Firm id        GrBC uu          " ;
"----------------------------------------------------------------";
"       T =      1          2          3          4          5          6";
"----------------------------------------------------------------";
```

```
      firmid  =  seqa(1,1,n) ;
firmid~uu' ;

      "estimated efficiencies measures";
"-----------------------------------------------------------";
"     T  =     1          2          3          4          5          6";
"-----------------------------------------------------------";
      firmid~techef';
"-----------------------------------------------------------";
      "year   group mean efficiency      overall mean efficiency  " ;
      seqa(1,1,t)~meanteg~meante   ;
"-----------------------------------------------------------";

      Output off;
      end;
```

위 프로그램을 실행하면 <표 6−12>와 같이 결과물이 출력된다. 이 프로그램은 기본적으로 SS모형에 대한 Within추정결과를 출력하며, GrBC모형에 의한 생산함수 추정결과 및 효율성 추정치를 제공한다. 효율성추정치의 연도별 평균뿐 아니라 각 group별 평균치도 제일 밑에 출력한다. 아래 출력물은 6개 group으로 설정하고 추정한 결과이다.

〈표 6-12〉 GrBC 모형 Output file

```
SS estimates of production function :0.115245669  0.102710911  0.101645211  0.257435798  0.442885499
=============================================================
                    group-specific BC fixed effects MODEL


   iteration:  2
   algorithm:  NEWTON   line search method: STEPBT     Trust Region:  ON
   function:  92.10762      step length:  1.00000        backsteps:  0
-------------------------------------------------------------
   parameter       parameter value        direction
       1              0.0117               0.0000
       2              0.0036               0.0000
       3             -0.0033               0.0000
       4             -0.0051               0.0000
       5              0.0096               0.0000
       6              0.0003               0.0000
 SSE  =92.1076190991
=============================================================
                    group-specific BC fixed effects MODEL
=============================================================
 CO Version 2.0.6                                   1/10/2014   12:56 pm
=============================================================
return code  =      0
normal convergence

Value of objective function         92.107619

Parameters      Estimates     Gradient
--------------------------------------------
P01               0.0117        -0.0847
P02               0.0036        -0.0521
P03              -0.0033         0.0122
P04              -0.0051         0.0310
P05               0.0096        -0.0293
P06               0.0003        -0.0011

Number of iterations            2
```

Minutes to convergence 0.00000

VAR.	Coeffs. standard	errors	t−values
1	0.1073	0.0274	3.9084
2	0.1068	0.0195	5.4894
3	0.0814	0.0124	6.5747
4	0.2875	0.0307	9.3733
5	0.4364	0.0329	13.2728
6	0.0117	0.0038	3.0841
7	0.0036	0.0032	1.1512
8	−0.0033	0.0026	−1.2684
9	−0.0051	0.0028	−1.8337
10	0.0096	0.0033	2.9322
11	0.0003	0.0025	0.1219

TIME−VARYING FACTOR THETA_gt

1.0000000000	1.0000000000	1.0000000000	1.0000000000	1.0000000000	1.0000000000
1.0117714995	1.0036391557	0.9967159461	0.9949324076	1.0096134950	1.0003055786
1.0236815672	1.0072915549	0.9934426773	0.9898904957	1.0193194093	1.0006112506
1.0357318342	1.0109572457	0.9901801580	0.9848741342	1.0291186314	1.0009170159
1.0479239510	1.0146362766	0.9869283530	0.9798831935	1.0390120582	1.0012228747
1.0602595873	1.0183286960	0.9836872271	0.9749175449	1.0490005955	1.0015288270

Firm id GrBC uu

T =	1	2	3	4	5	6
1	0.6899741480	0.6373987304	0.6321364311	0.6395776248	0.6471064125	0.6547238253
2	0.5535258234	0.4993442044	0.4924567964	0.4982537513	0.5041189451	0.5100531810
170	0.5951175245	0.5952993797	0.6434318481	0.7049128137	0.7671339752	0.8301040509
171	0.5063040342	0.5064587498	0.5545640704	0.6160178799	0.6782118770	0.7411547800

estimated efficiencies measures

T =	1	2	3	4	5	6
1	0.5015890360	0.5286658393	0.5314551699	0.5275151863	0.5235585495	0.5195855392

```
2   0.5749191692 0.6069285503 0.6111231432 0.6075907384 0.6040375313 0.6004636447
170 0.5514977476 0.5513974640 0.5254859381 0.4941516557 0.4643419787 0.4360039174
171 0.6027190965 0.6026258536 0.5743225708 0.5400908678 0.5075236962 0.4765632719
------------------------------------------------------------------
year    group mean efficiency         overall mean efficiency

1   0.6139050184 0.6387875979 0.5905973467 0.5795442489 0.5718818039 0.6420853002 0.6062492996
2   0.6486919830 0.6491177197 0.5804635874 0.5648298054 0.5976393641 0.6420029961 0.6098285563
3   0.6537968255 0.6287725425 0.5438211174 0.5247795917 0.5955788241 0.6118665402 0.5852732056
4   0.6506463555 0.6010275747 0.5027616977 0.4811625654 0.5859166209 0.5754123576 0.5548099448
5   0.6474770057 0.5741188026 0.4644820889 0.4408976001 0.5762441265 0.5407296833 0.5260819406
6   0.6442888708 0.5480396796 0.4288175688 0.4037481933 0.5665646229 0.5077570903 0.4989944926
------------------------------------------------------------------
```

3) Ahn, Lee, and Schmidt(2007) 모형의 프로그램(ALS07)

3절의 실증분석에서 이용한 ALS07모형의 GAUSS 코드(Ch6_ALS)를 정리하였다. ALS07모형은 먼저 공통요인(common factor)의 수(p)를 추정한 후에 GMM방식으로 생산함수 및 기업별 효율성을 추정한다. 따라서 Ch6_ALS는 이 두 가지 추정이 가능하도록 만들어졌다. 이 프로그램을 응용연구자가 사용하는 데 필요한 구체적인 설명은 다음과 같다. 아래에 언급하지 않은 부분은 응용연구자들이 수정할 필요가 없는 부분이다.

(1) line 11~16에서 횡단면자료와 시계열자료의 수, 변수의 수를 지정해준다.

(2) line 18~40에서 표본자료를 읽고 생산함수 추정에 필요한 변수를 지정한다. line 20은 읽어올 데이터파일을 지정하며, line 21~34에서 각 변수에 이름을 지정한다. line 36 투입요소를 지정한다. line 37~38에서 GMM 추정을 위한 도구로 사용할 변수를 지정한다.

xz는 시간변동하는 도구변수, z는 시간불변인 도구변수를 지정한다. line 39에서 산출물 변수를 지정한다.

(3) line 50에서는 공통요인의 수(p)를 지정한다.

이제 공통요인의 수를 추정하는 방법에 대하여 설명한다. ALS07은 sequential method를 통한 추정법을 소개하였다. 따라서 검정할 첫 번째 가설은 $H_0 : p = 1$($H_a : p > 1$)이다.

(4) line 50에서 pp=1을 입력하면 가설은 $H_0 : p = 1$($H_a : p > 1$)을 검정하게 된다. 만약 pp=2를 입력하였다면 가설은 $H_0 : p = 2$ ($H_a : p > 2$)을 검정하게 된다. 따라서 pp=1에서 시작하여 귀무가설($H_0 : p = 1$)이 기각되면, pp=2를 입력하고 가설검정을 시행한다. 만약 귀무가설($H_0 : p = 2$)이 기각되지 않으면 공통요인의 수는 2개로 추정된 것이다. 그러나 이번에도 기각되면 pp=3을 입력한 후 동일한 가설검정이 기각되지 않을 때까지 시행한다.

(5) line 90~111은 도구변수 선택에 관한 명령문이다. 도구변수는 연구자가 자유롭게 선택할 수 있다. 이 프로그램에는 몇 가지 예가 제시되었다.

(5-1) line 92~95는 도구변수 중 시간변동변수인 xz에 속한 3개 변수를 모두 사용하지 않고 평균한 변수만 사용하기 위한 명령문이다. line 97에 이를 지정하고 있다. 물론 모든 xz를 도구로 사용하고 싶으면 line 97의 코멘트문 안에 있는 내용같이 지정해주면 된다.

(5−2) line 101~110에 보이는 바와 같이 투입변수도 도구변수로 사용한다. 현재 프로그램은 line 105에 적시된 바와 같이 모든 투입 변수를 도구변수로 사용하고 있다. 그러나 line 106의 코멘트문 안에 내용같이 투입변수의 평균과 t=1과 t=6의 값만을 사용할 수도 있다.

(6) line 247~252는 J검정통계량을 출력하는 명령문이다. *p*를 추정하기 위한 검정법을 이용할 때에는 line 252의 코멘트를 지워서 'end'문을 활성화시킨다. 몇 차례 검정을 거쳐 *p*를 확정한 후에는 line 252는 다시 코멘트를 이용하여 비활성화시킨다.

(7) GMM방법에 의한 생산함수 추정 및 기업별 효율성 추정은 위에서 언급하였듯이 line 50에서 pp를 지정하고 프로그램을 실행하면 된다.

Ch6_ALS

```
/*
**   Program for Ahn, Lee and Schmidt(2007)Model
**   Compute J-statistics, Standard errors, production function and efficiency
*/

new ;

Output file = ALS07.out reset ;
format /rd 2,4 ;

@ *************** define # of observations  *************** @
```

```
nn = 171;    n=nn;
tt = 6;      t=tt;
     q = 16;
     tn = nn*tt;

     @ ************** Read data file and define variables  *************** @

load dat[tn,q] = leedata2.txt;
x1 = dat[.,1]; @SEED@
x2 = dat[.,2]; @UREA@
     x3 = dat[.,3]; @TSP@
x4 = dat[.,4]; @LABOR@
     x5 = dat[.,5]; @LAND@
x6 = dat[.,6]; @DP@
     x7 = dat[.,7]; @DV1@
x8 = dat[.,8]; @DV2@
     x9 = dat[.,9]; @DSS@
Z1 = dat[.,10]; @DR1: TIME-INVARIANT@
     Z2 = dat[.,11]; @DR2: TIME-INVARIANT@
Z3 = dat[.,12]; @DR3: TIME-INVARIANT@
     Z4 = dat[.,13]; @DR4: TIME-INVARIANT@
Z5 = dat[.,14]; @DR5: TIME-INVARIANT@

     x  = x1~x2~x3~x4~x5;
     xz  = x6~x7~x8 ;     @ potential instruments: time-varying @
     z   = z1~z2~z3~z4~z5 ;    @ potential instruments: time-invariant @
y = dat[.,15];
     k = cOLS(x) ;

```

```
@ MODEL: y_{it} = x_{it} + THETA_t*a_{i} + e_{it} @

/*
** Estimation Program Begins Here
*/

@ Define # of factors @

pp = 3 ;

/*
**  Do Not Change Below
*/

@ Arranging data cross-sectionally @

proc am(b,tt)  ;
    local i, bb;
    bb = b[1:tt,.]';
    i  = 2;
    do while i <= rows(b)/tt          ;
        bb = bb|(b[1+(i-1)*tt:i*tt,.])' ;
        i = i + 1;
    endo;
    retp( bb );
endp        ;

proc zmake(b,tt);
    local i, bb;
    bb = b[1,.];
```

```
        i  =  2;
        do while i <=  rows(b)/tt  ;
            bb  =  bb|b[1+(i-1)*tt,.]   ;
            i   =  i  +  1;
        endo;
        retp( bb );
    endp        ;

    @ Arranging data in the form of cross-section data @

    yy   =  am(y,tt)  ;
    xx   =  am(x[.,1],tt);
    i  =  1;
    do while i <=  cOLS(x)-1;
        xx   =  xx~am(x[.,i+1],tt);
        i    =  i  +  1;
    endo  ;

    @ Instrumental Variables: Users may change ww. @

    xz1  =  am(xz[.,1],tt);
    xz2  =  am(xz[.,2],tt);
    xz3  =  am(xz[.,3],tt);
    xzz  =  meanc(xz1')~meanc(xz2')~meanc(xz3');
    zz   =  zmake(z,tt)  ;
    zz   =  xzz@xz1~xz2~xz3@~zz;

    ww  =  ones(nn,1)  ;
    i   =  1;
    do while i <=  cOLS(x);
```

```
        xxp  =  xx[.,1+(i-1)*tt:i*tt];

        @ **** examples of instruments ***** @
        ww   =  ww~xxp[.,1:tt] ;
        @ ww  =  ww~(meanc(xxp')~xxp[., 1   tt]);  @

        i   = i + 1;
    endo;
ww=ww~zz;
    iome_ww  =  invpd(ww'ww/nn);

    "";
    "___________________________" ;
    "input variables: x1 x2 x3 x4 x5  ";
    "instrument:   constant   all x1 x2 x3 x4 x5    MEAN(XZ)  z";
    "";

    @ initial beta: OLS @

    b  =  invpd(x'x)*(x'y);

    proc ome_wu(b);
        local i, uu, u;
        u   =  y - x*b;
        uu  =  u[1:tt]';
        i   =  2;
        do while i <=  nn;
            uu  =  uu|u[1+(i-1)*tt:i*tt]';
            i   = i + 1;
        endo;
```

```
        retp( (ww'uu)/nn  ) ;
    endp;

    proc hxw(hh);
        local hxw1,i;
        hxw1 = zeros((tt-pp)*cOLS(ww),cOLS(x));
        i = 1;
        do while i <= nn;
            hxw1 = hxw1 + (hh'(x[(i-1)*tt+1:i*tt,.]) .*. ww[i,.]');
            i = i + 1;
        endo;
        retp(hxw1/nn);
    endp;

    proc hyw(hh);
        local hyw1,i;
        hyw1 = zeros((tt-pp)*cOLS(ww),1);
        i = 1;
        do while i <= nn;
            hyw1 = hyw1 + (hh'yy[i,.]' .*. ww[i,.]');
            i = i + 1;
        endo;
        retp(hyw1/nn);
    endp;

    inner1 = 1;
    do while inner1 <=2;
        u = y - x*b ;
        inimat = zeros(tt,tt);
```

```
    i = 1;
    do while i <= nn;
        uu = u[1+(i-1)*tt:i*tt] ;
        inimat = inimat + uu*uu' ;
        i = i + 1 ;
    endo ;
    inimat = inimat/nn;

    inner2 = 10;
    do while inner2 >= 0.1e-10;
        mat = inv( chol(inimat)' )*ome_wu(b)'iome_ww*ome_wu(b)*inv( chol(inimat) );
        {cc,dd} = eigrs2(mat);
        b1 = b;
        gg = cc~dd';
        gg = sortc(gg,1)';
        hh = gg[2:(tt+1),1:(tt-pp)]   ;
        hh = inv(chol(inimat))*hh;
        slam = sumc(gg[1,1:(tt-pp)]') ;

        b = invpd( hxw(hh)'(invpd(hh'inimat*hh) .*. iome_ww)*hxw(hh) );
        b = b*( hxw(hh)'(invpd(hh'inimat*hh) .*. iome_ww)*hyw(hh) ) ;

        inner2 = (b-b1)'(b-b1);
    endo;

    inner1 = inner1 + 1;
endo;

hh1    = hh[1:(tt-pp),.]     ;
hh2    = hh[(tt-pp)+1:tt,.] ;
```

```
theta  =  inv(hh1')*hh2'        ;
hh      =  eye(tt-pp)|(theta')   ;

proc  huw(bv);
     local  huw1,i,  hh,  theta,  vv,b  ;

     b      =  bv[1:cOLS(x)];
     vv     =  bv[cOLS(x)+1:rows(bv)];
     theta  =  vv[1:(tt-pp)];
     i  =  2;
     do  while  i  <=  pp;
          theta  =  theta~vv[1+(i-1)*(tt-pp):i*(tt-pp)];
          i  =  i  +  1  ;
     endo   ;

     hh      =  eye(tt-pp)|theta';
     huw1  =  zeros((tt-pp)*cOLS(ww),1);
     i  =  1;
     do  while  i  <=  nn;
          huw1  =  huw1+(hh'(y[(i-1)*tt+1:i*tt,.]-x[(i-1)*tt+1:i*tt,.]*b).*.ww[i,.]');
          i  =  i  +  1;
     endo;

     retp(huw1/nn);
endp;

vtheta  =  vec(theta)  ;
dhuw   =  gradp(&huw,b|vtheta);
iw      =  invpd(hh'inimat*hh)  .*.  iome_ww  ;
cov    =  invpd(nn*dhuw'iw*dhuw)                 ;
```

```
bcoeff  =  b;
bcov     =  cov[1:cOLS(x),1:cOLS(x)];

thcoeff  =  vtheta;
thcov     =  cov[cOLS(x)+1:cOLS(x)+(tt−pp)*pp,cOLS(x)+1:cOLS(x)+(tt−pp)*pp];

df1     =  (cOLS(ww)−pp)*(tt−pp)−cOLS(x);
hant  =  (nn)*slam;
p_val  =  cdfchic(hant,df1);

avn=seqa(1,1,k);
"Estimation results for beta";
"−−−−−−−−−−−−−−−−−−−−−−−−−−−−−−−−−−−−−−−−−−−−−−−−−−−−−−−−−−−−−−−−−−−";
"variable    estimates    std. err      t−stat";
avn~bcoeff~sqrt(diag(bcov))~(bcoeff./sqrt(diag(bcov)));
"";
"−−−−−−−−−−−−−−−−−−−−−−−−−−−−−−−−−−−−−−−−−−−−−−−−−−−−−−−−−−−−−−−−−−−";
"Estimation results for theta";
"(" tt−pp ")" "rows" "(" pp ")" "columns";
"";
"theta          std. err          t−stat";
thcoeff~sqrt(diag(thcov))~(thcoeff./sqrt(diag(thcov)));
"";
"−−−−−−−−−−−−−−−−−−−−−−−−−−−−−−−−−−−−−−−−−−−−−−−−−−−−−−−−−−−−−−−−−−−";
"Hansen test Stats df p−value";
hant df1 p_val;
"";

@ use end statement when estimating # of factors and delete end statement when estimating efficiency @
```

```
    @ end; @


    @************* Calculation of technical inefficiency ****************@
    @ ******* This section needs modification if p is not equal to 2 **********@

    @ ************* the case of p=2 : ******************* @
bb=bcoeff;   the2=-eye(pp);  theta=theta|the2;
theta1=  theta[.,1];  theta2=  theta[.,2];
  M1  = eye(tt)  -  theta1*theta1'/(theta1'theta1);
  M2  = eye(tt)  -  theta2*theta2'/(theta2'theta2);

   I=1;J=1;  ALP1=ZEROS(N,1);       ALP2=ZEROS(N,1);        ALP=ZEROS(N,T);
   DO UNTIL I > TN;
ei  =  Y[I:I+T-1,.]-x[I:I+T-1,.]*bb;
          alp1[j,.]  =  inv(theta1'm2*theta1)*(theta1'm2*ei);
          alp2[j,.]  =  inv(theta2'm1*theta2)*(theta2'm1*ei);
ALP[J,.]=(theta1*ALP1[J,.]  +  theta2*ALP2[J,.])';
        I=I+T;
         J=J+1;
    ENDO;

    MAXALt=MAXC(ALP);
    UU=MAXALt-ALP';
    TECHEF=EXP(-UU);
    MEANTE=MEANC(TECHEF');

summary=seqa(1,1,N)~TECHEF';
"---------------------------------------------";
" TECHNICAL EFFICIENCY";
```

```
"--------------------------------------------------";
" t=";
"FirmID 1 2 3 4 5 6";
"--------------------------------------------------";
summary;
" Average Efficiency ";
     MEANTE';
"--------------------------------------------------";

    end;

    Output off;
```

pp=2를 입력하여 위 프로그램을 실행하면 <표 6-13>과 같이 결과물이 출력된다. GMM에 의한 생산함수 추정결과를 출력하며 여섯 농번기에 걸친 171개 농가의 효율성추정치를 출력한다.

〈표 6-13〉 GrBC 모형 Output file

input variables: x1 x2 x3 x4 x5

instrument: constant all x1 x2 x3 x4 x5 MEAN(XZ) z

Estimation results for beta

variable	estimates	std. err	t-stat
1.0000	0.0789	0.0431	1.8312
2.0000	0.0687	0.0312	2.1987

```
3.0000      0.0408      0.0193      2.1161
4.0000      0.2275      0.0489      4.6526
5.0000      0.5522      0.0539     10.2480
-----------------------------------------------------
Estimation results for theta
(4.0000) rows (2.0000) columns

   theta          std. err          t-stat
-0.2310          0.2134          -1.0828
 0.6642          0.3124           2.1263
 1.6547          0.4507           3.6715
 0.2659          0.2715           0.9794
-0.7534          0.2141          -3.5189
-1.6460          0.3135          -5.2507
-2.6144          0.4524          -5.7793
-1.1928          0.2728          -4.3729
-----------------------------------------------------
Hansen test Stats df p-value
103.0380   143.0000   0.9952
-----------------------------------------------------
TECHNICAL EFFICIENCY
-----------------------------------------------------
                                                                  t=
FirmID       1         2         3         4         5         6
-----------------------------------------------------
1.0000     0.5854   0.5168   0.3895   0.5885   0.5193   0.6006
2.0000     0.5723   0.5135   0.3942   0.5812   0.5006   0.5895
.
.
170.0000   0.4582   0.5275   0.5352   0.5392   0.3228   0.5020
171.0000   0.5676   0.5340   0.4320   0.5917   0.4767   0.5919
```

Average Efficiency
0.5277 0.5515 0.5173 0.5823 0.4137 0.5637

회귀방정식 (6－1)에서 비효율성의 오차항, $\theta_{it}(\eta_i)u_i$에서 u_i에 대해 Stevenson(1980)과 동일한 잘린－정규분포를 가정하여 우도함수를 도출하고자 한다. BC의 설정을 취하면 아래와 같이 정리할 수 있다.

$$y_{it} = x_{it}'\beta + v_{it} - u_{it}$$

$$v_{it} \sim N(0, \sigma_v^2)$$

$$u_i \sim f_u(u) = \frac{1}{1 - F(-\mu/\sigma)} \frac{1}{\sqrt{2\pi}\sigma_u} \exp(-\frac{(u-\mu)^2}{2\sigma_u^2}), \quad u_i \geq 0$$

$$u_{it} = \theta_{it}(\eta_i)u_i, \quad \theta_{it}(\eta_i) = \exp(-\eta_i(t-T))$$

확률변수 v_{it}와 u_{it}는 서로 독립이기 때문에 결합확률함수는 각각의 확률밀도함수의 곱으로 표시할 수 있다.

$$f_{u,v}(u_i, v_i) = \frac{1}{(2\pi)^{\frac{T+1}{2}} \sigma_u \sigma_v^T (1 - F(-\mu/\sigma_u))} \exp(-\frac{v_i'v_i}{2\sigma_v^2} - \frac{(u_i-\mu)^2}{2\sigma_u^2}) \tag{1}$$[22]

그리고 $\varepsilon_{it} = v_{it} - \theta_{it}u_i$ 라고 하고, $\varepsilon_i = v_i - \theta_i u_i$ 라고 하자. 여기서 $\theta = [\theta_1, \theta_2, \cdots, \theta_T]'$이며 변수 변환의 Jacobian이 1이므로, u_i와 ε_i의 결합확률밀도함수는 다음과 같이 쓸 수 있다.

---

22 여기서 v_i는 벡터이고 u_i는 scalar이다.

$$f_{u,\varepsilon}(u_i,\varepsilon_i)=\frac{1}{(2\pi)^{\frac{T+1}{2}}\sigma_u\sigma_v^T(1-F(-\mu/\sigma_u))}\exp(-\frac{(\varepsilon_i+\theta_i u_i)'(\varepsilon_i+\theta_i u_i)}{2\sigma_v^2}-\frac{(u_i-\mu)^2}{2\sigma_u^2})$$

$$=\frac{1}{(2\pi)^{\frac{T+1}{2}}\sigma_u\sigma_v^T(1-F(-\mu/\sigma_u))}\exp(-\frac{\varepsilon_i'\varepsilon_i+2\varepsilon_i'\theta_i u_i+\theta_i'\theta_i u_i^2}{2\sigma_v^2}-\frac{(u_i-\mu)^2}{2\sigma_u^2})\tag{2}$$

여기서 $\varepsilon_{it}=v_{it}-u_{it}=v_{it}-\theta_{it}u_i$ and $\varepsilon_i=v_i-\theta_i u_i$

식 (2)에서 지수 안에 있는 분수를 분리하여 자세히 보면 다음과 같다.

$$-\frac{\varepsilon_i'\varepsilon_i+2\varepsilon_i'\theta_i u_i+\theta_i'\theta_i u_i^2}{2\sigma_v^2}-\frac{(u_i-\mu)^2}{2\sigma_u^2})$$

$$=-\frac{\varepsilon_i'\varepsilon_i}{2\sigma_v^2}-\frac{\mu^2}{2\sigma_u^2}-\frac{(\sigma_v^2+\sigma_u^2\theta_i'\theta_i)u_i^2+2(\varepsilon_i'\theta_i\sigma_u^2-\mu\sigma_v^2)u_i}{2\sigma_u^2\sigma_v^2}$$

$$=-\frac{\varepsilon_i'\varepsilon_i}{2\sigma_v^2}-\frac{\mu^2}{2\sigma_u^2}-\frac{(\sigma_v^2+\sigma_u^2\theta_i'\theta_i)\{u_i^2+2\frac{(\varepsilon_i'\theta_i\sigma_u^2-\mu\sigma_v^2)}{(\sigma_v^2+\sigma_u^2\theta_i'\theta_i)}u_i\}}{2\sigma_u^2\sigma_v^2}$$

$$=-\frac{\varepsilon_i'\varepsilon_i}{2\sigma_v^2}-\frac{\mu^2}{2\sigma_u^2}-\frac{(\sigma_v^2+\sigma_u^2\theta'\theta)[u_i^2+2\frac{(\varepsilon_i'\theta_i\sigma_u^2-\mu\sigma_v^2)}{(\sigma_v^2+\sigma_u^2\theta_i'\theta_i)}u_i+\{\frac{(\varepsilon_i'\theta_i\sigma_u^2-\mu\sigma_v^2)}{(\sigma_v^2+\sigma_u^2\theta_i'\theta_i)}\}^2-\{\frac{(\varepsilon_i'\theta_i\sigma_u^2-\mu\sigma_v^2)}{(\sigma_v^2+\sigma_u^2\theta_i'\theta_i)}\}^2]}{2\sigma_u^2\sigma_v^2}$$

$$=-\frac{\varepsilon_i'\varepsilon_i}{2\sigma_v^2}-\frac{\mu^2}{2\sigma_u^2}-\frac{(\sigma_v^2+\sigma_u^2\theta_i'\theta_i)(u_i+\frac{(\varepsilon_i'\theta_i\sigma_u^2-\mu\sigma_v^2)}{(\sigma_v^2+\sigma_u^2\theta_i'\theta_i)})^2-\frac{(\varepsilon_i'\theta_i\sigma_u^2-\mu\sigma_v^2)^2}{(\sigma_v^2+\sigma_u^2\theta_i'\theta_i)}}{2\sigma_u^2\sigma_v^2}$$

$$=-\frac{\varepsilon_i'\varepsilon_i}{2\sigma_v^2}-\frac{\mu^2}{2\sigma_u^2}-\frac{(\sigma_v^2+\sigma_u^2\theta_i'\theta_i)(u_i+\frac{(\varepsilon_i'\theta_i\sigma_u^2-\mu\sigma_v^2)}{(\sigma_v^2+\sigma_u^2\theta_i'\theta_i)})^2}{2\sigma_u^2\sigma_v^2}+\frac{\frac{(\varepsilon_i'\theta_i\sigma_u^2-\mu\sigma_v^2)^2}{(\sigma_v^2+\sigma_u^2\theta_i'\theta_i)}}{2\sigma_u^2\sigma_v^2}$$

$$= -\frac{\varepsilon_i^{'}\varepsilon_i}{2\sigma_v^2} - \frac{\mu^2}{2\sigma_u^2} + \frac{\mu_{i*}^2}{2\sigma_{i*}^2} - \frac{(u_i + \frac{(\varepsilon_i^{'}\theta_i\sigma_u^2 - \mu\sigma_v^2)}{(\sigma_v^2 + \sigma_u^2\theta_i^{'}\theta_i)})^2}{2\frac{\sigma_u^2\sigma_v^2}{(\sigma_v^2 + \sigma_u^2\theta_i^{'}\theta_i)}}$$

$$= -\frac{\varepsilon_i^{'}\varepsilon_i}{2\sigma_v^2} - \frac{\mu^2}{2\sigma_u^2} + \frac{\mu_{i*}^2}{2\sigma_{i*}^2} - \frac{(u_i - \mu_{i*})^2}{2\sigma_{i*}^2} \qquad (3)$$

여기서 $\mu_{i*} = \frac{\mu\sigma_v^2 - \varepsilon_i^{'}\theta_i\sigma_u^2}{\sigma_v^2 + \theta_i^{'}\theta_i\sigma_u^2}$, $\sigma_{i*}^2 = \frac{\sigma_u^2\sigma_v^2}{\sigma_v^2 + \theta_i^{'}\theta_i\sigma_u^2}$ 식 (3)을 식 (2)에 대입하여 ε_{it}의 한계확률함수를 구하면 다음과 같다.

$$f_\varepsilon(\varepsilon_i) = \int_0^\infty f_{u,\varepsilon}(u_i, \varepsilon_i)du_i$$

$$= \int_0^\infty \frac{1}{(2\pi)^{\frac{T+1}{2}}\sigma_u\sigma_v^T(1 - F(-\mu/\sigma_u))} \exp(-\frac{\varepsilon_i^{'}\varepsilon_i + 2\varepsilon_i^{'}\theta_i u_i + \theta_i^{'}\theta_i u_i^2}{2\sigma_v^2} - \frac{(u_i - \mu)^2}{2\sigma_u^2})du_i$$

$$= \int_0^\infty \frac{1}{(2\pi)^{\frac{T+1}{2}}\sigma_u\sigma_v^T(1 - F(-\mu/\sigma_u))} \exp(-\frac{\varepsilon_i^{'}\varepsilon_i}{2\sigma_v^2} - \frac{\mu^2}{2\sigma_u^2} + \frac{\mu_{i*}^2}{2\sigma_{i*}^2} - \frac{(u_i - \mu_{i*})^2}{2\sigma_{i*}^2})du_i$$

$$= \frac{1}{(\sqrt{2\pi})^T\sigma_u\sigma_v^T(1 - F(-\mu/\sigma_u))} \exp(-\frac{\varepsilon_i^{'}\varepsilon_i}{2\sigma_v^2} - \frac{\mu^2}{2\sigma_u^2} + \frac{\mu_{i*}^2}{2\sigma_*^2})\int_0^\infty \frac{1}{\sqrt{2\pi}} \exp(-\frac{(u_i - \mu_{i*})^2}{2\sigma_{i*}^2})du_i$$

$$= \frac{\sigma_{i*}}{(\sqrt{2\pi})^T\sigma_u\sigma_v^T(1 - F(-\mu/\sigma_u))} \exp(-\frac{\varepsilon_i^{'}\varepsilon_i}{2\sigma_v^2} - \frac{\mu^2}{2\sigma_u^2} + \frac{\mu_{i*}^2}{2\sigma_{i*}^2})\int_0^\infty \frac{1}{\sqrt{2\pi}\sigma_{i*}} \exp(-\frac{(u_i - \mu_{i*})^2}{2\sigma_{i*}^2})du_i$$

$$= \frac{\sigma_{i*}}{(\sqrt{2\pi})^T\sigma_u\sigma_v^T(1 - F(-\mu/\sigma_u))} \exp(-\frac{\varepsilon_i^{'}\varepsilon_i}{2\sigma_v^2} - \frac{\mu^2}{2\sigma_u^2} + \frac{\mu_{i*}^2}{2\sigma_{i*}^2})\int_{\frac{-\mu_{i*}}{\sigma_{i*}}}^\infty \frac{1}{\sqrt{2\pi}} \exp(-\frac{z_i^2}{2})dz_i$$

$$= \frac{\sigma_{i*}}{(\sqrt{2\pi})^T\sigma_u\sigma_v^T(1 - F(-\mu/\sigma_u))} \exp(-\frac{\varepsilon_i^{'}\varepsilon_i}{2\sigma_v^2} - \frac{\mu^2}{2\sigma_u^2} + \frac{\mu_{i*}^2}{2\sigma_{i*}^2})[1 - F(-\frac{\mu_{i*}}{\sigma_{i*}})]$$

따라서 우도함수는 다음과 같다.

$$l(\beta,\sigma_v,\sigma_u,\mu,\eta)=\sum_{i=1}^{N}\ln(f_\varepsilon(\varepsilon_i))$$

$$=-\frac{N}{2}\ln(2\pi)-N\ln(\sigma_u)-NT\ln(\sigma_v)-N\ln(1-F(-\frac{\mu}{\sigma_u}))$$

$$+\sum_{i=1}^{N}[\ln(\sigma_*)-\frac{\varepsilon_i^{'}\varepsilon_i}{2\sigma_v^2}-\frac{\mu^2}{2\sigma_u^2}+\frac{\mu_{i*}^2}{2\sigma_{i*}^2}+\ln(1-F(-\frac{\mu_{i*}}{\sigma_{i*}}))]$$

$$=N[-\frac{\mu^2}{2\sigma_u^2}-\frac{1}{2}\ln(2\pi)-\ln(\sigma_u)-N\ln(\sigma_v)-\ln(1-F(-\frac{\mu}{\sigma_u}))]$$

$$+\sum_{i=1}^{N}[\ln(\sigma_{i*})-\frac{\varepsilon_i^{'}\varepsilon_i}{2\sigma_v^2}+\frac{\mu_{i*}^2}{2\sigma_{i*}^2}+\ln(1-F(-\frac{\mu_{i*}}{\sigma_{i*}}))]$$

조건부기댓값을 도출하기 위하여 조건부 확률함수를 구해야 한다.

$$f_{u|\varepsilon}(u_i\mid\varepsilon_i)=\frac{f_{u,\varepsilon}(u_i,\varepsilon_i)}{f_\varepsilon(\varepsilon_i)}$$

$$=\frac{\dfrac{1}{(2\pi)^{\frac{T+1}{2}}\sigma_u\sigma_v^T(1-F(-\mu/\sigma_u))}\exp(-\dfrac{\varepsilon_i^{'}\varepsilon_i}{2\sigma_v^2}-\dfrac{\mu^2}{2\sigma_u^2}+\dfrac{\mu_{i*}^2}{2\sigma_{i*}^2}-\dfrac{(u_i-\mu_{i*})^2}{2\sigma_{i*}^2})}{\dfrac{\sigma_{i*}}{(\sqrt{2\pi})^T\sigma_u\sigma_v^T(1-F(-\mu/\sigma_u))}\exp(-\dfrac{\varepsilon_i^{'}\varepsilon_i}{2\sigma_v^2}-\dfrac{\mu^2}{2\sigma_u^2}+\dfrac{\mu_{i*}^2}{2\sigma_{i*}^2})[1-F(-\dfrac{\mu_{i*}}{\sigma_{i*}})]}$$

$$=\frac{1}{\sqrt{2\pi}\sigma_{i*}[1-F(-\frac{\mu_{i*}}{\sigma_{i*}})]}\exp(-\frac{(u_i-\mu_{i*})^2}{2\sigma_{i*}^2})$$

따라서,

$$E[u_i\mid\varepsilon_i]=\int_0^\infty u_i f_{u|\varepsilon}(u_i\mid\varepsilon_i)du_i$$

$$=\int_0^\infty u_i\frac{1}{\sqrt{2\pi}\sigma_{i*}[1-F(-\frac{\mu_{i*}}{\sigma_{i*}})]}\exp(-\frac{(u_i-\mu_{i*})^2}{2\sigma_{i*}^2})du_i$$

$$=\frac{1}{[1-F(-\frac{\mu_{i*}}{\sigma_{i*}})]}\int_{-\frac{\mu_{i*}}{\sigma_{i*}}}^{\infty}(\sigma_{i*}z_i+\mu_{i*})\frac{1}{\sqrt{2\pi}}\exp(-\frac{z_i^2}{2})dz_i$$

$$=\frac{\sigma_{i*}}{[1-F(-\frac{\mu_{i*}}{\sigma_{i*}})]}\phi(-\frac{\mu_{i*}}{\sigma_{i*}})+\mu_{i*}$$

편의상 $\hat{\lambda}_{GrLS} = (\hat{\beta}_{GrLS}, \hat{\theta}_{.1}, \dots, \hat{\theta}_{.G})$ 라고 하고 SSE_{GrLS} 의 Hessian의 확률극한(probability limit)을 구하면 다음과 같다.

$$A(\hat{\lambda}_{GrLS}) = \lim_{N\to\infty} E\frac{1}{N}\left(\frac{\partial^2 SSE_{GrLS}}{\partial\hat{\lambda}_{GrLS}\partial\hat{\lambda}_{GrLS}'}\right) =$$

$$\begin{bmatrix} Q_X & Q_{X1} & Q_{X2} & \cdots & Q_{XG} \\ . & Q_1(I_{T-1}-\theta_{.1}\theta_{.1}'/\theta_1'\theta_1) & 0 & \cdots & 0 \\ . & 0 & .\ 0 & \cdots & 0 \\ . & & & & \\ . & & & & 0 \\ . & 0 & \cdots\cdots & 0 & Q_G(I_{T-1}-\theta_{.G}\theta_{.G}'/\theta_G'\theta_G) \end{bmatrix}$$

where $Q_X = \lim_{N\to\infty}\frac{1}{N}\sum_{i=1}^{N} X_i' M_g X_i$

$$Q_{Xg} = \lim_{N\to\infty}\frac{1}{N}\Sigma_{i\in G_g} X_i' M_g \alpha_i \qquad g = 1, 2, \cdots, G$$

$$Q_g = \lim_{N\to\infty}\frac{1}{N}\Sigma_{i\in G_g} \alpha_i^2 \qquad g = 1, 2, \cdots, G$$

SSE_{GrLS} 의 cross−product의 확률극한은 아래와 같다.

$$B(\hat{\lambda}_{GrLS}) = \lim_{N\to\infty} E\frac{1}{N}\left(\frac{\partial SSE_{GrLS}}{\partial\hat{\lambda}_{GrLS}} \times \left(\frac{\partial SSE_{GrLS}}{\partial\hat{\lambda}_{GrLS}'}\right) =$$

$$\begin{bmatrix} Q_X & Q_{X1} & Q_{X2} & \cdots & Q_{XG} \\ . & (\sigma^2/(\theta_1'\theta_1)+Q_1)(I_{T-1}-\theta_{.1}\theta_{.1}'/\theta_1'\theta_1) & 0 & \cdots & 0 \\ . & 0 & .\ 0 & \cdots & 0 \\ . & & & & \\ . & & & & 0 \\ . & 0 & \cdots\cdots & 0 & (\sigma^2/(\theta_G'\theta_G)+Q_G)(I_{T-1}-\theta_{.G}\theta_{.G}'/\theta_G'\theta_G) \end{bmatrix}$$

편의상 $\hat{\lambda}_{GrBC}=(\hat{\beta}_{GrBC}',\hat{\eta}_1,...,\hat{\eta}_G)$라고 하고 SSE_{GrBC}의 Hessian의 확률극한(probability limit)을 구하면 다음과 같다.

$$A(\hat{\lambda}_{GrBC})=\lim_{N\to\infty}E\frac{1}{N}\left(\frac{\partial^2 SSE_{GrBC}}{\partial\hat{\lambda}_{GrBC}\partial\hat{\lambda}_{GrBC}'}\right)=$$

$$\begin{bmatrix} Q_X & Q_{X1} & Q_{X2} & \cdots & Q_{XG} \\ . & Q_1[d_1'd_1-\frac{(\theta(\eta_1)'d_1)^2}{\theta(\eta_1)'\theta(\eta_1)}] & 0 & \cdots & 0 \\ . & 0 & 0 & \cdots & 0 \\ . & & & & \\ . & & 0 & & \\ 0 & 0 \quad \cdots\cdots & 0 & & Q_G[d_G'd_G-\frac{(\theta(\eta_G)'d_G)^2}{\theta(\eta_G)'\theta(\eta_G)}] \end{bmatrix}$$

$$Q_X=\lim_{N\to\infty}\frac{1}{N}\sum_{i=1}^{N}X_i'M_gX_i$$

$$Q_{Xg}=\lim_{N\to\infty}\frac{1}{N}\sum_{i\in G_g}X_i'M_gd_g\alpha_i \qquad g=1,2,\cdots,G$$

$$Q_g=\lim_{N\to\infty}\frac{1}{N}\sum_{i\in G_g}\alpha_i^2 \qquad g=1,2,\cdots,G$$

$$d_g=\frac{d\theta(\eta_g)}{d\eta_g} \qquad g=1,2,\cdots,G$$

SSE_{GrBC}의 cross-product의 확률극한은 다음과 같다.

$$B(\hat{\lambda}_{GrBC}) = \lim_{N\to\infty} E\frac{1}{N}(\frac{\partial SSE_{GrBC}}{\partial \hat{\lambda}_{GrBC}} \times (\frac{\partial SSE_{GrBC}}{\partial \hat{\lambda}_{GrBC}}') \quad =$$

$$\begin{bmatrix} Q_X & Q_{X1} & Q_{X2} & \cdots & Q_{XG} \\ . & [Q_1 + \frac{G_1\sigma^2}{N\theta(\eta_1)'\theta(\eta_1)}][d_1'd_1 - \frac{(\theta(\eta_1)'d_1)^2}{\theta(\eta_1)'\theta(\eta_1)}] & 0 & \cdots & 0 \\ . & 0 & 0 & \cdots & 0 \\ . & & & & \\ . & & 0 & & \\ 0 & 0 \quad \ldots\ldots & 0 & & [Q_G + \frac{G_G\sigma^2}{N\theta(\eta_G)'\theta(\eta_G)}][d_G'd_G - \frac{(\theta(\eta_G)'d_G)^2}{\theta(\eta_G)'\theta(\eta_G)}] \end{bmatrix}$$

제7장

효율성 추정치의 분포 추정

이제까지는 생산함수의 추정 및 개별기업의 효율성 추정에 대하여 논하였다. 그러나 효율성 추정치에 대한 추론을 하기 위해서는 효율성 추정치의 확률분포에 대한 정보가 필요하다. Horrace and Schmidt(1996) 이후 SFM에서는 효율성추정치의 분포에 대한 논의가 활발해졌다. 그러나 효율성을 추정하는 실증분석 연구에서는 효율성의 점 추정치(point estimate)에만 관심을 갖고 가설검정 등 효율성에 대한 추론에 대한 관심은 적었다. 이 장에서는 효율성 추정치의 분포추정 방법에 대하여 논한다. 효율성 추정치의 분포는 크게 네 가지 방법으로 추정할 수 있다. (1) 횡단면 자료를 이용한 SFM모형은 비효율성의 확률분포를 가정하며 개별기업의 효율성의 점 추정량이 조건부기댓값으로 구해지므로 조건부확률밀도 함수를 이용하여 신뢰구간을 도출할 수 있다. 이 방법은 JLMS의 조건부기댓값을 이용한 효율성 추정량의 분석을 확장한 것이다. 이는 비효율성의 확률분포를 가정하는 패널자료를 이용한 SFM에도 적용이 가능하다. 즉 BC88, BC92, KUM, Cuesta 등이 여기에 해당한다. 그러나 제5장에서 언급하였듯이 LS와 같은 모형도 u_i의 확률분포를 가정하면 동일한 방법으로 비효율성의 추정치의 분포를 구할 수 있다. (2) Horrace and Schmidt(1996)가 제안한 최대대비 다중비교법(multiple comparisons with the best technique, MCB)은 SS과 같은 전통적 패널자료모형 추정법을 이용하는 SFM에 적용하는 방법이다. 이외에도 (3) 베이시안(Bayesian) 분석법, (4) 부트스트랩(bootsrap)방법이 있다. 여기서는 (1) 조건부확률분포를 이용한 방법과 (4) 부트스트랩방법을 소개한다. 조건부 확률함수 이용법과 부트스트랩 방법도 횡단면자료 SFM 또는 패널자료 SFM 중에서 효율성의 시간불변을 가정한 모형, 즉 BC88, SS에 한정한 효율성 분포 추정방법을 논한다. 그러나 동일한 방법을 다른 패널자료 SFM에 단순한 수정만으로 적용할 수 있다.

1. 비효율성 확률분포를 이용한 분포추정

Horrace and Schmidt(1996)는 MLE 또는 COLS로 추정한 효율성에 대한 신뢰구간을 JLMS 방법을 이용하여 도출하였다. 비효율성의 반-정규분포를 가정할 경우 JLMS는 u_i의 조건부확률밀도함수를 도출하였다. 제3장에서 제시한 식 (3-7)인데 이를 정리하면

$u_i / \varepsilon_i \sim N^+(\mu_i^*, \sigma_*^2)$, $\mu_i^* = \varepsilon_i(\sigma_u^2/\sigma^2)$, $\sigma_*^2 = \sigma_u^2\sigma_v^2/\sigma^2$ 와 동일하다. 즉 JLMS는 비효율성 u_i의 점 추정량으로 잔차에 기반한 조건부기댓값을 제시하였다. 한편 이를 기술적 효율성(TE)의 형식으로 표현하면 다음과 같다.

$$TE_i = E[\exp(-u_i)|\varepsilon_i] = \exp[-\mu_i^* + \sigma_*^2][1-\Phi(\sigma_* - \frac{\mu_i^*}{\sigma_*})][1-\Phi(-\frac{\mu_i^*}{\sigma_*})]^{-1} \quad (7-1)$$

Horrace and Schmidt(1996)가 도출한 $\hat{u}_i = E[u_i|e_i]$[23]의 신뢰구간은 아래의 식 (7－2)~(7－3)과 같다.

$$\text{LB}(\hat{u}_i) = \mu_i^* + \sigma_*\Phi^{-1}[1-(1-\frac{\alpha}{2})\Phi(\frac{\mu_i^*}{\sigma_*})] \quad (7-2)$$

$$\text{UB}(\hat{u}_i) = \mu_i^* + \sigma_*\Phi^{-1}[1-\frac{\alpha}{2}\Phi(\frac{\mu_i^*}{\sigma_*})] \quad (7-3)$$

α는 유의수준(significance level)이다. 한편 $T\hat{E}_i = E[\exp(-\hat{u}_i)|e_i]$의 lower bound와 upper bound는 각각 $\exp(-\text{LB}(\hat{u}_i))$, $\exp(-\text{UB}(\hat{u}_i))$이다.

이상의 내용을 패널자료모형으로 확대 적용하자. 효율성의 시간불변모형인 BC88의 비효율성 추정치에 대한 신뢰구간을 구하자. u_i의 확률분포를 반－정규분포를 가정한 경우 u_i의 조건부확률밀도함수[24]는 식 (7－4)와 같다.

---

23 여기서 e_i는 잔차.

24 u_i의 조건부확률밀도함수 도출과정은 <부록 4>를 참조.

$$f_{u|\varepsilon}(u_i \mid \varepsilon_i) = \frac{1}{\sqrt{2\pi}\sigma_*[1-\Phi(-\overline{\mu_i}/\sigma_*)]}\exp(-\frac{(u_i-\overline{\mu_i})^2}{2\sigma_*^2}) \qquad (7-4)$$

여기서 $\overline{\mu_i} = \frac{T\overline{\varepsilon_i}\sigma_u^2}{\sigma_v^2 + T\sigma_u^2}$, $\sigma_*^2 = \frac{\sigma_v^2\sigma_u^2}{\sigma_v^2 + T\sigma_u^2}$, $\overline{\varepsilon_i} = \frac{1}{T}\sum_t \varepsilon_{it}$.

만약 u_i의 확률분포를 잘린-정규분포를 가정한다면 조건부확률 함수는 위와 동일하게 식 (7-4)와 동일하며, $\overline{\mu_i}$에 대한 정의만 $\overline{\mu_i} = \frac{\mu\sigma_v^2 - T\overline{\varepsilon_i}\sigma_u^2}{\sigma_v^2 + T\sigma_u^2}$ 로 변경하면 된다. 식 (7-4)는 $u_i / \varepsilon_i \sim N^+(\overline{\mu}_i, \sigma_*^2)$, 을 의미한다. 따라서 비효율성의 반-정규분포를 가정한 BC88에서 도출한 비효율성 추정치 $\hat{u}_i = E[u_i|e_i]$의 신뢰구간은 식 (7-2), (7-3)을 그대로 적용하면 된다. 단, μ_i^*를 $\overline{\mu_i}$로 σ_*^2의 정의를 $\sigma_*^2 = \sigma_u^2\sigma_v^2/(\sigma_v^2 + \sigma_u^2)$ 에서 $\sigma_*^2 = \sigma_u^2\sigma_v^2/(\sigma_v^2 + T\sigma_u^2)$로 대체해주면 된다.

2. 부트스트랩을 이용한 효율성 추정치의 분포추정

이 절에서는 SS의 효율성 추정치의 확률분포를 도출하기 위해서 부트스트랩방법을 논의한다. Simar(1992), Hall, Hardle, and Simar (1993)가 효율성에 대한 추론을 도출하기 위해 SFM에 적용 가능한 부트스트랩방법을 제시하였다. 한편 Kim, Kim and Schmidt(2007), 류민지·이영훈(2012)은 다양한 부트스트랩방법을 논의하였다. 이들 논문에 기초하여 이 절을 구성하였다. 먼저 일반적인 부트스트랩방법에 대하여 간략히 논의하자.

1) 부트스트랩방법의 기초

부트스트랩(Bootstrap)은 시뮬레이션에 기초한 여러 가지 이론과 방법론들 중에서 가장 많이 알려진 것 중 하나이다. 많은 응용계량경제학 분야에서 부트스트랩 방법론이 널리 사용되고 있다. 이는 점근 이론(asymptotic theory)의 대체적 역할을 한다. 소표본의 경우 점근 이론보다 부트스트랩을 이용한 추론이 다소 우월한 특성을 지닌다고 알려져 있다.

부트스트랩이란 주어진 표본을 이용하여 추출한 새로운 표본으로 대체를 허용한 재표본추출(resampling with replacement)을 하여 추정량 또는 검정통계량의 분포를 추정하는 방법이다. 일반적으로, 표본은 모집단으로부터 추출된 것으로, 이는 모집단의 분포에 의존하므로 추출된 표본은 확률변수들로 이루어진 집합이라고 할 수 있다. 부트스트랩의 기본 아이디어는 주어진 표본 데이터를 모집단으로 간주하는 것이다. 이를 토대로 몬테카를로 시뮬레이션(Monte Carlo Simulation)방법에 기초하여, 원하는 통계량의 분포를 찾아가는 방법이 부트스트랩이라고 할 수 있다.

많은 경우에 있어서 모집단의 분포가 알려져 있지 않는 경우에 점근 이론에 기초한 1계 근사법(first-order approximation)을 사용한다. 이에 기반이 되는 핵심적인 이론은 대수의 법칙(Law of Large Number)과 중심극한정리(Central Limit Theorem)이다. 점근이론은 표본의 수가 커질

때 주어진 통계량이 어떤 특성을 가지게 되는지에 대해 초점을 맞추고 있다. 다시 말해서, 대수의 법칙이나 중심극한정리는 모두 대표본(large sample)특성이라고 할 수 있으며, 계량경제학 분야에서 핵심적인 개념이다. 일반적으로, 점근이론은 적절한 조건이 만족될 때 1계 근사를 이용하여 논의가 전개되는데, 이때 근사 오차는 표본의 수가 클수록 그 크기가 작아진다. 이는 점근이론에 의한 1계 근사는 표본의 수가 작은 경우에 근사의 정도가 매우 좋지 않을 수 있다는 것을 의미한다. 예를 들어, 확률표본(random sample) $\{X_i : i = 1, 2, \cdots, N\}$ 이 주어져 있고, $X_i \sim (\mu, \sigma^2)$ 라고 하자. 이때, 다음과 같은 통계적 가설을 생각해보자.

$$H_0 : \mu = \mu_0 \quad vs \quad H_1 : \mu \neq \mu_0$$

모집단 분산 σ^2 이 알려져 있지 않고 s^2 을 σ^2 에 대한 일치추정량이라고 할 때, 위와 같은 가설을 검정하기 위해서 우리는 다음과 같은 통계량을 생각할 수 있다.

$$T_n = \sqrt{n}\frac{\overline{X_n} - \mu_0}{s}$$

만약, X_i가 정규분포를 따르고 s^2 을 표본분산이라면, 통계량 T_n 은 정확히 t 분포를 따르게 된다. 그러나 X_i 가 정규분포를 따른다는 것이 불확실할 경우에는 위에서 제시된 통계량의 분포를 알 수 없다. 이러한 경우, 일정한 조건 아래 표본이 커지는 경우, 중심극한정리에 의해서 $T_n \xrightarrow{d} N(0,1)$ 이 성립하고 이와 같은 근사를 통해서 통계적 가설검정을 할 수 있다. 그러나 앞서 언급했듯이 점근이론에 기초한 방법론은 표본이 상당히 큰 경우에 적용이 가능하고, 특히 표본의 수가 크지 않은 경우에는 이와 같은 근사에 따른 오차가 크기 때문에 표준정규분포로의 근사를 통한 가설검정이 잘못된 결과를 가져올 수 있다. 이에 반해 부트스트랩은 표본수가 적을 때도 비교적 양호한 특성을 지닌 방법이다. 표본의 수가 적은 경우에 있어서 부트스트랩은 1계 근사법보다 더 정확한 정보를 제공하고, 점근이론에서와 같은 복잡한 수학적인 부분을 필요로 하지 않는다.

또한 부트스트랩은 편의를 감소시킬 수 있는 장점이 있다. 많은 점근 불편추정량(asymptotically unbiased estimator)들은 표본의 수가 작을 때 편의가 발생한다. 이러한 편의는 평균제곱오차(mean squared error)를 증가시키고, 결과적으로 추정량의 정확도를 감소시킨다. 부트스트랩은 추정량의 편의를 감소시킬 뿐만 아니라 이를 통해 추정량의 평균제곱오차를 감소시켜 결과적으로 추정량의 정확도를 높일 수 있다. 또한, 부트스트랩은 가설검정에서도 활용될 수 있다. 많은 통계적 검정에서 사용하는 검정통계량은 점근적 분포에 의해 그 분포가 알려져 있다. White의 Information matrix test 또는 over-identifying test 등 계량경제학에서 많이 사용하는 검정은 통계량의 정확한 소표본(finite sample) 분포를 사용하지 않는다. 앞서 언급했듯이, 점근 분포는 표본의 수가 많을 때 그 정확도가 높고 신뢰할 수 있기 때문에 표본이 작은 경우에는 이와 같은 근사가 매우 큰 오차를 수반할 수 있고 결과적으로 테스트의 결과를 신뢰하기 어려울 수 있다. 이러한 경우 부트스트랩을 이용하여 검정통계량의 분포를 실증적으로 찾아내어 임계점을 구함으로써 보다 나은 가설검정을 할 수 있다. 이와 더불어, 신뢰구간을 구하는 경우에 있어서 해당 포함확률(coverage probability)에 따른 임계점을 부트스트랩을 이용하면 보다 나은 소표본 성질을 얻을 수 있다.

부트스트랩 시뮬레이션의 절차에 대해 알아보기 위해서, 확률표본 $\{X_1, X_2, \cdots, X_n\}$ 에 대하여 다음과 같은 통계량에 관심이 있다고 가정하자.

$$\hat{\theta} = \theta(X_1, X_2, \cdots, X_n)$$

여기서, $\theta(\cdot)$는 함수의 형태가 알려져 있고, X_i의 분포함수가 $F_X(x) = P(X_i \le x)$ 라고 하자. 일반적으로, 통계량 $\hat{\theta}$의 분포는 $F_X(\cdot)$와 표본의 수 n에 의존한다. 따라서 $\hat{\theta}$의 분포함수를 $G_n(c, F_X) = P(\hat{\theta} \le c)$로 쓸 수 있다. 많은 경우에 있어서 $F_X(\cdot)$가 알려져 있지 않기 때문에 $\hat{\theta}$의 정확한 분포함수를 찾기는 불가능하다. 이에 대해 Efron(1979)은 $G_n(c, F_X)$를 추정하기 위한 아이디어로 $F_X(\cdot)$의 추정량을 사용할 것을 제안하였다. 적절한 $F_n(\cdot)$의 선택을 통해서 관심 통계량 $\hat{\theta}$의 분포함수는 $G_n(c, F_n)$ 으로 쓸 수 있고, 남은 문제는 $G_n(c, F_n)$ 을 계산하는 방법이다. 이때 부트스트랩 시뮬레이션 방법이 사용되는데 그 절차는 다음과 같다.

(i) 주어진 표본 $\{X_1, X_2, \cdots, X_n\}$ 과 대체를 허용한 재표본(resampling with replacement)을 통하여 부트스트랩 표본을 B번 생성한다.

(ii) 이때 각 b ($b = 1,...,$B)에 대한 재추출 표본을 $\{X_1^{(b)}, X_2^{(b)}, \cdots, X_n^{(b)}\}$ 이라고 한다.

(iii) 각각의 재추출 표본으로부터 총 B개의 부트스트랩 추정량

($\hat{\theta}^{(b)}$)을 구한다.

(iv) B개의 부트스트랩 추정량으로부터 모수추정량에 대한 신뢰 구간을 만든다.

즉, n이 큰 값을 가지면 모수(θ)에 대한 모수추정량($\hat{\theta}$)의 분포가, 모수추정량에 대한 부트스트랩 추정량($\hat{\theta}^{(b)}$)의 분포와 점근적으로 유사한 형태를 갖는다.

2) 확률변경모형에서 부트스트랩 응용

제4장에서 논의한 대로 SS에서 생산함수 Within 추정치의 일치성은 $NT \to \infty$를, $\hat{\alpha}_i$의 일치성은 $T \to \infty$의 조건을 필요로 한다. 그러나 효율성을 분석하는 실증연구에 활용된 패널자료들은 N이 크고, T가 적은 경우가 많다. max operator를 이용하여 비효율성을 추정하는 방법은 상향편의(upward bias) 특성을 갖는 문제점이 있다. 실증분석 연구에서 이러한 문제를 고려치 않고 단순히 효율성의 점 추정치만을 비교하여 얻은 연구결과로 정책적 시사점을 도출할 가능성이 있다.

SFM의 단점을 보완하기 위하여 부트스트랩방법을 적용하여 효율성 추정치의 신뢰구간을 구하는 모형이 발표되어왔다(Simar, 1992; Hall, Hardle and Simar, 1993 & 1995). 이 절에서는 Kim, Kim and Schmidt (2007)가 비교한 다양한 부트스트랩방법 중에서 백분위수 부트스트랩(percentile bootstrap)과 편의조정 백분위수 부트스트랩(bias-corrected percentile bootstrap)을 논의한다. 신뢰구간 추정뿐 아니라 효율성 추정치가 가질 수 있는 편의 문제(bias problem)를 고려하면서 부트스트랩방법을 이용하여 편의문제를 상쇄하는 방법을 논한다. 편의문제는 효율성을 추정함에 있어서 각 기업별 추정치가 절대적 효율성이 아닌 가장 효율적인 기업에 대비한 효율성, 즉 상대적 효율성을 계산하기 때문에 발생되는 문제이다. 이러한 편의문제 때문에 부정확한 추정치가 도출될 수 있으며, 이를 고려한 신뢰구간 추정방법, 즉 편의수정 부트스트랩방법을 논의한다.

SS모형에서 부트스트랩 사용법은 다음과 같다. Within추정에 의하여 $\hat{\beta}_W$ 와 $\hat{\alpha}_i$ 를 구하고 식 (4−12)에 의해서 $\hat{u}_i$ 와 $T\hat{E}_i$ 를 도출하였다. 그리고 잔차는 $\hat{v}_{it} = y_{it} - x_{it}\hat{\beta}_W - \hat{\alpha}_i$ 이다. 이 잔차를 최초 표본으로 하고 대체를 허용한 재표본법으로 부트스트랩 샘플을 만든다. 즉 $\hat{v}_{it}$ 가 앞 절에서 논의한 일반적인 부트스트랩 과정의 $(z_1, \ldots, z_N)$에 해당한다. 즉 $\hat{v}_{it}^{(b)}$ 를 추출한 후 $y_{it}^{(b)} = x_{it}\hat{\beta}_W + \hat{\alpha}_i + \hat{v}_{it}^{(b)}$ 를 이용하여 부트스트랩 표본을 형성한다. 그리고 이 표본으로부터 SS의 추정방법을 그대로 적용하여 구한 부트스트랩 추정치 $\hat{\beta}_W^{(b)}$, $\hat{\alpha}_i^{(b)}$, $\hat{u}_i^{(b)}$, $T\hat{E}_i^{(b)}$ 를 구할 수 있다. 이상의 과정을 B회 실행하면 B개 추정치의 분포를 만들 수 있다. 즉 $\hat{u}_i^{(b)}$ 의 분포를 이용한 유의수준 α 에서의 하계(LB($\hat{u}_i$))와 상계(UB($\hat{u}_i$))를 구하여 신뢰구간을 구하는 방법이다. 즉 $P(LB_i < \hat{u}_i < UB_i) = 1 - \alpha$ 를 구하는 것이다.

가장 기본적인 부트스트랩이 백분위수 부트스트랩이다. 주어진 유의수준 α 에 대하여 $\hat{u}_i^{(b)}$ 의 부트스트랩 분포에서 $\alpha/2$에 해당하는 상계와 하계를 선택한다. 즉, $\hat{u}_i^{(b)}$ 의 누적분포함수(cumulative distribution function)가 $\hat{F}$ 라고 할 때, $\hat{F}(s) = P(\hat{u}_i^{(b)} \le s)$ 는 부트스트랩을 B번 반복했을 경우의 $\hat{u}_i^{(b)} \le s$ 에 속할 확률이라고 하며, $UB_i = \hat{F}^{-1}(1-\alpha/2)$ 와 $LB_i = \hat{F}^{-1}(\alpha/2)$ 가 각각 상계와 하계 값이 된다. 백분위수 부트스트랩의 단점은 max operator로 추정한 $\hat{u}_i$ 의 상향편의 문제에서 유발된다. 즉 상향편의가 있으면 신뢰구간의 중심 값이 실제값보다 더 큰 값을 가질 가능성이 높아지는 문제이다. 이 문제는 T가 작을 때 발생할 가능성이 높으므로 백분위수 부트스트랩은 T가 큰 표본에서 활용하기에 적합하다.

이러한 단점을 보완하는 방법이 편의조정 백분위수 부트스트랩이다. 이름 그대로 편의를 조정한 이후에 백분위수 부트스트랩을 실행하는 방법이다. 편의 추정치를 $\hat{bias} = \bar{\hat{\theta}}^B - \hat{\theta}$ 으로 정의하자($\bar{\hat{\theta}}^B = (1/B)\sum_b \hat{\theta}^{(b)}$). 그리고 편의조정 부트스트랩 값을 $\tilde{\theta}^{(b)} = \hat{\theta}^{(b)} - 2\hat{bias}$ 로 $\tilde{\theta}^{(b)}$ 의 B개 관찰치의 분포를 이용하여 백분위수 부트스트랩 방법을 적용한다. $\tilde{\theta} = \hat{\theta} - \hat{bias}$ 라고 정의하면 $\tilde{\theta}^{(b)}$ 의 평균이 $\tilde{\theta}$ 와 동일하므로[25] 편의조정 부트스트랩은 적합한 방법이다.

---

25 $\tilde{\theta} = \hat{\theta} - \hat{bias} = 2\hat{\theta} - \bar{\hat{\theta}}^B$ 이며 $\tilde{\theta}^{(b)} = \hat{\theta}^{(b)} - 2\hat{bias} = 2\hat{\theta} - \bar{\hat{\theta}}^B - (\bar{\hat{\theta}}^B - \hat{\theta}^{(b)})$ 이다. 그리고 $(\bar{\hat{\theta}}^B - \hat{\theta}^{(b)})$ 의 평균은 0이다.

3. 확률적 생산변경모형(부트스트랩을 이용한 추정량의 분포)의 프로그램

부트스트랩을 이용한 효율성 추정치의 확률분포를 구하는 프로그램은 FRONTIER4.1뿐 아니라 STATA에도 없다. 단 STATA은 부트스트랩을 이용한 생산함수 추정치의 확률분포를 구해주는 옵션이 있다. STATA의 메뉴에서 횡단면 자료의 경우 'Frontier Model'을 선택하여 모형을 실행하는데 이때 상단에 있는 메뉴 중 'SE'를 선택하면 나오는 메뉴 중 '부트스트랩'을 선택하고 실행하면 된다. 패널자료를 이용할 경우 STATA의 메뉴에서 'Panel Model'을 클릭하고 들어가면 나타나는 'Frontier Model'을 선택한 후 횡단면 자료 모형에서처럼 'SE'를 선택하여 부트스트랩을 실행하면 된다. 그러나 개별기업의 효율성 추정치에 대한 확률분포를 부트스트랩을 이용해서 구하지는 않는다. 제3장에서 논의한 대로 공식적인 STATA메뉴에서는 개별기업의 효율성 추정치를 제공하지 않기 때문에 없으며, BDIA는 JLMS를 이용한 조건부기댓값 공식을 이용한 효율성 추정치를 제공하지만 부트스트랩을 이용한 분포는 제공하지 않기 때문이다.

저자도 GAUSS를 이용한 부트스트랩을 이용하여 개별기업의 효율성 추정치에 대한 신뢰구간을 도출하는 프로그램을 만드는데 시간의 제약으로 인하여 이 책과 함께 제공하지 못하였다. 위에서 언급한 백분위수 부트스트랩(percentile bootstrap)과 편의조정 백분위수 부트스트랩(bias−corrected percentile bootstrap)을 활용한 효율성 추정치의 확률분포 도출하는 프로그램은 추후 과제로 남긴다. 향후에 이를 위한 GAUSS프로그램이 완성되면 저자의 홈페이지(https://sites. google.com/site/yhnlee3)에 사용법과 함께 게시할 예정이다.

제8장

효율성결정요인에 관한 확률변경모형

이 장에서는 효율성결정요인에 대한 실증분석에 활용될 수 있는 SFM을 논의한다. 이제까지 논의한 모형이 개별기업의 효율성을 추정하는 데 관심을 두었다면, 이 장에서는 효율성에 영향을 주는 외생요인(exogenous factor)이 기업 효율성에 어떻게 영향을 주는지 추정하고 검정하는 데 관심의 초점이 있다. 응용경제에서는 개별기업의 효율성 차이보다는 효율성에 미치는 요인분석이 더 실용적인 시사점을 주기 때문에 이들 모형이 많이 사용된다. 예를 들어 제도적 환경이 효율성에 어떤 영향을 주는지는 매우 중요한 정책적 시사점을 주는 연구이다. Good, Roller and Sickles(1995)는 미국은 항공산업 제도의 규제완화가 활발한 반면 유럽의 항공산업에는 상대적으로 규제가 많은 점을 고려하여 항공산업 규제가 항공사의 효율성에 미치는 영향을 분석하였다. 이외에도 기업 경영행위(management practice), 동료효과

(peer effect), 인수합병 등 다양한 요인이 기업의 효율성에 미치는 영향을 분석하는 것은 중요한 시사점을 준다. 이런 연구에서 이 장에서 다룰 모형이 유용하게 활용될 수 있다. 외생변수의 효율성에 미치는 효과를 분석하는 확률변경모형이므로 이를 '효과모형'(effect model)이라고 이름 붙이자.

이 효과모형은 크게 두 가지 용도로 사용된다. 첫째는 앞에서 언급한 대로 특정 요인이 효율성에 미치는 영향을 통계적으로 실증분석하는 것이고 둘째는 효율성에 영향을 주는 요인들은 모형 내에서 고려함으로써 기업 효율성 수준을 더 정확하게 추정하는 것이다. 일반적으로 실증분석연구에서 첫째 용도로 이용되는 경우가 많다. 둘째 용도로 이용되며 표본자료가 패널자료라면 이는 자연히 효율성의 시간변동을 고려한 모형이 된다. 효율성의 결정요인인 외생변수가 시간에 따라 변하므로 자연히 효율성도 변화하게 된다.

이제까지 알려진 효과모형은 Reifschneider and Stevenson(1991), Caudill and Ford(1993), Caudill, Ford, and Gropper(1995), Kumbhakar, Ghosh, and McGuckin(1991), Huang and Liu(1994), Battese and Coelli(1995), Wang(2002), Wang and Schmidt(2002) 등이 있다. 이렇게 많은 연구가 있었음에도 불구하고 거의 모든 응용연구에서 활용된 모형은 Battese and Coelli(1995, BC95)이다. 이 모형이 다른 모형에 비하여 이론적으로 우월한 점이 없음에도 많은 실증분석에서 활용된 이유는 프로그램 코드의 확보가 용이하기 때문이다. 제3~5장에서 소개한 Coelli가 만들어 배포한 FRONTIER4.1에 효과모형 중 유일하게

BC95가 있기 때문이다.

효과모형은 생산함수식과 효율성방정식으로 구성된다. 예를 들어, 식 (8−1)과 같은 생산함수에 $u = u(z, \delta)$ 와 같은 비효율성방정식이 있다. 여기서 z는 효율성에 영향을 주는 외생변수로 투입요소도 포함될 수 있다. 이를 추정하는 방법은 두 가지를 생각할 수 있다. 첫째는 제4~6장에서 논의한 모형으로 생산함수 및 비효율성을 추정한 후에 비효율성방정식을 추정하는 2단계추정법(two−step method)이다. 둘째는 생산함수와 비효율성 방정식을 동시에 추정하는 1단계추정법(one−step method)이다. Wang and Schmidt(2002)는 2단계추정법이 편의추정량(biased estimator)을 유발함을 이론적으로 논의하고 몬테카를로 시뮬레이션을 통하여 편의의 심각성을 보여주었다. 따라서 최근 모든 실증분석 연구들은 1단계추정법을 이용하고 있다.

Alvarez, Amsler, Orea and Schmidt(2006)는 1단계추정모형을 'scaling' 특성을 갖는 모형과 그렇지 않은 모형으로 구분하였다. Scaling 특성을 갖는 모형은 Reifschneider and Stevenson(1991), Caudill and Ford(1993), Caudill, Ford, and Gropper(1995)로 저자 이름의 약자를 따서 RSCFG라고 부르자. Scaling 특성이 없는 모형은 Kumbhakar, Ghosh, and McGuckin(1991), Huang and Liu(1994), Battese and Coelli(1995)으로 이를 KGMHLBC라고 부르자. 이들 모형은 공통적으로 MLE방법을 따르는 공통점이 있으며, 차이점은 비효율성방정식의 형태에 대한 설정의 차이이다. Scaling 특성을 설명하기 위하여 기본모형을 설명하자. 생산함수식 (8−1)이 있다고 하자.

$$y_{it} = x_{it}\beta + v_{it} - u_{it} \quad (8-1)$$

여기서 u_{it}는 비효율성을 나타내는 변수로 양의 값을 가지며 $u = u(z, \delta)$ 이므로 이를 대입하면 식 (8-2)가 된다.

$$y_{it} = x_{it}\beta + v_{it} - u_{it}(z_{it}, \delta) \quad (8-2)$$

v_{it}~$N(0,\ \sigma_v^2)$이며 v_{it}는 x_{it}, z_{it}와 독립이다. 또한 v_{it}와 u_{it}는 서로 독립관계이다. Scaling특성을 갖는 모형은 다음과 같은 설정을 따른다.

$$u_{it}(z_{it}, \delta) = s(z_{it}, \delta)u_{it}^* \quad (8-3)$$

Scaling 함수 $s(z_{it}, \delta)$는 양의 값을 가지며, $u_{it}^* \geq 0$는 $i.i.d.$이며 z_{it}와 상관관계가 없다. 반대로 KGMHLBC은 식 (8-3)과 같은 형태를 지니지 않는다. 예를 들어 BC95는 비효율성을 합의 형태로 설정하였다.

$$u_{it} = z_{it}\delta + w_{it} \quad (8-4)$$

$w_{it} \geq -z_{it}\delta$ 이어야 $u_{it} \geq 0$ 이 만족되므로 여기서 w_{it}~$N^+(-z_{it}\delta,\ \sigma_u^2)$를 가정한다. 따라서 w_{it}와 z_{it} 사이에는 상관관계가 존재한다. 즉 KGMHLBC와 RSCFG 모두 u_{it}의 잘린-정규분포를 가정하는 공통점이 있다. 즉 u_{it}~$N^+(\mu_{it},\ \sigma_{it}^2)$를 가정한다. 차이점은 RSCFG가 $\mu_{it} = 0$ 와 $\sigma_{it}^2 = s(z_{it}, \delta)$를 가정하며 KGMHLBC가 $\mu_{it} = z_{it}'\delta$ and $\sigma_{it}^2 = \sigma_u^2$를 가정하는 것이다.

Scaling특성을 지닌 RSCFG에서는 비효율성 u_{it}의 분포는 기본적으로 u_{it}^*에 의해 결정된다. u_{it}^*가 반-정규분포를 갖는다면 u_{it}도 반-정규분포를 가지며 Scaling 함수 $s(z_{it}, \delta)$는 분포곡선을 수축하거나 확대시키는 역할, 즉 scale에만 영향을 준다. 반면 KGMHLBC에서는 u_{it}의 분포가 z_{it}에 영향을 받는다. u_{it}가 잘린-정규분포를 갖는데 잘리기 전의 정규분포, 즉 $N(\mu_{it},\sigma_{it}^2)$의 평균값이 z_{it}에 영향을 받으며 0에서 잘리는 u_{it}의 분포곡선의 형태는 그 평균값에 영향을 받기 때문이다. 예를 들어 μ_{it}가 음의 값을 가지면 u_{it}의 분포는 지수함수와 유사한 형태을 가지며, μ_{it}가 양의 값을 가지면 u_{it}의 분포는 모우드가 0이 아닌 양의 값을 갖는 형태를 갖는다.[26]

Alvarez, Amsler, Orea and Schmidt(2006)가 제시한 scaling특성이 지닌 장점 중 일부를 정리하면 다음과 같다. 첫째, 기업들의 비효율성의 분포가 평균효율성은 다르지만 비효율성 분포의 형태는 동일하다고 가정하는 점에서 scaling특성이 직관적으로 적절하다. 즉 외생변수 z_{it}의 값의 차이에 따라서 비효율성의 분포의 모양 자체가 변한다면 직관적으로 동의하기 어렵다는 주장이다. 둘째, 단조성(monotonocity)의 가정여부를 처리하기가 RSCFG에서 수월하다는 장점이 있다. 즉 scaling 함수의 설정으로 쉽게 해결되기 때문이다. 만약 단조성을 부여하고 싶다면 $s(z_{it},\delta)=\exp(z_{it}'\delta)$ 와 같이 단조함수를 가정하면 되고 비단조성을 부여하고 싶으면 scaling 함수를 조정하면 되기 때문이다. 셋째, scaling특성이 있는 모형에서는 z_{it}의 효율성에 미친 영향이 쉽게 표현할 수 있으나 KGMHLBC에서는 복잡한 함수형태를 지닌다는 점이다. $s(z_{it},\delta)=\exp(z_{it}'\delta)$를 가정한다면 $\delta=\partial \ln u_{it}/\partial z_{it}$ 가 되어 δ 값만으로 z_{it}의 효율성에 미친 영향을 알 수 있다. 넷째, 비효율성 u_{it}의 *iid* 가정을 완화하기가 RSCFG에서 수월하다는 점이다. 즉 시간변동에 따른 상관관

26 <그림 3-2>를 참조.

계가 있는 경우 RSCFG에서는 u^*_{it}에 대한 가정만으로 쉽게 모형에 적용할 수 있다.

한편 Wang(2002)은 KGMHLBC와 RSCFG를 합성한 모형을 제시하였다. u_{it}~$N^+(\mu_{it},\ \sigma^2_{it})$의 가정에서 RSCFG처럼 $\sigma^2_{it} = s(z_{it}, \gamma) = \exp(z_{it}'\gamma)$를 설정하고 KGMHLBC처럼 $\mu_{it} = z_{it}'\delta$를 설정하였다. Wang(2002)의 모형은 z_{it}와 u_{it}의 비단조적 관계를 분석할 수 있다는 것과 이 모형을 이용하여 KGMHLBC 또는 RSCFG의 설정을 검정할 수 있다는 것이 장점이다. 그러나 외생변수 z_{it}가 비효율성에 미치는 영향의 경로가 비효율성 분포의 평균과 분산에 모두 영향을 준다는 설정에 대한 직관적 설명이 명확하지 못하며, 심한 비선형성(nonlinearity)으로 최우추정치를 찾는 수리적 최적화 과정에서 수렴을 쉽게 도출하지 못하는 단점이 있다. 즉 5개의 외생변수를 모형에 포함하였다면 δ가 5개, γ가 5개인데 이들의 수리적 식별이 쉽게 되지 않기 때문으로 보인다.

마지막으로 Lee(2013)는 효과모형에 고정효과처리를 이용한 추정방법을 도입하였다. 제4~6장에서 살펴본 대로 패널자료를 이용할 경우 비효율성의 확률분포를 가정하지 않고 투입요소와 상관관계를 허용하면서 고정효과처리를 통하여 생산함수 및 효율성을 추정하는 다양한 모형이 소개되었다. 그러나 효과모형에서는 모두 비효율성에 대한 확률분포를 갖고 MLE를 이용하는 모형만 소개되었다. Lee(2013)는 이러한 문제를 해결하기 위해서 고정효과처리를 이용할 수 있는 가정을 제시함으로써 SS, LS, CSS, Lee(2006, 2010), ALS07 등의 설정을 적용할 수 있는 모형을 소개하였다. 제2절에서 위에서 소개한 4개 유형의 효과모형을 자세히 살펴보자.

1. 비효율성의 확률분포를 가정한 모형

이에 해당하는 모형은 KGMHLBC, RSCFG, Wang(2002) 등이 있는데 이를 순서대로 살펴본다. KGMHLBC의 대표로 BC95를 자세히 보자. 식 (8－1)의 생산함수에 식 (8－4)와 같이 $u_{it} = z_{it}\delta + w_{it}$ 에 $u_{it} \sim N^{+}(z_{it}\delta, \sigma_u^2)$ 를 가정하였다. 즉 u_{it}의 확률밀도함수는 식 (8－5)와 같다.

$$f(u) = \frac{1}{\sqrt{2\pi}\sigma_u(1-\Phi(-z\delta/\sigma_u))}\exp\{-\frac{(u-z\delta)^2}{2\sigma_u^2}\}, \quad u \geq 0 \qquad (8-5)$$

이는 Stevenson(1980)에서 μ 대신에 $z\delta$를 삽입한 것과 동일하다. 따라서 u_i와 v_i의 결합확률밀도함수, ε_i의 확률밀도함수 및 우도함수는 아래의 식들과 같다.

$$f(u,v) = \frac{1}{2\pi\sigma_u\sigma_v[1-\Phi(-z\delta/\sigma_u)]}\exp(-\frac{(u-z\delta)^2}{2\sigma_u^2} - \frac{v^2}{2\sigma_v^2}) \qquad (8-6)$$

$$f(\varepsilon) = [1-\Phi(-\frac{z\delta}{\sigma_u})]^{-1}\phi(\frac{\varepsilon + z\delta}{\sigma})[1-\Phi(\frac{\varepsilon_i\lambda}{\sigma} - \frac{z\delta}{\sigma\lambda})], \qquad (8-7)$$

$$\ln L = -\frac{N}{2}\ln 2\pi - \frac{N}{2}\ln\sigma^2 - N\ln(1-\Phi(-\frac{z\delta}{\sigma_u})) + \sum_{i=1}^{N}\ln(1-\Phi(\frac{\varepsilon_i\lambda}{\sigma} - \frac{z\delta}{\sigma\lambda})) - \frac{1}{2\sigma^2}\sum_{i=1}^{N}(\varepsilon_i + z\delta)^2 \qquad (8-9)$$

단, $\sigma^2 = \sigma_v^2 + \sigma_u^2$, $\lambda = \sigma_u/\sigma_v$. 또한 식 (8－9)의 우도함수를 최대화하는

추정량을 구한 후에 효율성추정치는 JLMS의 조건부기댓값을 구하는 방법을 그대로 적용하면 된다. 즉 조건부확률밀도함수는 식 (8－10)과 같이 도출된다.

$$f(u/\varepsilon) = \frac{1}{\sqrt{2\pi}\sigma_*[1-\Phi(\frac{\mu_*}{\sigma_*})]}\exp(-\frac{(u-\mu_*)^2}{2\sigma_*^2}) \tag{8-10}$$

단, $\mu_* = (\sigma_v^2 z\delta - \sigma_u^2\varepsilon)/\sigma^2$, $\sigma_*^2 = \sigma_v^2\sigma_u^2/\sigma^2$. 따라서 u_i의 추정치 ($\hat{u}_{it} = E[u_{it}/e_{it}]$)와 효율성의 추정치($T\hat{E}_{it} = \exp(-\hat{u}_{it}) = E[\exp(-u_{it})/e_{it}]$)를 도출하면 식 (8－11), (8－12)와 같다.

$$E[u|\varepsilon] = \mu_* + \frac{\sigma_*}{[1-\Phi(-\mu_*/\sigma_*)]}\phi(-\frac{\mu_*}{\sigma_*}) \tag{8-11}$$

$$E[\exp(-u)/e] = \frac{1-\Phi(\sigma_* - (\mu_*/\sigma_*))}{1-\Phi(-\mu_i^*/\sigma_*)}\exp(-\mu_* + \frac{1}{2}\sigma_*^2) \tag{8-12}$$

한편 z_{it}가 비효율성에 미치는 한계효과(marginal effect)는 식 (8－13)으로 도출할 수 있다.

$$\frac{\partial E[u_{it}|z_{it}]}{\partial z_{it}} = \delta[1-\lambda_{it}\frac{\phi(\lambda_{it})}{\Phi(\lambda_{it})} - (\frac{\phi(\lambda_{it})}{\Phi(\lambda_{it})})^2] \tag{8-13}$$

단, $\lambda_{it} = z_{it}\delta/\sigma_u$. 만약 δ가 양의 값을 갖는다면 잘리기(truncated) 전의 정규분포의 평균값이 z_{it}가 커지면서 증가함을 의미한다. 이 경우, 확률분포가 우향으로 이동하므로 비효율성 평균치도 증가한다. 따라서 δ가 양의 값이면 z_{it}의 증가는 효율성을 감소시킨다. 즉 z_{it}와 효율성 간의 단조적 관계가 있다.

RSCFG의 대표로 Caudill, Ford, and Gropper(1995, CFG)를 자세히

보자. 식 (8－1)의 생산함수에 식 (8－3)의 비효율성함수를 정의한다. scaling 함수를 $s(z_{it},\delta)=\exp(z_{it}\delta)^{0.5}$ 와 같이 설정하고, $u^*_{it}\sim N^+(0,\sigma^2_u)$를 가정하면 ε_i의 확률밀도함수는 아래의 식과 같이 제3장에서 구한 식 (3－5)와 유사한 형태를 지닌다.

$$f(\varepsilon_{it})=\frac{2}{\sigma_{it}}\phi(\frac{\varepsilon_{it}}{\sigma_{it}})\Phi(-\frac{\varepsilon_{it}\lambda_{it}}{\sigma_{it}}),\qquad \sigma^2_{it}=\sigma^2_v+\sigma^2_{uit},\ \lambda_{it}=\sigma_{uit}/\sigma_v \qquad (8-14)$$

여기서 $\sigma_{uit}=\sigma_u exp(z_{it}'\delta)$ 이다. 따라서 우도함수도 식 (3－6)과 유사 하게 도출된다.

$$\ln L=\frac{2}{NT}\ln\sigma^2_{it}+\sum_{i=1}^{N}\sum_{t=1}^{T}\ln\Phi(-\frac{\varepsilon_{it}\lambda_{it}}{\sigma_{it}})-\sum_{i=1}^{N}\sum_{t=1}^{T}\frac{1}{2\sigma^2_{it}}\varepsilon^2_{it} \qquad (8-15)$$

또한 식 (8－15)의 우도함수를 최대화하는 추정량을 구한 후에 효율성 추정치는 JLMS의 조건부기댓값을 구하는 방법을 그대로 적용하면 된다. 따라서 u_i의 추정치($\hat{u}_{it}=E[u_{it}/e_{it}]$)는 식 (8－16)과 같다.

$$E[u_{it}\mid\varepsilon_{it}]=\sigma_{*it}[\frac{\phi(\varepsilon_{it}\lambda_{it}/\sigma_{*it})}{1-\Phi(\varepsilon_{it}\lambda_{it}/\sigma_{*it})}-(\frac{\varepsilon_{it}\lambda_{it}}{\sigma_{*it}})] \qquad (8-16)$$

단 $\sigma_{*it}=\sigma_v\sigma_{uit}/\sigma_{it}$ 이다. 한편 z_{it}가 비효율성에 미치는 한계효과(marginal effect)는 식 (8－13)으로 도출할 수 있다.

$$\frac{\partial E[u_{it}|z_{it}]}{\partial z_{it}}=\delta\frac{\sigma_{it}}{\sqrt{2\pi}}=\delta\frac{\sigma_u\sqrt{\exp(z_{it}'\delta)}}{\sqrt{2\pi}} \qquad (8-17)$$

만약 δ가 양의 값을 갖는다면 비효율성에 대한 z_{it}의 한계효과는 양의 값을 갖는다. z_{it}가 증가하면 반정규분포를 갖는 u_{it}의 분산이 커지므로 자연히 비효율성의 평균도 커지기 때문이다.[27] 따라서 δ가 양의 값이면 z_{it}의 증가는 효율성을 감소시킨다. 또한 z_{it}와 효율성 간의 단조적 관계가 있다. 그러나 RSCFG에서는 비단조성을 쉽게 부여할 수 있다. CFG가 가정한 $\sigma_{uit} = \sigma_u exp(z_{it}'\delta)$ 대신에 비단조적 scaling 함수를 가정하면 된다.

앞에서 언급한 대로 Wang(2002)은 KGMHLBC와 RSCFG를 합성한 모형이다. $u_{it} \sim N^{+}(\mu_{it}, \sigma^2_{it})$의 가정에서 RSCFG처럼 $\sigma^2_{it} = s(z_{it}, \gamma) = \exp(z_{it}'\gamma)$를 설정하고 KGMHLBC처럼 $\mu_{it} = z_{it}'\delta$를 설정하였다. σ^2_{it}와 μ_{it} 모두 z_{it}의 단조함수를 가정하였지만 δ와 γ의 부호와 값의 크기에 따라서 효율성결정요인과 효율성 간에 비단조적 관계가 나타날 수 있다. 비단조성을 모형에 허용하면 실증분석에서 보다 현실에 부합한 추정결과를 찾을 수 있으며 이로부터 정책적 시사점을 찾을 수 있다. Wang(2002)은 농가의 효율성분석에서 노동자(farmer)의 나이가 젊었을 때에는 나이가 들수록 농가효율성에 긍정적으로 작용하나, 노동자가 노년에 들면 나이가 들수록 오히려 농가효율성이 감소한다는 예를 통하여 비단조성을 반영한 모형의 중요성을 강조하였다. 즉 노동자의 인적 자본(human capital) 양을 정확히 관찰하여 투입요소의 데이터로 사용한다면 문제가 없으나 일반적으로는 투입요소변수로 노동자 수를 사용한다. 이 경우 인적 자본량이 연령과 상관관계가 있다면 연령변수를 효율성에 영향을 주는 변인으로 모형에 포함할 수 있다. 그러나 KGMHLBC와 RSCFG는 연령과 효율성의 단조적 관계를 가정하기 때문에 정확한 효율성 추정치를 구하지 못할 가능성이 있다. 반면

27 $E(u) = \sigma_u \sqrt{2/\pi}$

Wang(2002)은 연령과 효율성과의 비단조적 관계를 반영할 수 있는 장점이 있다. Wang(2002)의 실증분석에서 유용성을 보여주는 또 다른 예로 연구개발 집중도가 효율성에 미치는 영향을 분석하는 실증분석을 생각할 수 있다. Wang(2002)을 이용하면 최적의 연구개발 집중도를 찾을 수 있다. 이는 연구개발투자와 효율성 간에 단조관계를 가정한 KGMHLBC나 RSCFG에서는 도출할 수 없는 추정결과이다. 이들 모형에서 연구개발투자와 효율성 간에 양의 관계를 발견하였다면 연구개발 집중도가 높을수록, 즉 1에 가까워질수록 효율적이라는 시사점을 얻게 되고, 반대로 음의 관계가 추정되었다면 연구개발 집중도가 낮을수록, 즉 0에 가까울수록 효율적이라는 시사점만을 얻을 수 있다.

Wang(2002)을 이용하여 KGMHLBC와 RSCFG를 검정할 수 있다. Wang모형에 $\delta = 0$의 제약을 부여하면 이는 RSCFG모형이 되며, $\gamma = 0$의 제약을 부여하면 이는 KGMBC모형으로 축소된다. 따라서 우도비율검정(likelihood ratio test)으로 가장 일반적인 모형설정을 한 Wang(2002)과 다른 모형의 설정을 비교함으로써 각 모형을 검정할 수 있다.

마지막으로 JLMS의 조건부기댓값 도출방법을 이용하여 구한 u_i의 추정치($\hat{u}_{it} = E[u_{it} / e_{it}]$)는 식 (8−18)과 같다.

$$\frac{\partial E[u_{it} | z_{it}]}{\partial z_{it}} = \delta[1 - \lambda_{it} \frac{\phi(\lambda_{it})}{\Phi(\lambda_{it})} - (\frac{\phi(\lambda_{it})}{\Phi(\lambda_{it})})^2] + \gamma \frac{\sigma_u \sqrt{\exp(z_{it}'\delta)}}{\sqrt{2\pi}} \qquad (8-18)$$

이제까지 살펴본 비효율성의 확률분포를 가정한 모형들은 횡단면 자료 및 패널자료에 이용될 수 있다.

2. 전통적 패널자료 모형을 이용한 추정법

이제까지 살펴본 모든 효과모형이 모두 비효율성의 확률분포를 가정하였다. Lee(2013)는 패널자료가 있다면 일반적인 SFM처럼 비효율성의 확률분포를 가정하지 않고 생산함수, 효율성 및 외생변수가 효율성에 미치는 영향을 추정하는 방법을 고려하였다. 설명을 위하여 생산함수 (8−1)을 아래에 표시하였다.

$$y_{it} = x_{it}\beta + v_{it} - u_{it} \tag{8−1}$$

KGMHLBC나 RSCFG처럼 Lee도 u_{it}에 대한 설정을 하였는데 다음과 같다.

$$u_{it} = z_{it}\delta + \alpha_{it}, \quad u_{it} \geq 0 \tag{8−19}$$

이 비효율성 방정식은 BC95와 유사하다. 그러나 BC95와 달리 Lee는 u_{it}의 확률분포를 가정하지 않는다. u_{it}는 0 또는 양의 값을 갖기 때문에 $\alpha_{it} \geq -z_{it}\delta$ 이어야 한다. 따라서 α_{it} 는 z_{it} 와 상관관계가 존재한다. 이뿐 아니라 u_{it}와 x_{it} 사이에도 상관관계가 존재할 수 있다. 일반적으로 효율성 결정요인인 z_{it}와 투입요소인 x_{it} 사이에 상관관계가 있기 때문이다. Lee모형에서는 이러한 상관관계를 허용한다. 식 (8−19)를 식 (8−1)에 대입하면 다음과 같다.

$$y_{it} = x_{it}\beta - z_{it}\delta - \alpha_{it} + v_{it}, \tag{8−20}$$

전통적 패널자료 모형처럼 필요한 가정은 오차항의 강외생성, $E[v_{it} / x_i, z_i, \alpha_i] = 0$ 과 α_{it}에 대한 설정이다. α_{it}에 대한 설정은 제4~6장에서 논의한 모든 모형의 설정을 적용할 수 있다. 예를 들어 SS의 설정을 따른다면 $\alpha_{it} = \alpha_i$ 이고 LS의 설정을 따른다면 $\alpha_{it} = \theta_t \alpha_i$ 이 된다. 이를 식 (8-20)에 적용하고 앞에서 논의하였던 Within추정법을 그대로 이용하면 된다.

Lee(2013)의 장점은 전통적 패널자료모형을 이용한 SFM의 장점, 즉 비효율성의 확률분포가정이 없고, 비효율성과 투입요소의 상관관계를 허용하는 것 외에도 z_{it}의 한계효과가 δ로 간단하게 표현된다는 점이다. $\delta = \partial E[u_{it} / z_{it}, \alpha_i] / \partial z_{it}$ 이기 때문이다. 한 가지 단점으로는 KGMHLBC, RSCFG, Wang(2002) 등은 z_{it}가 투입요소의 일부를 포함할 수 있었으나 Lee에서는 다중공선성의 문제 때문에 이를 허용치 않는다. 즉 Lee모형에서는 투입요소는 생산함수관계를 통해서만 산출량에 영향을 미친다고 가정한다. 마지막으로 효율성추정치는 앞에서 논의했던 max operator를 이용하면 된다.

$$\hat{u}_{it} = \max_{i,t}(-z_{it}\hat{\delta} + \hat{\alpha}_i^*) - (-z_{it}\hat{\delta} + \hat{\alpha}_i^*), \quad T\hat{E}_{it} = \exp(-\hat{u}_{it}) \qquad (8-21)$$

Lee and Shin(2014)이 몬테카를로 시뮬레이션을 통해서 BC95, CFG, Lee(2013)의 고정효과모형(FE)의 소표본 특성을 비교하였다. 다양한 DGP를 통하여 생성한 표본을 이용하여 추정한 결과를 비교한 결과를 요약하면 다음과 같다. 외생변수가 효율성에 미치는 한계효과(marginal effect)를 비교하면 BC95와 CFG는 DGP에 따라 평균편의(mean bias)가 매우 크기도 하고 작기도 하였으나, FE는 모든 DGP에서 평균편의가 크게 변하지 않으며, 평균편의가 3개 모형 중 가장 큰 경우는 한 번도 나타나지 않았다. 즉 FE는 모든 DGP에서 3개 모형 중 가장 작은 평균편의를 갖거나 최악의 경우 두 번째로 큰 평균편의를 갖는다. FE의 평균편의가 두 번째로 큰 경우에도 가장 큰 평균편의보다는 가장 작은 평균편의에 근접하였다. 또한 표본이 작아질수록 대부분 DGP에서 FE의 평균편의가 가장 작았다. 따라서 외생변수가 효율성에 미치는 영향을 분석하는 것이 연구의 주요 목적이라면 FE가 상대적으로 우월한 소표본 특성을 지니고 있다. 반면 개별기업의 효율성 추정결과를 비교하면 실제 효율성과 FE추정치의 상관계수가 일부 DGP에서만 가장 높았으며 대부분 경우에서는 BC95와 CFG의 추정치의 상관계수보다 작았다. 전체적으로는 BC95의 효율성 추정치가 실제 효율성과 가장 유사한 것으로 나타났다. 따라서 효과모형을 이용하여 개별기업의 효율성을 추정하는 연구목적을 갖는다면 3개 모형 중 BC95가 우수한 소표본 특성을 지닌 것으로 보인다.

3. 효과모형의 프로그램

FRONTIER4.1은 효과모형 중 유일하게 BC95을 포함하고 있다. 많은 실증분석연구에서 BC95가 응용된 주요 이유 중 하나이다. 공식적인 STATA의 메뉴를 이용하여도 되지만 Wang(2002)의 저자인 Wang 교수가 제공하는 효과모형의 STATA프로그램을 이용하는 것이 편리하다. Wang 교수는 자신의 홈페이지(http://homepage.ntu.edu.tw/~wangh/)에 있는 본인의 연구실적 목록에 STATA프로그램을 다운로드할 수 있게 하였다. 이 중 *Journal of Productivity Analysis*에 게재한 2002년의 논문 2편에 있는 프로그램이 이에 해당한다. 프로그램을 다운로드하면 자세한 사용법도 함께 제공받는다. 이 프로그램을 이용하면 Wang(2002) 뿐 아니라 BC95, CFG 등 MLE를 이용한 추정모형을 활용할 수 있다. Lee(2013)의 FE는 일반적인 패널자료모형의 추정을 통하여 생산함수추정치를 구하고 이를 이용하여 비효율성을 구하면 되므로 추가적인 프로그램이 필요치 않다.

4. 실증분석의 예

이 절에서는 이영훈(2012)의 실증분석결과를 이용하여 위에서 논의한 모형을 비교한다. 이영훈(2012)이 광공업통계자료를 이용하여 추정한 생산함수 추정결과는 <표 8−1>과 같다. 횡단면 자료인 표본을 이용하여 OLS추정결과와 RSCFG, KGMHBC, Wang 모형의 MLE추정결과이다. 각 투입요소의 생산탄력도는 비교적 유사하게 추정되었다. 그러나 비효율성의 추정결과는 모형별로 차이가 난다. RSCFG와 KGMHBC는 서로 내포하지 못하므로 추정치의 비교가 의미가 없다. 따라서 가장 일반적인 모형인 Wang과 RSCFG 또는 Wang과 KGMHBC를 비교할 수 있다. 우선 Wang과 RSCFG의 γ에 대한 추정치를 비교하면 비교적 유사하지만 R&D의 효과는 계수추정치도 약간 다르고 RSCFG에서는 통계적으로 유의하지 않게 나왔으나 Wang에서는 유의한 것으로 추정되었다. Wang과 KGMHBC의 δ에 대한 추정치는 많이 차이가 난다. 추정치 값도 다르고 통계적 유의성도 모형에 따라 다른 결과가 나타났다. 한편 로그를 취한 우도값을 비교하면 가장 일반적인 모형인 Wang이 크게 나왔으며 다음으로 RSCFG가 근소하게 작으며 KGMHBC는 Wang보다 크게 작고 OLS보다 근사하게 큰 값을 갖는다. 엄밀한 검정을 하지 않았지만 여기서 사용한 표본자료는 KGMHBC모형에 적절치 않은 것으로 생각된다.

모형의 선택을 위해 Wang을 이용하여 각 모형의 설정을 검정한 결과는 <표 8−2>에 있다. 우도비율 검정결과에 의하면 RSCFG, KGMHBC 두 모형의 설정이 모두 기각되었다. 즉 이 표본자료에는 외생변수와 효율성 간에 비단조적 관계가 존재하기 때문으로 보인다. 마지막으로 <표 8−3>는 추정결과를 토대로 계산한 한계효과 추정치를 보여준다. 비효율성에 대한 한계영향(marginal effect)을 비효율성의 기댓값, E(u_i)와 분산, V(u_i)에 대한 영향으로 분리하여 보여준다. 비효율성 기댓값에 대한 영향 정도는 자본−노동비율이 낮은 기업이나 높은 기업이나 또는 연구개발 스톡이 많은 기업이나 적은 기업이나 비슷한 것으로 나타났다. 이는 비록 비효율성 방정식 추정에서 비단조성이 있는 것으로 나왔지만 전반적인 영향 정도가 매우 작기 때문에 한계효과도 크게 차이가 없는 것으로 보인다. 그러나 효율성의 기댓값에 대한 영향과는 달리 분산에 대한 한계효과는 비단조성이 큰

〈표 8-1〉 생산함수 및 비효율성방정식 추정결과: 광공업통계자료

	Variable	OLS	RSCFG	KGMHBC	Wang
	Constant	−1.403 (−14.51)	0.829 (1.56)	−1.292 (−13.24)	0.056 (0.12)
	Labor	0.437 (41.37)	0.442 (40.92)	0.431 (41.62)	0.478 (40.04)
	Capital	0.088 (16.91)	0.079 (14.93)	0.086 (17.13)	0.043 (6.17)
	Material	0.623 (130.58)	0.621 (131.36)	0.621 (148.98)	0.618 (130.81)
δ	δ_0			0.024 (0.60)	1.840 (4.06)
	K/L			−0.182 (−1.35)	−1.755 (−7.86)
	R&D			−0.052 (−8.01)	−0.0062 (−1.07)
γ	γ_0		−2.677 (−3.77)		−3.292 (−5.04)
	K/L		3.200 (2.67)		3.289 (4.06)
	R&D		0.099 (1.59)		0.157 (1.95)
	σ	0.145	−2.792 (3.39)	0.150 (50.66)	−2.369 (8.52)
	μ		2.264 (4.31)		
	ln L	−1697.23	−1659.43	−1694.11	−1621.37

것으로 나타났다. 자본-노동비율에서 분산에 대한 양의 한계효과는 자본비중이 증가할수록 효율성의 불확실성이 커짐을 의미한다. 즉 자본의 비중이 작은 기업들 간에는 다른 조건이 동일할 때 효율성 격차가 크지 않으나, 자본 비중이 큰 기업 간에는 효율성에 불확실성이 높음을 의미한다.

〈표 8-2〉 모형설정 검정: 광공업통계자료

Hypothesis	Restrictions	LR Statistic	Critical Value
RSCFG Model	$\delta = 0$	76.14	9.21
KGMHBC Model	$\gamma = 0$	145.48	9.21

〈표 8-3〉 효율성에 대한 요인별 한계효과

		RSCF	KGMBC	Wang
Marginal effects on $E(u_{it})$				
K/L	Sample avg.	0	−0.005	−1.755
R&D	Sample avg.	0	−0.015	−0.006
Marginal effects on $V(u_{it})$				
K/L	Sample avg.	35.132	−0.177	24.219
R&D	Sample avg.	0.011	−0.001	0.012

5. 프로그램 코드 설명

이 장에서 논의한 SFM을 이용하기 위한 GAUSS프로그램은 준비하지 않았다. BC95와 CFG는 FRONTIER4.1 또는 Wang 교수가 제공하는 STATA프로그램을 활용하면 되며, Lee(2013)의 FE는 대부분 통계 패키지에 포함되어 있는 선형패널모형을 이용하면 되기 때문이다.

곽만순·이영훈, 2005, 「효율성추정과 확률적 생산변경모형에 대한 문헌연구」, 『계량경제학보』 16.4, pp. 107~130.

류민지·이영훈, 2012, 「부트스트랩과 확률적 생산변경모형을 이용한 제조업효율성 국제비교」, 『산업조직연구』 20.3, pp. 23~44.

Ahn, S. C., and A. R. Horenstein, 2013, "Eigenvalue Ratio Test for the Number of Factors," *Econometrica*, 81, pp. 1203~1227.

Ahn, S. C., Y. H. Lee and P. Schmidt, 2001, "GMM Estimation of Linear Panel Data Models with Time-Varying Individual Effects," *Journal of Econometrics*, 101, pp. 219~255.

Ahn, S. C., Y. H. Lee and P. Schmidt, 2007, "Stochastic Frontier Models with Multiple Time-Varying Individual Effects," *Journal of Productivity Analysis*, 27, pp. 1~12.

Ahn, S. C., Y. H. Lee and P. Schmidt, 2013, "Panel Data Models with Multiple Time-Varying Individual Effects," *Journal of Econometrics*, 174, pp. 1~14.

Aigner, D. J. and S. F. Chu, 1968, "On Estimating the Industry Production Function," *American Economic Review*, 58, pp. 226~239.

Aigner, D. J., C. A. K. Lovell and P. Schmidt, 1977, "Formulation and Estimation of Stochastic Frontier Production Function Models," *Journal of Econometrics*, 6, pp. 21~37.

Almanidis, P., J. Qian and R. C. Sickles, 2010, "Bounded Stochastic Frontiers with an Application to the US Banking Industry: 1984~2009," Rice University, (Unpublished Manuscript); Amsler, C., Y. H. Lee, and P.

Schmidt, 2009, "A Survey of Stochastic Frontier Models and Likely Future Developments," *Seoul Journal of Economics*, 22, pp. 1~23.

Barros, C. P., 2008, "Technical Afficiency of UK Airports," *Journal of Air Transport Management*, 14(4), pp. 175~178.

Battese, G. E. and T. J. Coelli, 1988, "Prediction of Firm-Level Technical Efficiency with a Generalized Frontier Production Function and Panel Data," *Journal of Econometrics*, 38, pp. 387~399.

Battese, G. E., and T. J. Coelli, 1992, "Frontier Production Functions, Technical Efficiency and Panel Data with Application to Paddy Farmers in India," *Journal of Productivity Analysis*, 3(2), pp. 153~169.

Battese, G., and T. Coelli, 1995, "A Model for Technical Inefficiency Effects in a Stochastic Frontier Production Function for Panel Data," *Empirical Economics*, 20, pp. 325~332.

Battese, G., T. Coelli, and T. Colby, 1989, "Estimation of Frontier Production Functions and the Efficiencies of Indian Farms Using Panel Data from ICRISTAT's Village Level Studies," *Journal of Quantitative Economies*, 5, pp. 327~348.

Battese, G., and G. Corra, 1977, "Estimation of a Production Frontier Model: With Application to the Pastoral Zone of Eastern Australia," *Australian Journal of Agricultural Economics*, 21, pp. 167~179.

Bauer, P., 1990, "A Survey of Recent Econometric Developments in Frontier Estimation," *Journal of Econometrics*, 46, pp. 21~39.

Belotti, F., S. Daidone, G. Ilardi, and V. Atella, 2012, "Stochastic Frontier Analysis Using Stata."

Bera, A., and S. Sharma, 1999, "Estimating Production Uncertainty in Stochastic Frontier Production Function Models," *Journal of Productivity Analysis*, 12, pp. 187~210.

Borenstein, D., J. L. Becker, and V. J. do Prado, 2004, "Measuring the Efficiency of Brazilian Post Office Stores Using Data Envelopment Analysis,"

International Journal of Operations & Production Management, 24(10), pp. 1055~1078.

Chan, H. L., and Y. H. Lee, 2010, "Regional Disparity of Productivity in China: A Stochastic Frontier Approach," *Journal of Economic Theory and Econometrics*, 21, pp. 30~60.

Coelli, T., P. Rao, and G. Battese, 1998, *An Introduction to Efficiency and Productivity Analysis*, Kluwer Academic Publishers, Boston.

Combes, P. P., G. Duranton, L. Gobillon, D. Puga, and S. Roux, 2012, "The Productivity Advantages of Large Cities: Distinguishing Agglomeration from Firm Selection," *Econometrica*, 80, pp. 2543~2594.

Cornwell, C., P. Schmidt, and R. Sickles, 1990, "Production Frontiers with Cross−Sectional and Time−Series Variation in Efficiency Levels," *Journal of Econometrics*, 46, pp. 185~200.

Cornwell, C., and P. Schmidt, 1996, "Production Frontiers and Efficiency Measurement," in *The Econometrics of Panel Data: A Handbook of the Theory with Applications*, 2nd rev. ed., L. Matyas and P. Sevestre, eds, Kluwer Academic Publishers, Boston.

Cubbin, J., 2005, "Efficiency in the Water Industry," *Utilities Policy*, 13, pp. 289~293.

Cuesta, R. A., 2000, "A Production Model with Firm−Specific Temporal Variation in Technical Inefficiency: With Application to Spanish Dairy Farms," *Journal of Productivity Analysis*, 13, pp. 139~149.

Cuesta, R., and L. Orea, 2002, "Mergers and Technical Efficiency in Spanish Savings Banks: A Stochastic Distance Function Approach," *Journal of Baking and Finance*, 26, pp. 2231~2247.

Debreu, G., 1951, "The Coefficient of Resource Utilization," *Econometrica*, 19, pp. 273~292.

Farrell, M. J., 1957, "The Measurement of Productive Efficiency," *Journal of the Royal Statistal Society*, Series A 120, pp. 253~282.

Fried, H. O., Lovell, C. K., & Schmidt, S. S. (eds.), 2008, *The Measurement of Productive Efficiency and Productivity Growth*, Oxford University Press.

Gallant, R., 1985, *Nonlinear Statistical Models*, John Wiley & Sons, New York.

Gong, B. H., and R. C. Sickles, 1989, "Finite Sample Evidence on the Performance of Stochastic Frontier Models Using Panel Data," *The Journal of Productivity Analysis*, 1, pp. 229~261.

Greene, W. H., 1990, "A Gamma-Distributed Stochastic Frontier Model," *Journal of Econometrics*, 46, pp. 141~163.

Greene, W. H., 1997, "Frontier Production Functions," *Handbook of Applied Econometrics*, 2, *Microeconomics*, H. Pesaran and P. Schmidt, eds., Oxford University Press, Exford.

Greene, W. H., 2005, "Reconsidering Heterogeneity in Panel Data Estimators of the Stochastic Frontier Model," *Journal of Econometrics*, 126, pp. 269~303.

Greene, W. H. 2008, "The Econometric Approach to Efficiency Analysis," *The Measurement of Productive Efficiency and Productivity Growth*, H. O. Fried, C. A. K. Lovell, S. S. Schmidt (eds.), Oxford University Press.

Haas, D., 2003, "Technical Efficiency in the Major League Soccer," *Journal of Sports Economics*, 4, pp. 203~215.

Hall, P., W. Härdle and L. Simar, 1995, "Iterated Bootstrap with Applications to Frontier Models," *Journal of Productivity Analysis*, 6, pp. 63~76.

Hammond, C. J., 2002, "Efficiency in the Provision of Public Services: A Data Envelopment Analysis of UK Public Library Systems," *Applied Economics*, 34(5), pp. 649~657.

Han, C., L. Orea, and P. Schmidt, 2005, "Estimation of a Panel Data Model with Parametric Temporal Variation in Individual Effects," *Journal of Econometrics*, 126, pp. 241~267.

Hansen, L. P., 1982, "Large Sample Properties of Generalized Method of Moments Estimators," *Econometrica: Journal of the Econometric Society*, 50(5), pp. 1029 ~ 1054.

Hausman, J., and W. Taylor, 1981, "Panel Data and Unobservable Individual Effects," *Econometrica*, 49, pp. 1377 ~ 1398.

Hjalmarsson, L., S. Kumbhakar, and A. Heshmati, 1996, "DEA, DFA and SFA: A Comparison," *Journal of Productivity Analysis*, 7, pp. 303 ~ 327.

Horrace, W. C. and P. Schmidt, 1996, "Confidence Statements for Efficiency Estimates from Stochastic Frontier Models," *Journal of Productivity Analysis*, 7, pp. 257 ~ 282.

Jondrow, J., C. A. K. Lovell, I. S. Materov and, P. Schmidt, 1982, "On the Estimation of Technical Inefficiency in the Stochastic Frontier Production Model," *Journal of Econometrics*, 19, pp. 233 ~ 238.

Kalirajan, K., and M. Obwona, "Frontier Production Functions and Technical Efficiency Measures," *Journal of Economics Surveys*, 13, pp. 149 ~ 172.

Kim, M., Y. Kim and P. Schmidt, 2007, "On the Accuracy of Bootstrap Confidence Intervals for Efficiency Levels in Stochastic Frontier Models with Panel Data," *Journal of Productivity Analysis*, 28, pp. 165 ~ 181.

Kim, S., and Y. H. Lee, 2006, "The Productivity Debate of East Asia Revisited: A Stochastic Frontier Approach," *Applied Economics*, 38(14), pp. 1697 ~ 1706.

Koopmans, T. C., 1951, "Analysis of Production as an Efficient Combination of Activities," *Activity Analysis of Production and Allocation*, 13, pp. 33 ~ 37.

Kumbhakar, S. C., 1990, "Production Frontiers, Panel Data, and Time-Varying Technical Inefficiency," *Journal of Econometrics*, 46, pp. 201 ~ 211.

Kumbhakar, S. C. and C. A. K. Lovell, 2000, *Stochastic Frontier Analysis*, Cambridge: Cambridge University Press.

Lee, Y. H., 1996, "Tail Truncated Stochastic Frontier Models," *Journal of Economic Theory and Econometrics*, 2, pp. 137 ~ 152.

Lee, Y. H., 2006, "A Stochastic Production Frontier Model with Group-Specific Temporal Variation in Technical Efficiency," *European Journal of*

Operational Research, 174, pp. 1616~1630.

Lee, Y. H., 2010, "Group-Specific Stochastic Frontier Models with Parametric Specifications," *European Journal of Operational Research*, 200, pp. 508~517.

Lee, Y. H. and M. Y. Cheng, 2011, "The Catching-up and Technological Progress of the ASEAN Economies," *Pacific Economic Review*, 16(2), pp. 236~254.

Lee, Y. H. and J. S. Shin J. S. and Y. H. Lee, "Comparisons of Stochastic Frontier Effect Models: Monte Carlo Simulation," In W. Horrace and R. Sickles (eds.), *Festschrift in Honor of Peter Schmidt: Econometric Methods and Applications*, forthcoming 2013.

Lee, Y. H. and P. Schmidt, 1993, "A Production Frontier Model with Flexible Temporal Variation in Technical Inefficiency," Fried, H., C. A. K. Lovell and S. Schmidt (eds.), *The Measurement of Productive Efficiency: Techniques and Applications*, Oxford: Oxford University Press.

Lee, S. W. and Y. H. Lee, "Stochastic Frontier Models with Threshold Efficiency," *Journal of Productivity Analysis*, forthcoming 2013.

Meeusen, W. and J. van den Broeck, 1977, "Efficiency Estimation from Cobb-Douglas Production Functions with Composed Error," *International Economic Review*, 18, pp. 435~444.

Millimet, D. L., 2005, "Job Search Skills, Employer Size and Wages," *Applied Economics Letters*, 12(2), pp. 95~100.

Murillo-Zamorano, L., 2004, "Economic Efficiency and Frontier Techniques," *Journal of Economic Surveys*, 18, pp. 33~77.

Olsen, J. A., P. Schmidt, and D. M. Waldman, 1980, "A Monte Carlo Study of Estimators of Stochastic Frontier Production Functions," *Journal of Econometrics*, 13, pp. 67~82.

Pitt, M. M. and L. F. Lee, 1981, "The Measurement and Sources of Technical Inefficiency in the Indonesian Weaving Industry," *Journal of Development*

Economics, 9, pp. 43～64.

Qian, J. and R. Sickles, 2008, *Stochastic Frontiers with Bounded Inefficiency*, mimeo, Rice University.

Schmidt, P., 1986, "Frontier Production Functions, Including Comments," *Econometric Reviews*, 4(2), pp. 289～355.

Schmidt, P. and R. C. Sickles, 1984, "Production Frontiers and Panel Data," *Journal of Business and Economic Statistics*, 2, pp. 367～374.

Sheldon, G. M., 2003, "The Efficiency of Public Employment Services: A Nonparametric Matching Function Analysis for Switzerland," *Journal of Productivity Analysis*, 20(1), pp. 49～70.

Shephard, P., 1953, *Cost and Production Functions*, Princeton University Press, Princeton, NJ.

Sherman, H. D., and T. J. Rupert, 2006, "Do Bank Mergers have Hidden or Foregone Value? Realized and Unrealized Operating Synergies in One Bank Merger," *European Journal of Operational Research*, 168, pp. 253～268.

Shim, W., 2003, "Applying DEA Technique to Library Evaluation in Academic Research Libraries," *Library Trends*, 51(3), pp. 312～332.

Simar, L., 1992, "Estimating Efficiencies from Frontier Models with Panel Data: A Comparison of Parametric, Non－Parametric and Semi－Parametric Methods with Bootstrapping," *Journal of Productivity Analysis*, 3, pp. 171～203.

Southwick, L., 2005, "Sewer Plant Operating Efficiency, Patronage, and Competition," *Managerial and Decision Economics*, 26(1), pp. 1～13.

Stevenson, R. E., 1980, "Likelihood Functions for Generalized Stochastic Frontier Estimation," *Journal of Econometrics*, 13, pp. 57～66.

Wang, H. J. 2002, "Heteroscedasticity and Non－Monotonic Efficiency Effects of a Stochastic Frontier Model," *Journal of Productivity Analysis*, 18(3), pp. 241～253.

Wang, H. J. and P. Schmidt, 2002, "One-Step and Two-Step Estimation of the Effects of Exogenous Variables on Technical Efficiency Levels, *Journal of Productivity Analysis*, 18(2), pp. 129~144.

Wang, W. S., C. Amsler and P. Schmidt, 2011, "Goodness of Fit Tests in Stochastic Frontier Models," *Journal of Productivity Analysis*, 35, pp. 95~118.

찾아보기